GAOYA DIANLI DIANLAN JIANKANG ZHENDUAN SHIYONG JISHU

高压电力电缆健康诊断实用技术

主　编　赵洋
副主编　周弋　安旭　刘青

中国电力出版社
CHINA ELECTRIC POWER PRESS

内 容 提 要

为总结高压电力电缆状态检测和健康诊断工作的经验和成果，指导高压电力电缆状态检测工作，提升检测数据质量，更好地辅助运维检修决策制订，国网北京市电力公司电缆分公司组织有关专家和专业技术人员编写了《高压电力电缆健康诊断实用技术》一书。

本书内容共包括五章，分别为高压电力电缆基础知识、高压电力电缆健康诊断常用技术、高压电力电缆健康诊断常用装备、高压电力电缆健康诊断智能新技术、高压电力电缆健康诊断典型案例。本书可进一步促进国内高压电力电缆健康诊断水平的快速提升，为专业运检人员开展设备健康诊断工作提供翔实的理论基础和操作方法。

本书可为高压电力电缆专业的相关运行维护、试验和检修工程技术人员、管理人员提供现场应用参考，也可作为设备制造商研发人员及高等院校师生的参考用书。

图书在版编目（CIP）数据

高压电力电缆健康诊断实用技术/赵洋主编．—北京：中国电力出版社，2021.5（2022.7重印）

ISBN 978-7-5198-5361-7

Ⅰ.①高…　Ⅱ.①赵…　Ⅲ.①高压电缆－电力电缆－故障诊断　Ⅳ.①TM757

中国版本图书馆 CIP 数据核字（2021）第 025459 号

出版发行：中国电力出版社
地　　址：北京市东城区北京站西街 19 号（邮政编码 100005）
网　　址：http://www.cepp.sgcc.com.cn
责任编辑：赵　杨（010-63412287）
责任校对：黄　蓓　郝军燕
装帧设计：赵丽媛
责任印制：石　雷

印　　刷：三河市万龙印装有限公司
版　　次：2021 年 5 月第一版
印　　次：2022 年 7 月北京第二次印刷
开　　本：710 毫米×1000 毫米　16 开本
印　　张：14.75
字　　数：260 千字
印　　数：3501—4000 册
定　　价：84.00 元

《高压电力电缆健康诊断实用技术》
编　委　会

序

随着我国经济高速发展、城市现代化水平不断提升，电力电缆在城市电网中发挥着越来越重要的作用，特别是在北京、上海、南京和杭州等大型城市，城市核心区输电线路电缆化率接近100%。因此，精准掌控电力电缆线路的健康状况，对确保城市电网安全稳定运行和可靠供电至关重要，也是电缆专业运检管理的重中之重。

电力电缆的绝缘健康状况直接影响其安全运行水平。从技术发展和装备应用的情况来看，局部放电检测、红外测温等技术是当前广泛采用、能够反映电力电缆绝缘健康水平的主要检测手段，国家电网有限公司系统各单位、相关专业人员开展了大量现场检测工作，取得了显著的成效。

本书从各类状态检测装备的现场实际操作出发，综合考虑各类型、各应用场景的操作流程、分析诊断等过程，给出了一套较为完整的高压电力电缆健康诊断关键技术应用的方法、流程，同时针对当下正在推广使用的X光检测、涡流探伤技术等也进行了详细的介绍，汇编了大量现场典型案例。本书凝聚了国网北京市电力公司电缆分公司（简称北京电缆公司）电缆线路运维、检测、试验等众多专业人员的集体智慧，该书的出版旨在推动高压电力电缆状态检测、诊断等技术进步，为促进国内高压电力电缆专业运检关键核心技术装备全面突破并实现国际领先奠定坚实基础。

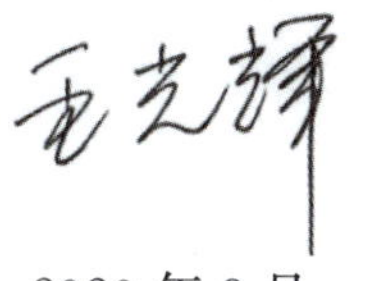

2020年8月

前言

近年来，随着北京国际化进程的不断推进、城市规模的快速扩张，电力电缆在城市电网中的应用愈加普遍，北京地区二环内输电线路电缆化率达到了100％、五环内输电线路电缆化率接近80％。设备量急速攀升、覆盖范围快速扩张，给实时掌握电力电缆运行状况、精准实施治理措施带来诸多困难。此外，在实际运行过程当中，阻水缓冲层、绝缘等结构缺陷以及高温、潮湿等环境隐患，也容易导致电缆线路击穿，甚至发生火灾和大面积停电事故，造成较大的经济损失和社会影响。

对此，北京电缆公司高度重视高压电力电缆的状态检测和健康诊断工作，采用局部放电检测、温度检测、OWTS检测和X光检测等技术，全面排查北京地区高压电力电缆线路，并根据健康诊断结果针对缺陷、隐患开展精准治理，切实提升了北京地区高压电力电缆网的健康运行水平，极大保障了首都供电的万无一失。

为总结高压电力电缆状态检测和健康诊断工作的经验和成果，指导高压电力电缆状态检测工作，提升检测数据质量，更好地辅助运维检修决策制订，北京电缆公司组织有关专家和专业技术人员编写了《高压电力电缆健康诊断实用技术》一书。本书共包括五章，分别为高压电力电缆基础知识、高压电力电缆健康诊断常用技术、高压电力电缆健康诊断常用装备、高压电力电缆健康诊断智能新技术、高压电力电缆健康诊断典型案例。本书突出了核心知识点和常用设备的现场操作要点介绍，同时涵盖了局部放电检测最新的政策、标准、规程、规定以及电力电缆等先进技术，以提升高压电力电缆专业运检人员局部放电检测现场操作水平。本书可为高压电力电缆专业的相关运行维护、试验和检修工程技术人员、管理人员提供现场应用参考，也可作为设备制造商研发人员及高等院校师生的参考用书。

由于编写时间仓促，难免存在不妥或疏漏之处，恳请各位专家和读者提出宝贵意见，使之不断完善。

编者

2020年8月

目录

第一章

高压电力电缆基础知识

第一节 基 本 结 构

电力电缆的使用至今已有百余年历史。1879 年，爱迪生通过在铜棒上包绕黄麻后穿入铁管内并填充沥青混合物，制成了黄麻沥青绝缘电力电缆。他将此电缆敷设于纽约，开启了地下输电的篇章。直到今天，电力电缆的基本结构与该电力电缆仍非常相似。绝缘材料的不断发展推动了电缆行业的不断发展和进步。1917 年，意大利倍耐力公司研制了油纸绝缘电缆，在相当长一段时间内油纸绝缘电缆都是主流产品。1963 年，德国通用电气公司研制了交联聚乙烯电缆，与充油电缆相比，交联聚乙烯电缆安装维护简单，电气、机械性能好，不需要供油设备，逐渐取代了油纸电缆，在世界范围内得到了广泛应用。随着社会经济的发展和用电需求的不断增长，城市的输电线路正在逐步从架空线路向电力电缆方向发展，电力电缆也逐步向更高电压等级、更大传输容量的方向发展。

一、 电力电缆基本结构

电力电缆的基本结构包括线芯（导体）、绝缘层、屏蔽层和保护层四个部分。

线芯是电力电缆的主要部分，它是电力电缆的导电部分和输送电能的载体。

绝缘层是将线芯与外界在电气上彼此隔离的主要保护层，它承受工作电压及各种过电压长期作用，因此其耐电强度及长期稳定性能是保证整个电缆完成输电任务的最重要部分。因此，它是电力电缆结构中保证电能输送不可缺少的组成部分。

屏蔽层是电阻率较低且较薄的半导电层，一般有导体屏蔽层和绝缘屏蔽层。屏蔽层是中高压电力电缆采用的一项改善金属电极表面电场分布、提高绝缘表面耐电强度的重要技术措施。导体屏蔽层使导体形成了光滑圆整的表面，大大改善了导体表面电场分布，同时也能与绝缘紧密接触，克服了绝缘与金属无法紧密接触而产生气隙的弱点。绝缘屏蔽层包覆于绝缘表面，与被屏蔽层有良好的接触，与金属护套（金属屏蔽层）等电位，避免在绝缘层与护套之间发生局部放电。

保护层的作用是保护电力电缆的内部结构免受外界杂质和水分的侵入，以及防止外力对电力电缆的破坏。

电力电缆按绝缘材料可分为油浸纸绝缘电力电缆、塑料绝缘电力电缆、橡皮绝缘电力电缆。按电压等级可分为中低压电力电缆（35kV 及以下）、高压及超高压电力电缆（66～500kV）、特高压电力电缆（750kV 及以上）。随着塑料工业的快速发展，合成塑料的绝缘性能不断提高，使得塑料电缆在安装和经济方面的突出优点得以发挥，而交联聚乙烯绝缘电力电缆以其合理的工艺和结构、优良的电气性能和安全可靠的运行特点在国内外获得了广泛应用，目前高压电力电缆已基本采用交联聚乙烯绝缘电缆代替了充油电缆。下面从结构和材料两个方面对高压电力电缆做进一步介绍。

（一）结构

用于高压输电系统的电力电缆大都为单芯结构，110kV 交联聚乙烯绝缘电力电缆结构示意图如图 1-1 所示。

根据 GB 11017—2014《额定电压 110kV（U_m＝126kV）交联聚乙烯绝缘电力电缆及其附件》的规定，如铜芯、单芯、标称截面积 630mm^2、110kV 交联聚乙烯绝缘皱纹铝套聚氯乙烯护套电力电缆的型号应表示为 YJLW02 110/1×630。

在高压电力电缆中，充油电缆以其电气性能可靠、机械性能良好等优点一直沿用至今。充油电缆是利用补充浸渍剂来消除绝缘中形成的气隙，以提高电缆工作场强的一种电缆。单芯充油电缆结构示意图如图 1-2 所示。

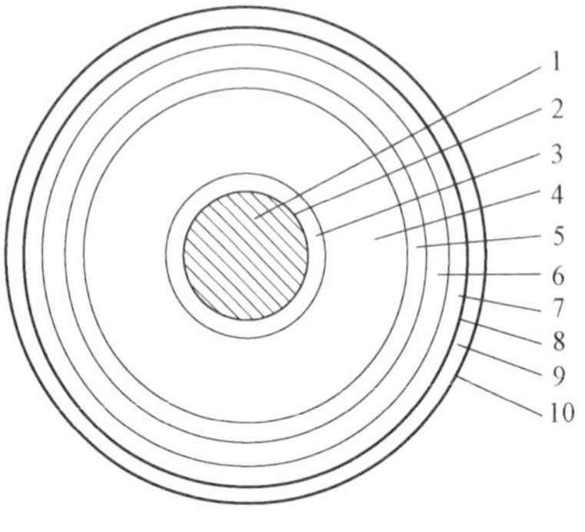

图 1-1　110kV 交联聚乙烯绝缘电力电缆结构示意图

1—导体；2—半导电包带；3—导体屏蔽；4—交联聚乙烯绝缘；5—绝缘屏蔽；6—阻水包带；7—皱纹铝护套；8—沥青；9—外护套；10—石墨涂层

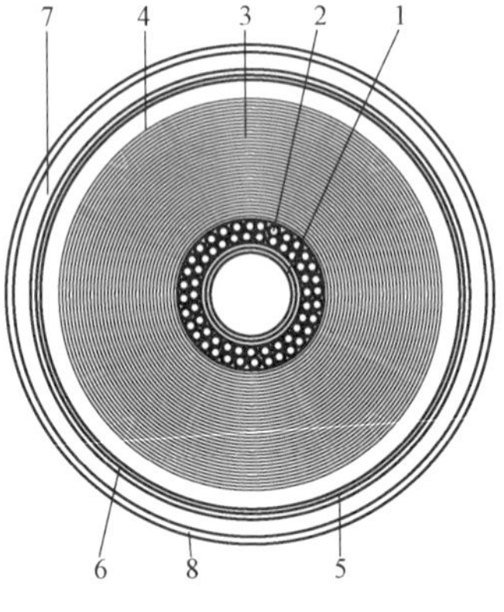

图 1-2　单芯充油电缆结构示意图

1—油道；2—导体；3—纸绝缘；4—铅护套；5—纵向加强层；6—横向加强层；7—橡胶护套；8—外护层

（二）材料

电力电缆导体一般为铝或铜单线规则绞合紧压结构，标称截面积为800mm²及以上时为分割导体结构。

内半导电层为导体屏蔽，应为挤包的半导电层，标称截面积为500mm²及以上的电缆导体屏蔽应由半导电包带和挤包半导电层组成。绝缘屏蔽应为挤包半导电层。半导电屏蔽为可交联型的，由聚乙烯和碳黑组成。

交联聚乙烯（cross linked polyethylene，XLPE），为聚乙烯基料和交联剂及各种添加剂配好的粒状料。必须严格控制工艺，做到“超净”，严防杂质和水分浸入绝缘料内。在挤出时，内外半导电屏蔽层和绝缘层要同时挤出。交联线应采用全干式交联线，即加温交联和冷却均采用惰性气体保护和循环。

金属护层可以为电缆故障电流提供回路并提供一个稳定的地电位，高压电缆采用皱纹铝套结构，还能起到机械保护的作用。如产品有防水要求，可根据使用场合不同，选用金属套加缓冲层的结构起到防水作用。为了防止金属护层的腐蚀，一般在皱纹铝套外层涂覆一层沥青。

外护层采用聚氯乙烯（poly vinyl chloride，PVC）或聚乙烯（poly ethylene，PE），为了方便对外护层绝缘电阻进行测试，表面应有导电涂层。

二、 电力电缆附件典型结构

电力电缆附件是电缆线路中中间接头和终端接头的统称。中间接头是电缆与电缆段相互连接的装置，起着使电路畅通，保证相间或相对地的绝缘、密封和机械保护的作用。终端接头是指装配到电缆线路首、末端，用以保证与电网或其他用电设备的电气连接，并且作为电缆导体线芯绝缘引出的一种装置。

（一）中间接头典型结构

在高压电力电缆中间接头中，一根电缆由线芯、铅护套（或屏蔽）分别与另一根电缆的线芯、铅护套（或屏蔽）相连接，基本上保持了电缆绝缘层内场强分布，不存在类似终端头中端点的电场集中区。但接头均是在安装敷设现场用手工制作的，工艺条件较差，同时，在线芯连接处也可能产生电场集中，因此需要增加接头的绝缘厚度，以降低其工作场强。

高压电力电缆中间接头的结构型式根据电缆型式、电压等级及用途的不同而不同。高压电力电缆中间接头按用途可分为直通接头和绝缘接头。绝缘接头的内绝缘结构尺寸与直通接头相同，但增绕绝缘外缠绕的半导体纸和金属接地层都要在接头中间部分断开，不能连续。高压接头的外壳铜管中间部分用环氧树脂绝缘片或瓷质绝缘垫片隔开，使电缆的金属护套在轴向绝缘。绝缘垫片厚度一般为40mm。绝缘接头用于长电缆线路各相电缆金属护套的交叉互联接地，以减小金属护套损耗。

高压电力电缆中间接头按其制作工艺分，主要有绕包带型、模塑型和浇铸型三种。

1. 绕包带型中间接头

绕包带型中间接头的绝缘层及内、外屏蔽层都是现场手工绕包制作的，其特点是工艺简单，使用成熟，是主要的交联聚乙烯电缆接头结构。其缺点是允许工作场强较模塑型和浇铸型的低，所以结构尺寸较大，接头质量直接受施工条件影响（如绕包技术水平、环境条件等），劳动强度也较大。

绝缘绕包带有乙丙橡胶带、丁基橡胶带、浸渍涤纶带、乙丙橡胶加辐照聚乙烯复合带、涂硅油的乙丙橡胶带等。采用辐照聚乙烯带是为了利用它的热收缩性压紧手工绕包绝缘。加入硅油的目的是减少气泡，提高电气性能。

交联聚乙烯电缆绕包带型中间接头的结构示意图如图 1-3 所示。

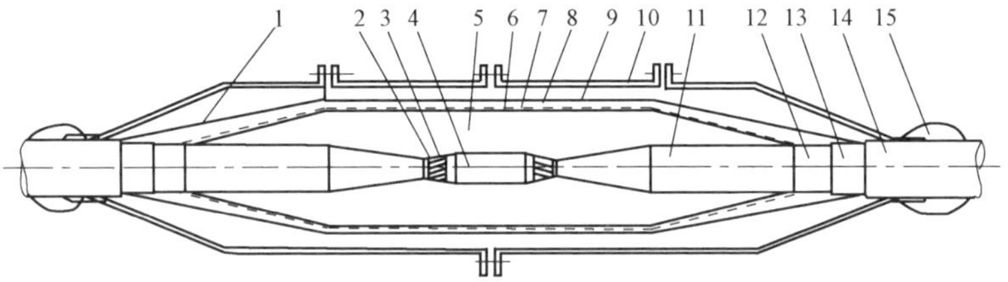

图 1-3　交联聚乙烯电缆绕包带型中间接头的结构示意图

1—接地引线；2—线芯；3—半导电带；4—线芯连接管；5—绝缘自黏带；6—半导体带；7—金属屏蔽带；8—加固带；9—防水层；10—保护盒；11—电缆绝缘；12—电缆半导电屏蔽；13—电缆铜带；14—电缆护套；15—防水带层

2. 模塑型中间接头

模塑型中间接头是用与电缆绝缘材料相同的绝缘带（如聚乙烯电缆用聚乙烯带，交联聚乙烯电缆用化学交联聚乙烯带或辐照聚乙烯带）绕包后加热模塑成型，使它与电缆绝缘成为一个整体。这种结构性能良好、结构轻便，较适合于水底电缆的连接。

模塑方法有利用金属模具、绕包保护带来对辐照聚乙烯带进行加热成型两种。用金属模具方法的缺点是模具对不同尺寸的电缆不能通用，而且存在模具尺寸与绕包带外径如何取得最佳配合等问题。所以初期模塑方法都用保护带法。采取保护带法时由内到外的绕包结构为：辐照聚乙烯带（绝缘层）—透明薄膜带（剥离层）—加硫橡胶（起加压成型作用）—布带及玻璃丝带（起加压作用）—金属带（构成等温层）—电热丝（用来加热）。交联聚乙烯电缆模塑型中间接头结构示意图如图 1-4 所示。

因为辐照聚乙烯带的模塑和乙丙橡胶带的硫化需要 150℃的温度，所以模塑表面加热温度较高。对于线芯截面积为 $400mm^2$ 以上的电缆，由于其线芯散

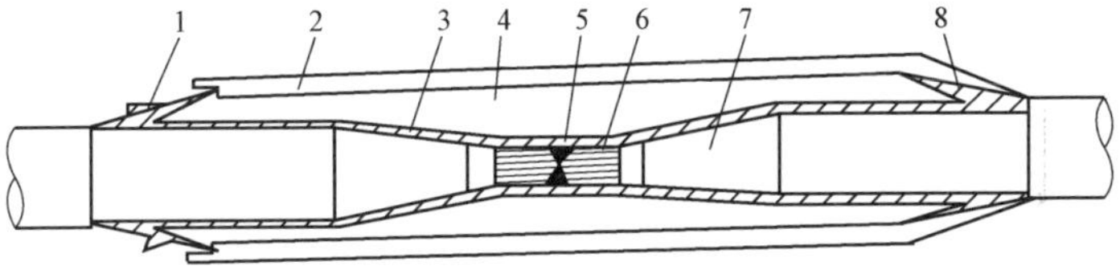

图 1-4　交联聚乙烯电缆模塑型中间接头结构示意图

1—屏蔽层绝缘；2—外部半导电层；3—乙丙橡胶带；4—辐照聚乙烯模塑绝缘；

5—线芯焊接；6—半导电乙丙橡胶；7—电缆芯；8—半导电乙丙橡胶

热较大，模塑表面温度要求超过 200℃，而高温易使辐照聚乙烯带老化，所以模塑型接头只适用于线芯截面积为 400mm^2 及以下的电缆，而线芯截面积为 400mm^2 以上的电缆一般采用绕包带型接头或浇铸型接头。

3. 浇铸型中间接头

浇铸型接头主要用于聚乙烯电缆和乙丙橡胶电缆。这种接头的结构和工艺比较先进，接头中绝缘与电缆绝缘完全一样，融为一体，电气性能比较好，可以缩小接头的结构尺寸。

以聚乙烯电缆浇铸型中间接头为例，其制作工艺步骤如下：

（1）线芯连接。

（2）线芯外面包半导体聚乙烯带，使它与电缆的线芯屏蔽焊牢。

（3）套上模子，模子的内径相当于接头绝缘外径，模腔与一放满聚乙烯粒子的容器相连，该容器预热到 210～220℃。

（4）当容器预热好，模子加热时，充入氮气，以排除空气，防止聚乙烯氧化。

（5）在放聚乙烯的容器顶部加氮压，将熔融的聚乙烯压入模腔（约 2h）。

（6）浇铸完毕后在外表面涂半导体漆和绕包半导体尼龙带保护，其外表包一层金属屏蔽带，并与电缆的金属屏蔽层相连接。

（7）最外面为金属防护外壳和防护用自黏绕包带。

聚乙烯电缆浇铸型中间接头结构示意图如图 1-5 所示。

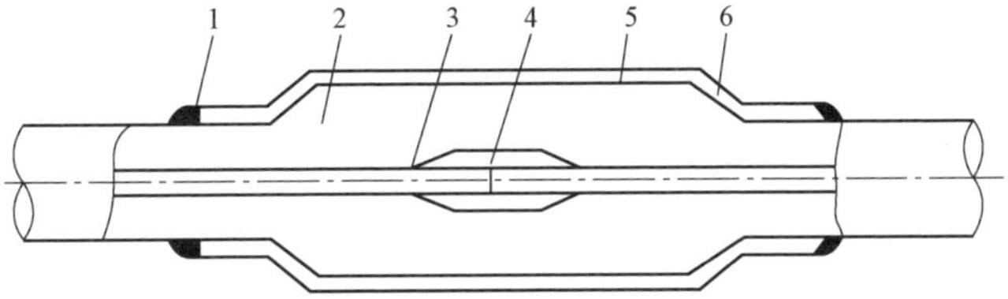

图 1-5　聚乙烯电缆浇铸型中间接头结构示意图

1—自黏带；2—浇铸绝缘；3—半导体屏蔽；4—线芯连接管；

5—半导体漆和尼龙带；6—金属屏蔽

浇涛型接头的特点：①接头的绝缘与电线绝缘融合为一整体，所以应力锥可做得很短。②尺寸可比绕包带型减小一半以上。③因为在金属模子内高压力下浇铸硫化，所以接头绝缘可以达到无气泡，电气性能好。

（二）终端接头典型结构

高压电力电缆终端一般组成部分有内绝缘（有增绕式和电容式两种）、外绝缘（一般用瓷套管或环氧树脂套管）、密封结构、出线杆（它与电缆线芯的连接有卡装和压接两种）、屏蔽罩。

高压电力电缆终端接头的结构型式，根据电缆型式、电压等级及用途的不同而不同。

按用途分，高压电力电缆终端接头分为户外终端、油浸终端和GIS终端。

按制作工艺分，高压电力电缆终端接头主要有绕包带型（增绕绝缘和电容锥式）、模塑型（增绕绝缘和电容锥式）、浇铸型、预制型等几种。

1. 绕包带型终端接头

绕包带型终端接头的应力锥、增绕绝缘部分用绝缘自黏带绕包，用半导体自黏带绕包屏蔽。为了提高终端的电气性能，一方面需要提高自黏带的绝缘性能，另一方面应采取电容式结构。

这种结构的特点如下：

（1）手工绕包自黏带，在绝缘层中按设计夹入铝箔，构成电容锥结构。

（2）为了改善电性能，在铝箔的两端以及在绝缘中电场不均匀区域都绕包半导体带。

（3）最外面包两层硅橡胶带，提高耐电晕性和耐环境污染性，但不能有撕裂或损伤。

绕包带型终端接头结构示意图如图1-6所示。

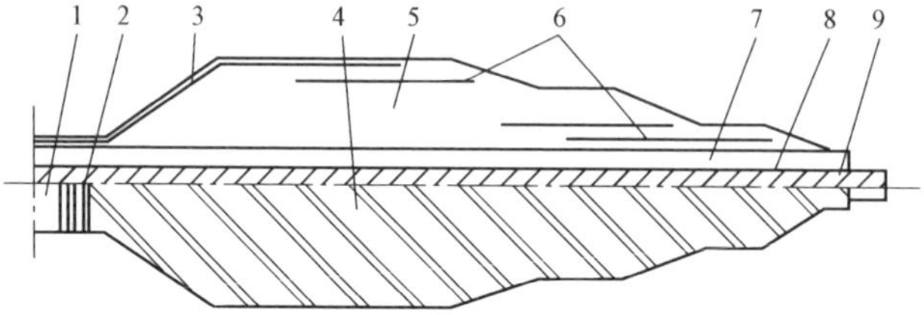

图1-6　绕包带型终端接头结构示意图

1—电缆护套；2—铜带屏蔽末端扎紧；3—铝箔；4—两层硅橡胶带；
5—丁基橡胶和交联聚乙烯组成自黏带；6—电容极板；7—电缆绝缘；
8—挤压半导电屏蔽；9—线芯

这种结构的终端虽有较好的耐电晕和耐闪络性能，但最外层的硅橡胶不能有机械损伤，所以要长期可靠使用还是应该用瓷套结构。

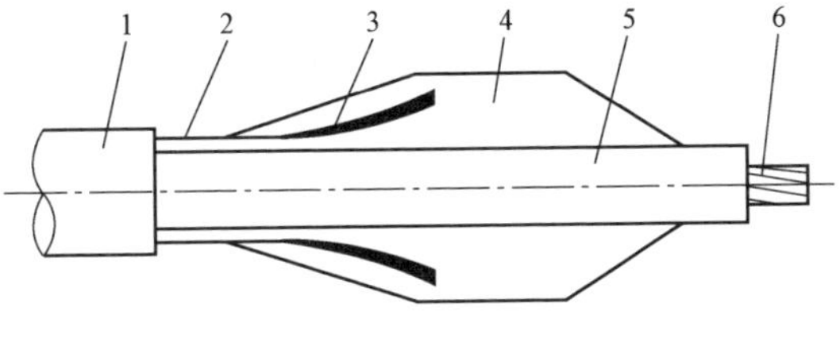

图 1-7　模塑应力锥结构示意图

1—聚氯乙烯护套；2—外部导电层；3—导电性聚乙烯和辐照聚乙烯；4—辐照聚乙烯；5—电缆绝缘；6—线芯

2. 模塑型终端接头

模塑型终端接头一般用辐照聚乙烯带模塑应力锥（如图 1-7 所示），绝缘材料采用 0.1～0.2mm 厚的辐照聚乙烯带，导电材料为导电的聚乙烯和导电的辐照聚乙烯带并用。加工步骤如下：

（1）在电缆的化学交联聚乙烯表面涂以有机过氧化物，可能产生新的交联面提高粘结强度。

（2）在真空下加压模塑成型。

（3）模塑应力锥用透明聚四氟乙烯带包缠并套以热收缩的塑料套，使表面紧密无外径变形，加工后可以观察绝缘内部质量。

（4）用导电的聚乙烯和导电的辐照聚乙烯制作应力锥喇叭口，并使喇叭口末端具有最适当的曲率半径。

3. 浇铸型终端接头

浇铸型终端接头的工艺与浇铸型中间接头一样，应力锥由熔融的聚乙烯在氮气压力下浇铸而成。外绝缘用瓷套。应力锥的外缘有一环状分隔膜，卡紧在瓷套内壁上，使瓷套内腔分为上、下两部分，上部分充硅油（或矿物油），下部为空腔，以防止油对应力锥屏蔽和电缆屏蔽层产生不良影响，聚乙烯电缆浇铸型终端接头结构示意图如图 1-8 所示。

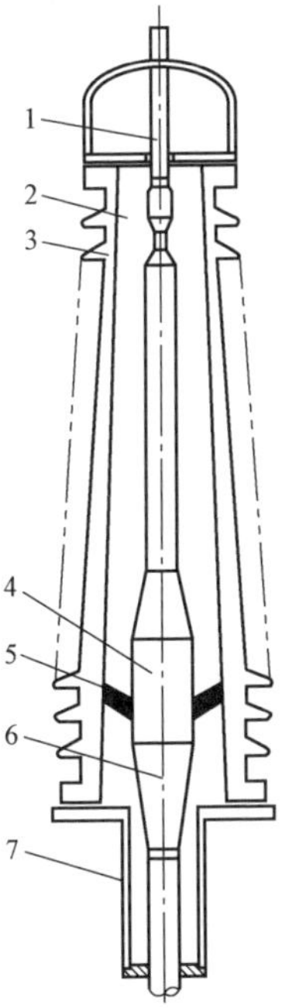

图 1-8　聚乙烯电缆浇铸型终端接头结构示意图

1—连接杆；2—绝缘填充剂；3—瓷套；4—浇铸应力锥；5—金属环；6—半导体漆和软金属屏蔽；7—尾管

4. 预制型终端接头

预制型终端接头主要有预制应力锥型和预制绝缘管型两种。

预制应力锥型的应力锥，是事先用模塑辐照聚乙烯或模压乙丙橡胶预制面成，在现场把它插入电缆末端。插入的方式有两种：一种是在电缆绝缘体上包一些特殊浸渍的纸带，然后把预制的应力锥插装上去，如图 1-9（a）所示；另一种是弹簧压紧结构，当应力锥装到预定部位后，将金具和弹簧紧压，使界面紧密接触。其结构如图 1-9（b）所示。

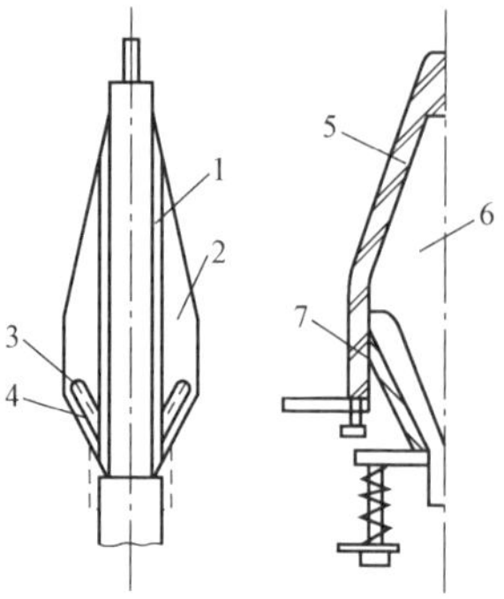

图 1-9　预制应力锥插入方式示意图
(a) 绕包纸带插入结构；(b) 弹簧压紧结构
1—浸渍纸；2—绝缘；3—半导电层；
4—金属屏蔽；5—环氧树脂；
6—应力锥；7—紧压金属

预制绝缘管型终端接头结构示意图(一) 如图 1-10 所示，其底部由导电性合成橡胶填充，在其上面由绝缘合成橡胶填充，在上面套以预制绝缘管。它们依次套上电缆末端后，在顶部通过弹簧和压板加以轴向压紧。瓷套支撑环上部凡有间隙的地方都充以硅油。

预制绝缘管型终端接头结构示意图(二) 如图 1-11 所示，这种结构也称为预制隔栏元件型。其中，应力锥和隔栏元件都是单个的，安装时只需套上电缆末端即可。瓷套内不充油，所以隔栏元件都做成裙边形状，以增加沿面放电强度。应力锥和隔栏元件都由合成橡胶制成。

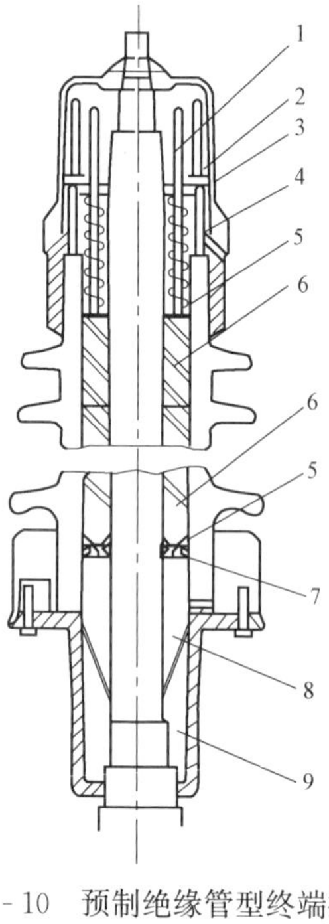

图 1-10　预制绝缘管型终端接头结构示意图(一)
1—弹簧导体；2—压板支持杆；3—压板；
4—弹簧；5—硅油；6—预制绝缘管；
7—支撑板；8—绝缘合成橡胶；
9—导电合成橡胶

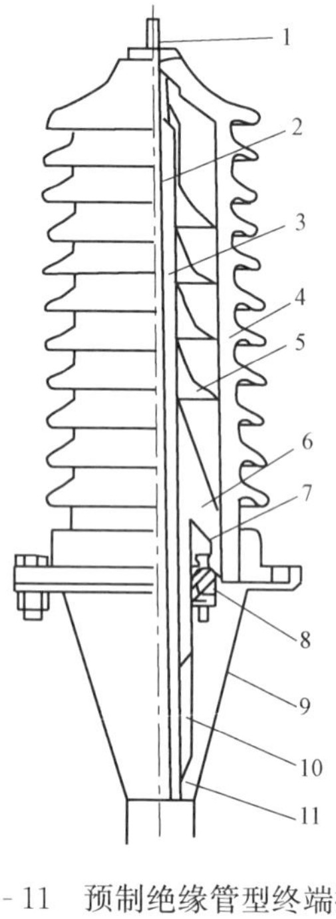

图 1-11　预制绝缘管型终端接头结构示意图(二)
1—出线杆；2—线芯；3—绝缘；4—瓷套；
5—隔栏元件；6—应力锥；7—应力锥喇叭口；
8—弹簧装置；9—尾管；10—绝缘屏蔽与应力锥连接；
11—电缆绝缘的半导电屏蔽

预制型终端接头安装时间短，有丰富的操作经验，并且可免除在现场使用各种特殊工具（模塑），因此是可供推广的一种结构型式。

第二节　典型缺陷及分析

一、电力电缆及其附件典型缺陷

电力电缆在电力系统中用于传输和分配大容量电能，涵盖 1～500kV 各种电压等级，被喻为电力系统的“血管”和“神经”。相比架空导线，电力电缆更能提高电网抗击冰雪、台风等自然灾害能力，可有效解决城市环境、线路走廊、变电站站址、电磁干扰等突出难题，因而在电网改造，尤其是城市电网建设中得到了越来越广泛的应用。尤其在以北京、上海、广州等土地利用率极高、新建架空系统受到显著制约的特大型城市中，新建的 220kV 及以下电压等级的输电系统建设项目已经基本上放弃了架空输电方式，而采用了占地面积小、安装维护简单的交联聚乙烯电缆进行输电。

1949 年新中国成立后，电力电缆的生产及应用从无到有，得到突飞猛进的发展。1959 年，我国研制出 66/110kV 和 220kV 油纸绝缘自容式充油电缆试样；66kV 充油电缆于 1964 年在大连第二电厂应用。110kV 充油电缆于 1968 年用于南京长江大桥旁（过江电缆）。1973 年，制成 330kV 充油电缆用于刘家峡电站二期工程。1983 年，国内几家单位合作研制的 500kV 充油电缆及附件，在辽锦线上挂网试运行。交联绝缘电缆与油纸绝缘电缆相比，具有结构简单、制造周期短、允许工作温度高、敷设不受高差限制、线路质量轻、维护简单和输电损耗小等优点。从 20 世纪 90 年代开始，交联聚乙烯电缆从各个电压等级开始全面代替油纸电缆，成为目前电力电缆的主流产品。

我国 110kV 交联聚乙烯电缆系统于 1984 年起在电网中运行，广州供电局首先进口 110kV 交联聚乙烯电缆及附件，敷设安装 4.1km 交联聚乙烯电缆线路，用于城市电网改造工程。随后上海市电力公司与北京市电力公司于 1988 年进口并安装 110kV 交联聚乙烯电缆线路。北京市电力公司于 1991 年首先采用进口 220kV 交联聚乙烯电缆及附件用于城市电网改造工程，随后上海市电力公司于 1993 年进口 220kV 交联聚乙烯电缆及附件，将 220kV 交联聚乙烯电缆线路用于城市电网改造工程。2010 年 3 月，我国第一个长距离 500kV 交联聚乙烯电缆线路在上海世博变电站工程竣工后投入运行，该工程共 2 回 6 相电缆，路径长度超过 15km。

在上海、北京、天津、广州等地的城市电网中，电力电缆已获得了广泛的应用，部分城市输电线路的电缆化率达到 80%以上，已经形成了相当规模的电缆网络。

近年来，国内各大城市多次发生在役交联聚乙烯电缆故障，通过对故障电缆进行解剖分析发现，交联电力电缆在生产、运输、安装和运行过程中，都可能因各种原因而形成故障/缺陷。按照故障在电缆系统中发生的部位，可将故障分为电缆本体故障/缺陷与电缆附件故障两种。

在不计外力破坏的情况下，电力电缆故障/缺陷发生规律与多数电力设备一样：投入运行初期（1～5 年内）容易发生运行故障/缺陷，主要原因是电力电缆及附件产品质量和电力电缆敷设安装质量问题；运行中期（5～25 年内），电力电缆本体和附件基本进入稳定时期，线路运行故障/缺陷率较低，故障/缺陷主要原因是电缆本体绝缘树枝状老化击穿和附件进潮而发生复合介质沿面放电；运行后期（25 年后），电缆本体绝缘树枝老化、电—热老化以及附件材料老化加剧，电力电缆运行故障/缺陷率大幅上升。

（一）电力电缆本体典型缺陷及分析

电力电缆本体可能存在的缺陷主要是由厂家制造、施工质量、外力破坏、运行中的老化等原因引起的。具体类型包括：

（1）电力电缆绝缘中或电缆绝缘与半导电层间的创伤，如刀痕刮伤、断层和裂纹等。

（2）电力电缆本体绝缘中存在杂质和气泡。

（3）电力电缆导体线芯表面不光滑，内外半导电层有凸起。

（4）电力电缆金属护套密封不良及运行中破损、锈蚀。

（5）电气—机械应力。

（6）电力电缆本体绝缘老化形成的水树枝和电树枝。

（7）电力电缆外护套受生物或化学腐蚀等。

（8）由于地面运动，热胀冷缩（弯曲）引发的附加机械应力。

形成缺陷（1）～（3）的原因可能是生产制造工艺不良或施工造成等；缺陷（4）、（5）主要是由于施工原因或第三方外力破坏所造成；缺陷（6）主要是由于电缆运行中绝缘老化所造成；缺陷（7）、（8）主要是由于环境因素和运行条件所造成。上述缺陷可能造成电力电缆局部电场不均匀，引发局部放电、局部过热、介质损耗增大、泄漏电流中含谐波分量等物理现象。这些物理现象伴随电缆运行而存在，最终将导致电力电缆本体的击穿破坏，引发事故，造成重大经济损失。

（二）电力电缆附件典型缺陷及分析

相比电力电缆本体绝缘，电力电缆附件结构复杂，其本身的电场分布就不均匀。因此，电力电缆附件成为电缆系统中最薄弱的环节，容易发生运行缺陷与故障，主要原因为：

（1）产品制造质量缺陷，如接头内部存在杂质或气隙。

（2）安装质量缺陷，如未按规定的尺寸、工艺要求安装，安装过程中引入潮气、杂质、金属颗粒、外半导电层或主绝缘破损、电缆端头未预加热引起主绝缘回缩过度、导体连接器出现棱角或尖刺、接头应力锥安装错位等。

（3）接头绝缘与电缆本体之间界面缺陷，如握紧力不够，形成气隙。

（4）接头绝缘部件的老化，如电—热多因子老化、进潮、进水、化学腐蚀等加速老化。

上述缺陷（1）、（2）容易造成电缆中间接头中形成局部场强升高而产生局部放电，加速接头老化，引起接头击穿故障；缺陷（3）、（4）容易造成接头内部发生沿面闪络放电，形成沿电缆绝缘表面的碳化通道，引起接头击穿故障等。

（三）其他电力电缆典型缺陷及分析

其他电力电缆典型缺陷有外力破坡、主绝缘老化、受一次设备连带、安装工艺不当等。

1. 外力破坏

造成外力破坏的主要原因：①部分地区市政建设、管道施工、地质勘测等施工项目较多，施工单位使用大型机械工具相对集中，使电缆遭受外力破坏现象时有发生。②一些地方电力行政管理部门执法不力，部分施工单位未向电力管理部门报批，擅自施工，安全意识淡薄，未采取安全防范措施，违章作业屡禁不止。③部分单位运行巡视不到位，到位率较低，未能及时掌握电力电缆设备周边施工情况。

2. 主绝缘老化

造成主绝缘老化的主要原因：①部分早期投运的交联聚乙烯电缆由于材料和工艺水平限制，制造质量和抗老化性能偏低，在潮湿、高温等恶劣运行环境下长期运行后，交联聚乙烯电缆易加速老化并造成绝缘性能明显下降。②部分在运的老旧油纸电缆由于运行年限过长，绝缘纸老劣化导致电气性能下降。

3. 受一次设备连带

造成受一次设备连带的主要原因：①电力电缆受其他一次设备（如架空线路、变压器、断路器等）故障影响，导致设备非计划停运。②部分电力电缆受所在线路前期规划设计不当影响，负荷转供能力不足，在迎峰度夏（冬）期间运行负荷达到或超过其额定载流量，影响电缆安全运行。

4. 安装工艺不当

造成安装工艺不当的主要原因：①部分单位对电力电缆现场安装质量监督和把关要求不严，现场施工监督不到位，无法有效保证现场施工的作业质量。②部分单位运行巡视不到位，未能及时发现电力电缆本体及附属设备的各类缺陷隐患。

二、 电缆线路运行状态影响因素及主要状态参数

电缆设备状态检测技术旨在监测其特征量及变化规律，并做出推论，及时发现绝缘缺陷。电缆线路一般由电缆本体、电缆附件以及交叉互联箱等附属设施共同构成。

（一）电缆线路运行状态影响因素

由于电缆线路的敷设方式和运行条件不尽相同，所以影响电缆线路运行状态的因素各有不同，主要影响因素如下：

（1）电场影响。主要是受耐受电压、冲击过电压、局部放电等影响。

（2）热影响。主要是受载流能力、过载等影响。

（3）机械影响。主要是受弯曲、撞击、破损、人为破坏、虫害等影响。

（4）化学影响。主要是受到潮湿环境、酸碱盐腐蚀、油气污染等影响。

（5）外部环境影响。主要是受火灾、泡水等影响。

（二）电缆线路主要状态参数

电缆线路各种类型的微观绝缘缺陷在电场、热场等激励场的作用下，均会产生宏观特征量变化，特别是在发生运行故障前期，暂态特征量变化量较大。缺陷检测需要建立在对以上五种主要影响因素作用结果的外在表现形式或现象检测、监测的基础之上。高压电力电缆线路主要状态参数如表 1 - 1 所示。

表 1 - 1　　高压电力电缆线路主要状态参数

状态参数	主要影响因素
介质损耗、局部放电	电场
导体温度、载流量	热、机械
接地电流	热、机械、外部环境
振动、位移、应变	热、机械
水位、有害气体、环境温度	热、化学、外部环境

1. 介质损耗

介质损耗（简称介损）因数 $\tan\delta$ 是交流电压作用下实际电流和理论电流（与施加电压的相位差为 90°）之间的相位差的正切。介损与所加的电压、频率有关。$\tan\delta$ 反映电缆的总体绝缘老化状况，它与电缆线路的长度无关。$\tan\delta$ 的增加常表明电缆中发生了碳化、电离以及在高电压下的电晕。

2. 局部放电

局部放电指在电场作用下发生在绝缘中非贯穿性的放电现象。局部放电作为电缆线路绝缘故障早期的主要表现形式，既是引起绝缘老化的主要原因，又是表征绝缘状况的主要特征参数。局部放电与电力电缆及附件的绝缘状况密切相关，局部放电量的变化预示着电力电缆及附件绝缘中一定存在着可能危及安

全运行的缺陷。

3. 导体温度

由于交联聚乙烯等有机绝缘材料老化速度与其运行温度有着紧密的关系，所以交联聚乙烯电缆的可靠性将在很大程度上取决于绝缘的实际运行温度，即导体温度。电缆接头的导体压接不良、火灾等都会引起局部过热，电缆线路周围环境、土壤热阻系数的变化对绝缘的运行温度影响也很大。

4. 载流量

为确保电力电缆能够安全、正常运行，又能充分发挥电缆线路的输送能力，精确预测电缆载流量具有重要意义。电缆载流量是指一条电缆线路在输送电能时所通过的电流量，在热稳定条件下，当电缆导体达到长期允许工作温度时的电缆载流量称为电缆长期允许载流量。电缆载流量与导体线芯的截面有关，也与导体线芯的材料、型号、电缆结构和组成、敷设方法以及环境温度等有关，影响因素较多且影响效应复杂。

5. 接地电流

高压电力电缆投入运行后，其金属护层中存在接地电流。其接地电流主要包括电容电流、电导电流和接地感应环流。电导电流幅值非常小，可以忽略不计，而一般情况下电容电流很小。在电缆金属护层自身绝缘损伤、接地缺陷或故障等情况下，在金属护层的接地回路中将产生感应环流，称为接地感应环流。其参量可作为判断高压电力电缆护层及接地等状态是否正常的依据。

6. 热机械应力及应变

对于大截面高压电力电缆而言，在负荷电流及环境温度变化时，由于电缆线芯温度变化引起的热胀冷缩所产生的机械应力是十分巨大的，这种机械力称之为热机械应力。

热机械应力对电力电缆及附件内部结构造成的变形程度为热机械应变。由于采用交联聚乙烯固态绝缘形态的高压电力电缆在高温下压缩弹性模量较低，因此其热机械应力造成的电缆热伸缩将对电缆线路可靠运行构成不利影响。

热机械应力及应变的变化可作为判断大截面高压电力电缆在复杂运行环境下敷设与固定状态是否正常的依据。

7. 环境温度、有害气体与水位

电缆隧道的环境温度与火情直接相关，一旦出现高温报警情况，应及时关闭防火门并停止风机运行，防止火情扩大，减少火情带来的损失。

隧道内的有害气体（主要指可燃气体）可威胁运维人员的人身安全。对可燃气体的准确探测、及时报警和自动启动排风系统，可有效保护隧道内的工作人员身体健康，减少事故的发生。

电缆隧道内的积水如果不能及时排出，不仅会影响电缆隧道内的环境，而且会加速电缆的老化，所以对电缆隧道进行水位监测和及时排水十分重要。

根据电力电缆故障原因统计分析，运行巡检作为常规手段，能有效减少市政施工等外力破坏对电缆线路的影响；由于交联聚乙烯电缆自身材料的原因，其对局部放电的敏感性较强，局部放电检测能有效发现绝缘缺陷，避免突发性故障的产生。国内外交联聚乙烯电缆缺陷/故障模式分析和状态量检测手段统计情况见表1-2。

表1-2　国内外交联聚乙烯电缆缺陷/故障模式分析和状态量检测手段统计情况

序号	故障部位	原因	后果	发生概率	影响	状态量检测手段	有效性
1	本体	第三方破坏	立即故障（送电中断/不能加压）	高	系统安全送电中断	巡检	依赖于实践有效
2	本体	外护套损坏（第三方破坏；脆弱性；溶剂、油、沥青等的外部污染物）	金属套锈蚀，水分入侵（导致无径向不透水阻隔层电缆的水树老化）/护套耐压值升高/交叉互联失效	高	外护套绝缘电阻降低、丧失，多点接地	外护套绝缘电阻试验； 环流测试	有效
3	本体	金属套损坏（第三方破坏，腐蚀、疲劳损伤）	水分入侵（导致无径向不透水阻隔层电缆的水树老化）/护套耐压值升高/交叉互联失效	高	加速绝缘老化 外护套绝缘电阻丧失	外护套绝缘电阻试验； 环流测试	有效
4	本体	水分入侵绝缘部分	老化，水树	低	加速老化	$\tan\delta$测量； 电压试验	基本有效
5	本体	过热导致的绝缘热老化（干燥的土壤，过负荷）	绝缘强度下降	低	本体温度升高、加速绝缘老化	过热点监测；（单点温度测量或DTS）	有效，但经验有限
6	本体	验收试验和生产厂家质量控制未发现的缺陷，将导致电应力的局部集中	电应力局部升高	低	早期击穿绝缘劣化	局部放电测量； 故障前短期时间内可测局部放电升高	有效，仍在发展

续表

序号	故障部位	原因	后果	发生概率	影响	状态量检测手段	有效性
7	本体	老化：半导电分离	电应力局部升高	低，但依赖于结构	局部放电量升高，早期击穿	局部放电测量；X 射线检查	基本有效
8	本体	外部机械应力（地面变化，蛇形敷设热延伸收缩，不正确的箝位）	电应力局部集中	低	电缆及附件位移、击穿；局部放电量升高	电缆路径检查和箝位设计查对；局部放电试验；电压试验	有效
9	接头	安装错误导致的电应力集中	电应力局部集中	中等	局部放电；局部高温；接头击穿	局部放电测量；故障前短期时间内可测局部放电量升高	有效
10	接头	安装错误导致接头安装错误	局部过热和绝缘损坏	低	局部放电；局部高温；接头击穿	局部放电测量；接头 X 射线成像；DTS 温度监测；红外检测	有效
11	接头	安装错误导致的密封不良	水分渗透，材料性能下降	低	局部放电；局部高温；接头击穿	局部放电测量；接头 X 射线成像；DTS 温度监测；红外检测；电压试验	有效
12	接头	电缆位移（热循环或错误箝位）	护套破损	中等	系统环境	肉眼检查；电阻试验	基本有效
13	接头	电缆位移（热循环或错误箝位）	打开金属箍，移动接头	低	系统安全	红外或 X 射线图像	有效
14	接头	老化：抱箍力不足	局部电应力集中	低	局部放电量升高	局部放电试验；电压试验	基本有效

续表

序号	故障部位	原因	后果	发生概率	影响	状态量检测手段	有效性
15	接头	本体绝缘回缩	局部电应力集中	低	局部放电量升高	局部放电试验	有效
16	接头	预制接头：验收试验时未发现的缺陷	局部电应力集中	低	局部放电量升高	局部放电试验	有效
17	终端	热循环或箍位不正确导致的电缆位移	调整应力锥位置	低	应力锥位置改变；系统安全	局部放电试验；红外或X射线图像	有效
18	终端	机械冲击导致的外部损坏	局部电应力集中/沿面应力集中	低	系统环境	视觉迹象	基本有效
19	终端	安装错误导致的局部电应力集中	局部电应力集中	高	局部放电量升高，早期击穿	局部放电试验；电压试验	有效
20	终端	安装错误：密封不良	水分渗透导致材料性能下降	低	局部放电量升高，早期击穿，绝缘油水分含量高	局部放电测量；水分含量测量；焊接检查	有效
21	终端/界面	老化：误用材料导致的接触力不足	局部电应力集中	低	局部放电量升高，早期击穿	局部放电试验	有效
22	终端/界面	绝缘回缩	局部电应力集中	低	局部放电量升高，早期击穿	局部放电试验；电压试验	有效
23	终端	绝缘油/SF_6泄漏	气体：电介质应力下降；油：电压分布不均	中	气压下降；油压下降；终端漏油	气压的连续监测/报警；SF_6嗅探器和摄像机能帮助定位泄漏位置；油压的连续监测/报警；油厚度和周围地面检查	有效
24	终端	绝缘油杂质/SF_6气体老化	绝缘介质强度下降；局部电应力集中	低	局部放电量升高，早期击穿	局部放电测量；绝缘油理化分析	有效

续表

序号	故障部位	原因	后果	发生概率	影响	状态量检测手段	有效性
25	终端	户外终端外绝缘污染	泄漏电流	低（但依赖于地域）	视觉迹象；泄漏电流	用肉眼或紫外线视觉检查；泄漏电流测量	有效
26	终端	户外终端外绝缘外部污染	憎水性下降	高	系统表面自由能下降	表面润湿特性（STRI 法）；水滴接触角	有效
27	终端	户外终端内在污染	绝缘表面粉化导致憎水性下降	低	绝缘击穿或外绝缘闪络	电压试验；外绝缘观察	基本有效
28	终端	绝缘闪络通道	电应力升高	低	绝缘击穿或外绝缘闪络	局部放电试验；电压试验	有效
29	终端	瓷套机械损伤	绝缘物漏出	低	系统安全	视觉迹象	有效
30	附属设备	冷却系统（水或空气）故障	缺失冷却装置	中	绝缘热老化，早期击穿	周期巡视冷却系统；水压持续测量；警报；DTS 温度监测；红外检测	有效
31	附属设备	继电保护设备故障	警告信息缺失	低	系统环境安全	相关设备周期试验	有效
32	附属设备	水分入侵互联箱	互联箱锈蚀，过电压限制器故障，交叉互联功能降低	高	系统	互联箱周期巡检；观察	有效
33	附属设备	SVL 故障	切换或雷电冲击时外护套击穿	低	安全	SVL 电压试验	有效
34	附属设备	交叉互联：安装导致接地电阻不均匀	交叉互联功能丧失，过载时有危险	低	金属套环流增大	接地电阻测量；环流测量	有效
35	附属设备	交叉互联箱进水	交叉互联功能丧失	低	绝缘电阻丧失 环流增大	绝缘电阻测量；环流测量	有效

第三节　健康诊断方法及工作流程

高压电力电缆健康诊断是指利用红外热成像、接地电流检测、局部放电检测等专业无损检测技术，综合评估并诊断高压电力电缆的运行状况、绝缘老化、工艺缺陷等潜伏性故障，从而达到以下目的：及时发现电力电缆故障隐患，减少意外停电事故的发生；监控新投运电力电缆的工艺质量，为施工管理提供参考依据；评估旧电力电缆的运行状况，为资产管理提供决策参考；推动计划检修向状态检修的转变，减少停电，提高电网的可靠性。

一、健康诊断一般方法

高压电力电缆健康诊断根据检测方式可分为在线检测和离线检测两种。在线检测主要有红外检测、金属护层接地电流检测、局部放电检测等；离线检测主要有变频谐振试验下的同步局部放电检测、OWTS振荡波局部放电检测等。

健康诊断推行大规模普测、疑似信号复测、问题设备重点监测的作业方式，以确保电缆设备安全稳定运行。

二、健康诊断一般要求

（一）工作环境要求

（1）检测均在当地大气条件下进行，且检测期间，大气环境条件应相对稳定。

（2）检测目标及环境的温度宜在5～40℃；空气相对湿度不大于80%，雷、雨、雾、雪等天气不宜进行检测。

（3）检测时应避免手机、照相机闪光灯等的干扰。

（二）待测电力电缆设备要求

（1）待测电力电缆设备应处于运行状态，且运行时间应该在24h以上。

（2）待测电力电缆设备上无其他作业。

（3）待测电力电缆设备接地引线（或被检电缆本体）上无其他耦合回路。

（三）安全要求

（1）应严格执行《国家电网公司电力安全工作规程》的相关要求，落实工作票制度、工作许可制度；严格执行有限空间作业安全规定的相关要求。

（2）应确保操作人员及测试仪器与电力设备的带电部位保持足够的安全距离。

（3）测试中，检测设备应接地良好。

（4）在使用传感器进行检测时，应戴绝缘手套。

（5）户外检测应在良好的天气下进行，如遇雷、雨、雪、雾等天气则不宜进行该项工作。

（6）行走中注意脚下，防止踩踏设备管道、电缆本体、接地线、二次保护线。

（7）防止传感器坠落而误碰设备。

（8）保证被测设备绝缘良好，防止低压触电。

（四）人员要求

（1）测试人员应熟悉状态检测的基本原理、诊断程序和缺陷定性的方法。

（2）测试人员应了解状态检测设备的技术参数和性能，掌握状态检测设备的操作程序和使用方法。

（3）测试人员应了解被测电力设备的结构特点、运行状况和导致设备故障的基本因素。

（4）测试人员应经过上岗培训并考试合格。具有一定的现场工作经验，熟悉并能严格遵守电力生产和工作现场的相关安全管理规定。

三、 健康诊断工作流程

（一）设备信息及测试环境记录

1. 设备信息记录

（1）整条线路检测。

1）一级目录：测试时间＋电压等级＋线路名称＋检测位置。

2）二级目录：检测仪器。

3）三级目录：测试相位＋数据文件编号。

（2）终端接头检测。

1）一级目录：测试时间＋变电站/终端站名称。

2）二级目录：电压等级＋线路名称［变联电缆：变压器名称＋电压等级＋位置（GIS侧或变压器侧）］。

3）三级目录：检测仪器。

4）四级目录：测试相位＋数据文件编号。

（3）中间接头检测。

1）一级目录：测试时间＋电压等级＋线路名称＋电缆隧道名称。

2）二级目录：接头编号。

3）三级目录：检测仪器。

4）四级目录：测试相位＋数据文件编号。

（4）电缆附属设施及环境检测。

1）一级目录：测试时间＋电压等级＋线路名称＋附属设施名称＋检测位置。

2）二级目录：检测仪器。

3）三级目录：测试相位＋数据文件编号。

2. 测试环境记录

记录测试环境的温度湿度、外界有无明显干扰等。

（二）数据采集

1. 红外检测

（1）正确选择被测设备的辐射率，特别要考虑金属材料的氧化对选取辐射率的影响，金属导体部位一般取0.90，绝缘体部位一般取0.92。

（2）在安全距离允许的范围下，红外仪器宜尽量靠近被测设备，使被测设备充满整个仪器的视场，以提高仪器对被测设备表面细节的分辨能力及测温精度，必要时，应使用中、长焦距镜头；户外终端检测一般需使用中、长焦距镜头。

（3）将大气温度、相对湿度、测量距离等补偿参数输入，进行修正，并选择适当的测温范围。

（4）一般先用红外热像仪对所有测试部位进行全面扫描，重点观察电缆终端、中间接头、交叉互联箱、接地箱和金属套接地点等部位，发现热像异常部位后对异常部位和重点被检测设备进行详细测量。

（5）为了准确测温或方便跟踪，应事先设定几个不同的方向和角度，确定最佳检测位置，并做上标记，以供复测使用，提高互比性和工作效率。

（6）记录被检设备的实际负荷电流、电压，以及被检设备温度和环境参照体的温度值等。

2. 接地电流检测

（1）检测前钳形电流表处于正确挡位，量程由大至小调节。

（2）记录当时的负荷电流。

（3）记录接地电流异常互联段、缺陷部位、实际负荷，互联段内所有互联线、接地线的接地电流。

3. 局部放电

（1）根据电缆设备及现场情况选择适当的测试点。

（2）放置传感器：

1）高频局部放电检测。在电缆屏蔽接地线处安装高频电流传感器（high frequency current transformer，HFCT），在电力电缆本体处安装同步线圈。

2）超高频局部放电检测。将超高频传感器放置在电缆接头非金属封闭处，以减少金属对内部电磁波的屏蔽以及传感器与螺栓产生的外部静电干扰。

3）连接。按照不同检测设备要求连接传感器、主机、电脑、电源等元件。

4）运行软件。检查主机与电脑通信状况、同步状态、相位偏移等参数；进行系统自检，确认各检测通道工作正常；测试背景噪声，根据现场噪声水平设定各通道信号检测阈值。

5）开始检测。打开连接传感器的检测通道，观察检测到的信号。采集记录数据，检测时间不少于60s。

6）检测信号处理。如果发现信号无异常，保存数据，退出并改变检测位置继续下一点检测；如果发现信号异常，则延长检测时间并记录3组数据，进入异常诊断流程。

（三）诊断分析

1. 高频局部放电检测结果诊断分析

在某个检测点检测到异常信号时，首先根据局部放电判定要素对检测到的异常信号进行判断，如根据相位谱图特征判断测量信号是否具备与电源信号相关性。

若具备与电源信息相关性，说明存在疑似局部放电信号，则继续如下步骤：

（1）根据异常信号的谱图特征尤其是信号频率分布情况判断信号源位置是在检测点附近还是远离检测点。

（2）对发现异常信号的检测点（接头）两边相邻的检测点（接头）进行测试，通过多个检测点的检测信号比较分析，如信号幅值、上升沿时间、频率分布等来判断信号源的位置来自哪一侧方向。

（3）分析检测到的波形特征、频率分布、反射波时间等信息综合判断出放电类型、局部放电源的位置。

（4）以上方法为初测，确定的是局部放电源的大概位置，如需精确定位，可选择在信号源两边的电力电缆附件上敷设光纤进行定位或采用综合应用超声波局部放电仪等其他定位方式。

2. 特高频局部放电检测结果诊断分析

在某个检测点检测到异常信号时，首先根据局部放电判定要素对检测到的异常信号进行判断，如根据相位谱图特征判断测量信号是否具备与电源信号相关性。

若具备与电源信号相关性，说明存在疑似局部放电，则继续如下步骤：

（1）排除外界环境干扰，将传感器放置于电缆接头上，将此处检测信号与在空气中的检测信号进行比较，若一致并且信号较小，则基本可判断为外部干扰；若不一致或变大，则需进一步检测判断。

（2）检测相邻间隔的信号，根据各检测间隔的幅值大小（即信号衰减特性）初步定位局部放电部位。

（3）进一步分析峰值图形、放电速率图形和三维检测图形综合判断放电类型。

(4) 综合应用超声波局部放电检测仪、示波器等仪器进行精确的定位。

(四) 资料整理

(1) 对于现场检测为正常的数据，应直接记录。

(2) 对于现场检测判断为有问题或异常的数据应在检测当天进行分析，如初步结论为疑似缺陷，应出具试验报告并上报工区；对于疑似缺陷，使用多种手段进行复测、分析和定位，根据结果进行停电处理或持续监测。

(3) 检测的原始数据每天在移动硬盘和台式机中备份，并登记在试验记录中。

(4) 每月月末前将检测情况整理上报。

第四节　健康诊断新技术及发展趋势

随着高压电力电缆体量的进一步增大，采取常规方法检测电力电缆健康水平的难度逐步加大。智能化、全覆盖监测装置将成为未来发展趋势，针对电缆线路薄弱环节，如电缆附件，采用内置式局部放电监测装置，可提高电力电缆状态管控水平。随着电缆线路智能管控全盘覆盖，会逐步获得电力电缆运行的多种状态量，采用大数据技术，进一步分析电力电缆运行质量，促进电力电缆管理水平逐步提高。当前，国内外出现的高压电力电缆健康诊断新技术如下。

一、 内置式测温技术

随着城市化进程加快，城市输电线路正由传统架空式向地埋式过渡，对线路中间电缆接头状态的监测越来越重要，而传统的人工巡视或者光纤外置的测温技术已无法满足智能化建设的需要，因此采用内置式测温技术越来越有必要。

内置式电缆接头导体测温技术采用无线能量传输技术和射频通信技术同步工作原理，直接测量电缆接头导体运行温度，可用于对 10～500kV 电压等级的电缆中间接头导体运行温度进行实时监测，为电力电缆动态增容和安全管理提供数据支持。

内置式电缆接头导体测温技术，可解决内置式测温传感器的电能供应和信号传输的难题，实现直接测量电缆接头导体运行温度，具有测温精度高、实时性强的优点。内置式电缆接头导体测温系统示意图如图 1-12 所示，系统主要包括内置测温模块和外置测温中继两个部分。外置测温中继通过电磁耦合方式将能量和信号传递到电缆接头导体部位的内置测温模块；内置测温模块获得电能的同时将温度数据以无线电磁波的方式发送至外置测温中继，实现电缆导体温度精准测量，不改变电缆接头物理结构和电气特性，具有安全免维护、安装方便等优点。

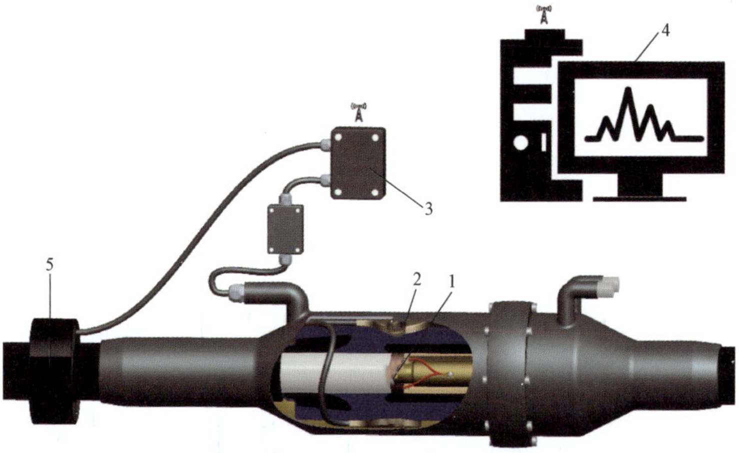

图 1-12　内置式电缆接头导体测温系统示意图

1—内置测温模块；2—外置测温中继；3—电力电缆运行状态监测箱；
4—电力电缆运行状态监测系统应用终端；5—非闭合互感电源

二、分布式光纤振动传感技术

城市地下电力电缆在使用中时常受到人工挖掘、机械挖掘、非法入侵等第三方外力破坏，严重影响了电力电缆运行的安全性和可靠性。而电力电缆通道防外力破坏在线监测系统是专门用于保障电力电缆通道免遭外力破坏的监测系统，系统采用分布式光纤振动传感技术，结合高精度智能模式识别算法能够实现对破坏性外力的实时监测和准确识别，是实现电力电缆安全预防性维护的必要基础设施。

分布式光纤振动传感技术具有同时获取在传感光纤区域内随时间和空间变化的被测量分布信息的能力，非常适合于大型工程监测、长距离线路监控、大范围地域安防等领域。其基本特征如下：

（1）分布式光纤传感系统中的传感元件仅为光纤。

（2）一次测量就可以获取整个光纤区域内被测量的一维分布图，将光纤架设成光栅状，就可测定被测量的二维和三维分布情况。

（3）系统的空间分辨率一般在米的量级，因而对被测量在更窄范围的变化一般只能观测其平均值。

（4）系统的测量精度与空间分辨率一般存在相互制约关系。

（5）检测信号一般较微弱，因而要求信号处理系统具有较高的信噪比。

（6）由于在检测过程中需进行大量的信号加法平均、频率扫描、相位跟踪等处理，因而实现一次完整的测量需较长的时间。

分布式光纤振动传感技术的工作原理是利用光纤作为传感元件，将“传”

和“感”合为一体。传感光纤在外界物理因素（如运动、振动和压力）的作用下，改变光纤中的光纤相位，从而对外界参数进行检测，具体来说是当外界的振动作用于光缆时，引起光缆中纤芯发生形变，使纤芯折射率与长度发生变化，导致光缆中光的相位发生变化。

分布式光纤振动传感系统是一种基于光时域反射技术（OTDR）和光纤干涉技术发展而成的先进的光纤传感技术，它同时具有光时域反射技术定位精度高和光纤干涉技术灵敏度高的特点。

当外界有振动作用于传感光缆时，引起光缆中纤芯发生形变，导致纤芯长度和折射率发生变化，导致光缆中光的相位发生变化。当光在光缆中传输时，由于光子与纤芯晶格间发生作用，不断向后传输瑞利散射光。当外界有振动发生时，背向瑞利散射光的相位随之发生变化，这些携带外界振动信息的信号光，反射回系统主机时，经光学系统处理，将微弱的相位变化转换为光强变化，经光电转换和信号处理后，进入计算机进行数据分析。系统根据分析的结果，判断入侵事件的发生，并确认入侵地点。分布式光纤振动传感系统示意图如图 1 - 13 所示。

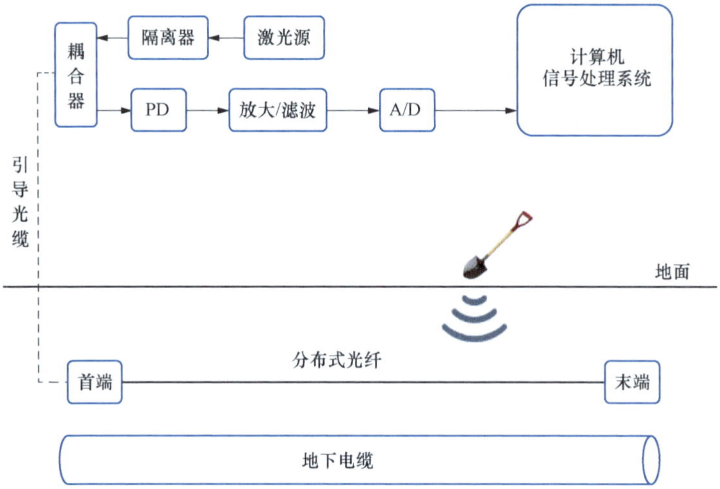

图 1 - 13　分布式光纤振动传感系统示意图

三、 内置式局部放电监测技术

内置式电缆局部放电监测技术是将局部放电传感器内置到电缆接头内部，通过电容耦合方式来感应局部放电信号，可解决传感器局部放电干扰信号大、故障定位不精确的实际问题，从而提高局部放电设备的准确性和稳定性。内置式电缆局部放电监测系统示意图如图 1 - 14 所示，系统主要包括电力电缆局部放电监测主机、监测中继、放电监测装置、局部放电控制模块和局部放电采集模块五部分。

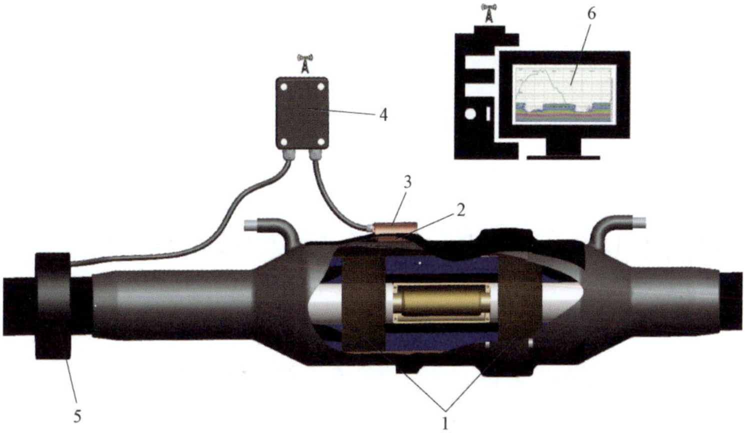

图 1-14　内置式电缆局部放电监测系统示意图

1—局部放电传感器；2—局部放电采集模块；3—局部放电监测中继；4—局部放电监测主机；
5—非闭合互感电源；6—局部放电监测专家库软件

（1）局部放电监测主机在内置式电缆局部放电监测系统中负责现场局部放电信号数据采集及数据上传、监测装置的工作状态及上传、管理采集板的电源。该装置具有数据通信、电源管理、局部放电信号采集、无线供电、无线通信功能，在内置式电缆局部放电监测系统中起到核心作用。

（2）局部放电监测中继。局部放电检测主机在内置式电缆局部放电监测系统中负责接收内置电缆局部放电监测装置数据采集及其状态信息，并管理内置电缆局部放电监测装置的供电。该产品具有数据通信、电源管理功能，在内置式电缆局部放电监测系统中起到承上启下的作用。

（3）内置局部放电采集模块。内置局部放电采集模块在内置电缆局部放电监测装置中负责局部放电信号采集、监测自身的工作状态并上传给内置局部放电控制模块。该模块在内置式电缆局部放电监测系统中起到局部放电信号采集及相关数据上传的核心作用。

第二章

高压电力电缆健康诊断常用技术

第一节　红外检测技术

一、 技术简介

高压电力电缆红外检测是指利用红外成像技术，对电力系统中具有电流、电压致热效应或其他致热效应的带电设备进行检测和诊断。

高压电力电缆红外检测是非接触式测量，具有测温范围广、响应速度快、灵敏度高等特点。但由于受被测对象的发射率影响，几乎不可能测到被测对象的真实温度，测量的只是表面温度。

二、 检测原理

红外测温仪通过物体发出的红外辐射能量大小来确定物体的温度。理论上讲，任何高于绝对零度的物体都会向四周辐射电磁波，其中就包含了波段位于 0.75～100μm 的红外线。当红外测温仪器测温时，被测物体发射出的红外辐射能量，通过测温仪的光学系统在探测器上转为电信号，并通过红外测温仪的显示部分显示出被测物体的表面温度。红外检测原理示意图如图 2-1 所示。

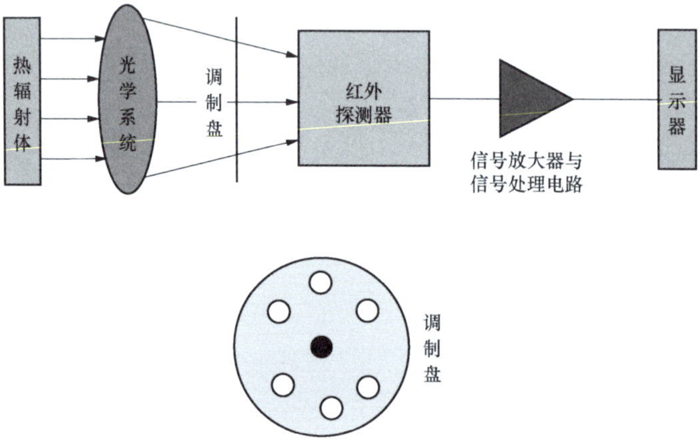

图 2-1　红外检测原理示意图

红外测温采用逐点分析的方式，即把物体一个局部区域的热辐射聚焦在单个探测器上，并通过已知物体的发射率，将辐射功率转化为温度。由于被检测的对象、测量范围和使用场合不同，红外测温仪的外观设计和内部结构不尽相同，但基本结构大体相似，主要包括光学系统、调制器、红外探测器、信号放大器与信号处理电路、显示器等部分组成。热辐射体发出的红外辐射进入光学系统，经调制器把红外辐射调制成交变辐射，由红外探测器转变成为相应的电信号，该信号经过放大器与信号处理电路，并按照仪器内的算法和目标发射率校正后转变为被测目标的温度值。

三、 检测方法

（1）红外检测时，电力电缆应带电运行，且运行时间应该在 24h 以上，并尽量移开或避开电力电缆与测温仪之间的遮挡物，如玻璃窗、门或盖板等。

（2）需对电缆线路各处分别进行测量，避免遗漏测量部位；最好在设备负荷高峰状态下进行，一般不低于额定负荷 30%。

（3）在安全距离允许的范围下，红外仪器宜尽量靠近被测设备，使被测设备充满整个仪器的视场，以提高仪器对被测设备表面细节的分辨能力及测温精度，必要时，应使用中、长焦距镜头；户外终端检测一般需使用中、长焦距镜头。

（4）红外检测诊断依据如表 2 - 1 所示。

表 2 - 1　　红外检测诊断依据

部位	测试结果	结果判断	建议策略
金属连接部位	相间温差＜6℃	正常	按正常周期进行
	6℃≤相间温差＜10℃	异常	应加强监测，适当缩短检测周期
	相间温差≥10℃	缺陷	应停电检查
终端、接头	相间温差＜2℃	正常	按正常周期进行
	2℃≤相间温差＜4℃	异常	应加强监测，适当缩短检测周期
	相间温差≥4℃	缺陷	应停电检查

（5）检测误差分析。由于红外测温是非接触式的，因此难免会存在误差。影响误差的因素很多，除了仪器本身的因素，主要表现在以下几个方面：

1）辐射率。辐射率是一个物体相对于黑体辐射能力大小的物理量，它除了与物体的材料形状、表面粗糙度、凹凸度等有关，还与测试的方向有关。若物体为光洁表面时，其方向性更为敏感。不同物质的辐射率是不同的，红外测温仪从物体上接收到辐射能量大小正比于它的辐射率。在实际的检测过程中必须注意不同物体与测温仪相对应的辐射率，对辐射率的设定要尽量准确，以减小所测温度的误差。另外，辐射率与测试方向有关，测试角度越大，测试误差越大，在用红外进行测温时，这一点很容易被忽视。一般来说，测试角最好在

30°之内，一般不宜大于45°，如果不得不大于45°进行测试，可以适当地调低辐射率进行修正。如果要对两个相同物体的测温数据进行判断分析，那么在测试时测试角一定要相同，这样才更具有可比性。

2）距离系数。距离系数（$K=S:D$）是测温仪到目标的距离 S 与测温目标直径 D 的比值，它对红外测温的精确度有很大影响，K 值越大，分辨率越高。因此，如果测温仪由于环境条件限制必须安装在远离目标之处，而又要测量小的目标，就应选择高光学分辨率的测温仪，以减小测量误差。在实际使用中，许多人会忽略测温仪的光学分辨率，不管被测目标点直径 D 的大小，打开激光束对准测量目标就测试。实际上就忽略了该测温仪对 $S:D$ 值的要求，这样测出的温度会有一定的误差。比如，对 $K=8$ 的红外测温仪，测量距离要求如表2-2所示。

表2-2　　对 $K=8$ 的红外测温仪的测量距离要求

目标大小 D(mm)	15	50	100	200
测量距离 S(mm)	<120	<400	<800	<1600

3）目标尺寸。被测物体和测温仪视场决定了仪器测量的精度。使用红外测温仪测温时，只能测定被测目标表面上确定面积的平均值。一般测试时有以下三种情况：

a. 当被测目标大于测试视场时，测温仪就不会受到测量区域外面的背景影响，就能显示被测物体位于光学目标内确定面积的真实温度，这时的测试效果最好。

b. 当被测目标等于测试视场时，背景温度已受到影响，但还比较小，测试效果一般。

c. 当被测目标小于测试视场时，背景辐射能量就会干扰测温度数，造成误差，此时仪器仅显示被测物体和背景温度的加权平均值。在实际测温时，被测目标尺寸超过视场大小的50%为宜。红外检测情况示意图如图2-2所示。

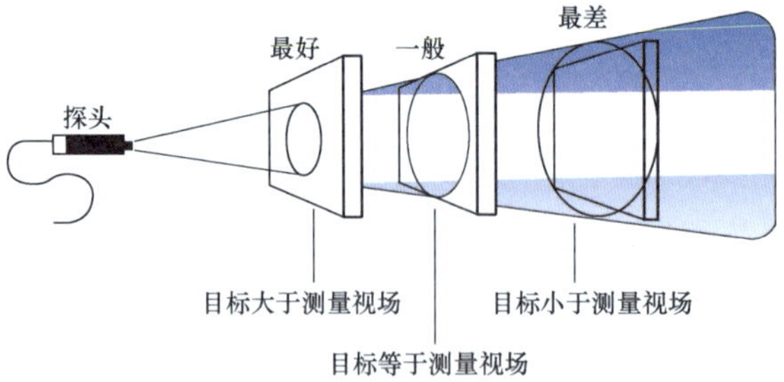

图2-2　红外检测情况示意图

4）响应时间。响应时间表示红外测温仪对被测温度变化的反应速度，定义为到达最后读数的 95%能量所需要时间，它与红外探测器、信号处理电路及显示器的时间常数有关。如果目标的运动速度很快或者测量快速加热的目标时，要选用快速响应红外测温仪，否则达不到足够的信号响应，会降低测量精度。但并不是所有应用都要求快速响应的红外测温仪。对于静止的或目标热过程存在热惯性时，测温仪的响应时间可放宽要求。因此，红外测温仪响应时间的选择要与被测目标的情况相适应。

5）环境因素。被测物体所处的环境条件对测量的结果有很大的影响，它主要体现在环境温度和清晰度两个方面。随着环境温度的升高，产生的附加辐射影响就越大，测温的误差也就越大。在室外进行红外测温时，应尽量在无雨、无雾、空气比较清晰的环境下进行。在室内进行红外测温时，应在没有水蒸气的环境下进行，这样就可以在误差最小的情况下测得较准确的数值。

第二节　接地电流检测技术

一、技术简介

高压电力电缆接地电流检测是指通过电流互感器或钳形电流表对高压电力电缆金属护层接地回路的接地电流进行检测。

高压电力电缆接地电流检测可以发现安装过程中接地方式的错误、交叉互联系统中接线的错误、电缆护层多点接地、屏蔽层断裂等缺陷。实践证明，对电力电缆金属护层进行接地电流检测是检查电力电缆接地系统是否正常的有效手段。

二、检测原理

（一）高压电力电缆金属护套接地方式

1. 单端接地方式

当电力电缆长度在 500m 及以下时，电力电缆护套可以采用一端直接接地（通常在终端头位置接地），另一端经保护器接地。护套其他部位对地绝缘，这样护套没有构成回路，可以减少及消除护套上的环行电流，提高电力电缆的输送容量。为了保障人身安全，非直接接地端护套中的感应电压不应超过 50V，但在电力电缆终端头处的金属护套用玻璃纤维绝缘材料覆盖起来的情况下，该电压可以提高到 100V。

2. 双端接地方式

与单端接地方式不同，双端接地方式下电力电缆护套两端均直接接地，电缆护套与大地形成完整回路。在这种接地方式下，高压电力电缆金属护层上所承受的电压为金属护套电阻与大地回路电阻和两端接地电阻之和的分压。相比接地电阻而言，金属护层的电阻可忽略不计，所以金属护层上所承受的电压几乎为零。

3. 交叉互联接地方式

电缆线路较长时，可以采用护套交叉互联。这种方法是将电缆线路分成若干大段，每大段原则上分成长度相等的三小段，每小段之间装设绝缘接头，绝缘接头处护套三相之间用同轴引线经接线盒进行换位连接，绝缘接头处装设一组保护器，每一大段的两端护套分别直接接地。这样不但对称排列的三相电力电缆护套电位相量和为零，就是在不对称的水平排列三相电力电缆中，由于电缆每小段进行了换位，每大段全换位，三相电力电缆护套感应电压绝对值相差很小，相位差 120°，其相量和很小。

（二）高压电力电缆金属护套感应电压和感应电流的产生

1. 感应电压

对于三芯电力电缆，因三根线芯在同一个金属护层内，当三相电流基本平衡时，三相合成电流近于零，合成磁通也接近于零。此时金属护层上感应电压很小，可以忽略不计。只有在非对称短路时，破坏了三相电流的对称性，合成磁通不再等于零，金属护层上才会有不平衡感应电动势产生。

对于单芯电力电缆，当线芯流过交变电流时，交变电流的周围会产生交变磁场，形成与电力电缆回路相交链的磁通，其必然与电力电缆的金属护层相交链，金属护层上将会产生感应电压。

2. 感应电流

电力电缆护层接地线上的电流主要由感应电流、电容电流、泄漏电流三部分组成。感应电流由金属护层的感应电动势作用在金属护层的自阻抗、接地点间的导通电阻、接地线的电阻等阻抗上形成，感应电流的大小与感应电动势成正比，与回路中的总阻抗成反比，当电力电缆护层仅单点接地时，感应电流为零。电容电流由工作电压作用在导体与金属护层间的电容而产生，与电力电缆长度、电缆截面尺寸、工作电压等因素有关。泄漏电流由工作电压作用在电力电缆主绝缘层的绝缘电阻而产生，绝缘正常时泄漏电流幅值极小，通常可以忽略不计。

（三）不同接地方式接地电流分析

1. 单端接地方式

在护套上除接地点外的其他各点，随着远离接地端，金属护层的接地电压逐渐升高，离接地点最远点的金属护层电压值最高。当过电压保护器动作形成接地点时，单端接地方式变为双端接地方式，电力电缆金属护套中有环流产生；在其他情况下，电缆金属护套中没有电流，不会出现因护套环流而产生的功率损失。

2. 双端接地方式

电力电缆金属护套上的感应电压与电力电缆的长度和负荷电流成正比。当电缆线路很短，传输功率很小时，护套上的感应电压极小。护套两端接地形成通路后，护层中的环流很小，造成的损耗不显著，对电力电缆的载流量影响不大。

3. 交叉互联接地方式

交叉互联接地系统正常情况下，三相电力电缆护套感应电压的相量和很小，产生的环流几乎为零；当交叉互联换位出现错误时会导致接地电流显著增大。电缆接地系统中，一组完整的交叉互联段内交叉互联换位次序应该前后一致，即同时为 A→B→C→A 或者 A→C→B→A。交叉互联换位次序错误典型示例如图 2-3 所示，在这种情况下金属护层内环流将很大。

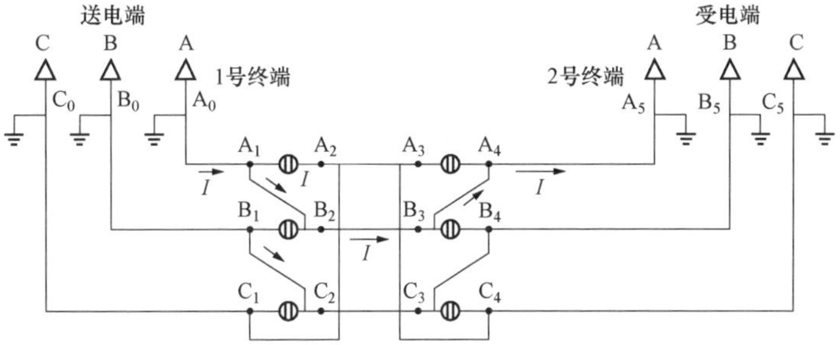

图 2-3　交叉互联换位次序错误典型示例

(四) 高压电力电缆接地电流检测仪器

1. 检测仪器功能及参数

通常采用便携式大口径钳形电流表进行带电检测，测量电力电缆护层接地线上流过的电流。市场上常见的针对电力电缆护层接地电流检测的钳形电流表除常规功能外，通常还具有多组数据存储、历史数据查询、保存、打印等高级功能。对仪器关键技术参数的主要要求如下：测量导线直径不小于 50mm，电流量程至少满足 10mA～100A。

2. 检测仪器工作原理

钳形电流表按结构和工作原理的不同，分为整流系和电磁系两类。整流系钳形电流表只能用于交流电流的测量，而电磁系钳形电流表可以作为交、直流两用测量。电磁系钳形电流表主要由电流互感器、整流电路、磁电系电流表、量程转换开关及测量电路组成。电流互感器的铁芯为钳形结构，它分为固定部分和活动部分，且置于电流互感器的前端，其中的活动部分与扳手联动。当握紧扳手时，电流互感器的铁芯便可以张开，这样被测电流的导线不必切断就可以穿过铁芯的缺口，然后放松手使铁芯闭合，这时通过电流的导线相当于电流互感器的一次绕组，这时二次绕组中将出现感应电流，与二次绕组相连的电流表指针就会发生偏转，从而指示被测电流的数值。量程转换开关及切换电路可实现钳形电流表的多量程电流测量。

3. 检测方法

通常采用手持式大口径钳形电流表，钳套在电力电缆护层接地线上来测量护层的接地电流。

4. 检测仪器基本要求

钳形电流表应携带方便、操作简单、测量精度高，交流电流测量分辨率达到 0.2A，测量结果重复性好；应具备多量程交流电流挡；钳形电流表钳头开口直径应略大于接地线直径。

三、检测方法

（1）检测前钳形电流表处于正确挡位，量程由大至小调节。特别注意人体头部与带电部分保持足够的安全距离。

（2）测试接地电流应记录当时的负荷电流。

（3）电流表钳口套入导线后，应使钳口完全密封，并使导线处于正中，否则会因漏磁严重而使所测数值不正确。

（4）接地电流检测诊断依据如表 2-3 所示。

表 2-3 接地电流检测诊断依据

测试结果	结果判断	建议策略
满足下面全部条件： （1）接地电流绝对值<50A； （2）按地电流与负荷比值<20%； （3）单相接地电流最大值/最小值<3	正常	按正常周期进行
满足下面任何一项条件时： （1）50A≤接地电流绝对值≤100A； （2）20%≤接地电流与负荷比值≤50%； （3）3≤单相接地电流最大值/最小值≤5	注意	应加强监测，适当缩短检测周期
满足下面任何一项条件时： （1）接地电流绝对值>100A； （2）接地电流与负荷比值>50%； （3）单相接地电流最大值/最小值>5	缺陷	应停电检查

第三节 局部放电检测技术

一、技术简介

在电场作用下，绝缘中的某些薄弱区域由于电场强度达到击穿场强而发生放电，但没有贯穿施加电压的电极之间，即尚未击穿，这种现象称为局部放电。

(一) 电缆本体产生局部放电的原因

电缆本体产生局部放电的原因主要有气隙、杂质、水树、突起、分层/层状缺陷等（如图 2-4 所示）。

1. 气隙

由于气隙的相对介电常数远小于电缆绝缘，在工频电场作用下，气隙要承受较大的电场强度，造成局部放电，随着气隙的多次放电，气隙通路不断扩大，放电量逐渐增加，直至发生击穿，造成电力电缆损坏。

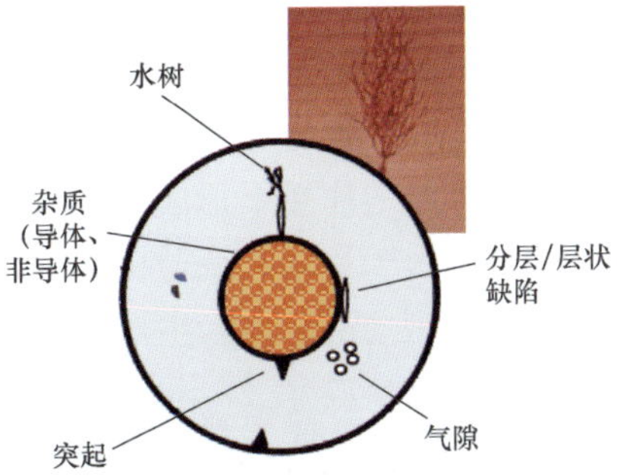

图 2-4　电缆本体产生局部放电原因示意图

2. 杂质

杂质的击穿强度比绝缘材料小得多，在电场作用下，杂质首先发生放电、炭化和气化，生成气隙，引起局部放电。

3. 水树

水树本身不会产生局部放电，但主绝缘中的水树会诱发电树产生，并最终导致主绝缘的击穿。

4. 突起

导体或半导电层的尖端、毛刺会引起局部放电。由于尖端会使电场强度增加，尖端周围的绝缘材料先发生放电，进而发展成击穿，这就是常说的尖端效应。

5. 分层/层状缺陷

主绝缘内存在悬浮电位会引起局部放电。悬浮电位非常不稳定，会引起电荷的积累，在工频电场作用下，与周边产生电位差，引起局部放电。

(二) 电力电缆接头产生局部放电的原因

电力电缆接头中产生局部放电的原因主要有绝缘与导体表面的间隙、绝缘材料中的空腔与杂质及导体或半导体表面的凹陷或毛刺等，如图 2-5 所示。

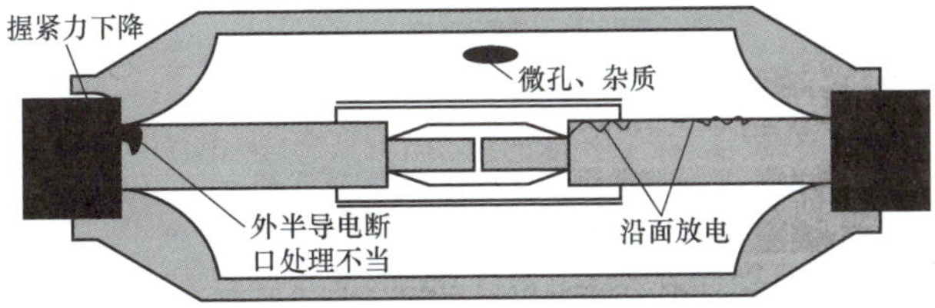

图 2-5　电力电缆接头产生局部放电原因示意图

（三）高压电力电缆局部放电的种类

电力电缆中的局部放电主要有电晕放电、滑闪放电、电树枝放电（内部放电）及悬浮电位放电4种。其中，电晕放电主要发生在系统外部的高电位处，对系统危害较小，而滑闪放电主要发生在系统附件内部的高电位电场集中点，对电缆系统的威胁非常大，90%以上的电缆附件故障都是由滑闪放电导致绝缘击穿引起的。内部放电一般由电缆本体或附件中的空穴或者尖端突起引起，在长时间高电压的作用下形成电树枝，造成绝缘劣化并最终导致击穿。悬浮电位放电主要是由于接地系统遭破坏产生的，对系统的危害相对较小。

不同类型局部放电产生原因及危害如表2-4所示。

表2-4　不同类型局部放电产生原因及危害

放电类型	产生原因	可能位置	危害程度
电晕放电	气体介质在不均匀电场中的局部自持放电	空气终端上或架空线外界传来	较小
滑闪放电（沿面放电）	不同介质介电常数不同，电场中在分界面上出现的放电	电缆附件内部，尤其是半导电屏蔽层处	严重
电树枝放电（内部放电）	线芯或屏蔽层上有毛刺，绝缘中有气泡缺陷，绝缘老化出现水树、电树	电缆本体或附件中	严重
悬浮电位放电	由于安装或设计原因，系统内部的金属材料未能可靠接地造成悬浮电位	电缆金属护套、电缆附件中的金属网	一般

1. 电晕放电

气体介质在不均匀电场中的局部自持放电，是最常见的一种气体放电形式。在曲率半径很小的尖端电极附近，由于局部电场强度超过气体的电离场强，使气体发生电离和激励，因而出现电晕放电。电晕放电在工程技术领域中有多种影响。电力系统中的高压及超高压输电线路导线上发生电晕，会引起电晕功率损失、无线电干扰、电视干扰以及噪声干扰。对于高电压电气设备，发生电晕放电会逐渐破坏设备绝缘性能。在电缆设备中可能出现电晕的位置比较少（一般只会出现在空气终端上）。

2. 滑闪放电（沿面放电）

滑闪放电是指电场中不同介质分界面上所出现的放电现象，也称为沿面放电。沿面放电发展成电极间贯穿性的击穿称为闪络。绝缘子的放电是最常见的一种气体中的沿面放电现象。使用中的电力设备，由于介质交界面上的电压分布不均匀，沿面闪络电压比介质单独存在时的击穿电压低。闪络电压还受介质种类、绝缘结构的电场分布和表面状态（如污秽、潮湿）等因素的影响。因此，高压电力设备制造、安装时，需采取措施（改变电极形状、增大电极曲率半径，改善电极间电容分布等）改进绝缘中的电场分布，以降低设备绝缘结构中部分区域过高的电场强度，并需注意防止污闪（污秽表面放电）。

在电缆附件中，绝缘结构复杂，存在多种材质、多种结构的交界面，若界面断口处理不好很容易造成电场集中，形成沿面放电，最后发展成闪络，造成击穿。在各种交界面中电缆屏蔽层边缘处场强最大，忽略电感、电阻而主要考虑电容的作用下，其等效电容可简化为体积电容和表面电容组成的电容链，电容电流从高电位流向地电位，这样在电缆屏蔽边缘附近所汇集的电流最大。假设认为沿电缆长度方向阻抗一致，则金属屏蔽层附近的压降也最大，因而场强最大。如果电缆附件安装不当或者电缆附件结构设计不合理，将导致电缆附件电场分布不均匀，可导致放电产生甚至造成破坏。据不完全统计，90%的电缆附件故障是由滑闪放电导致绝缘击穿引起的，因此应给予足够的重视。

3. 电树枝放电（内部放电）

目前应用的电力电缆主要以交联聚乙烯材料作为主绝缘，由于系统运行过程中，这些材料都处于高电场作用下，当材料中存在空穴、杂质、尖端等缺陷时，这些缺陷处的电场会非常集中，电子不断被高电场发射出去，打在绝缘材料上。经过长时间不断的击打，绝缘材料内部就会产生树枝状的碳化通道，降低材料的绝缘性能。当绝缘材料的抗压能力无法支持运行的高电压时就会发生击穿。

4. 悬浮电位放电

高压电力设备中某一金属部件，由于结构上的原因在运输过程和运行中造成断裂，失去接地，处于高压与低压电间，按其阻抗形成分压。而在这一金属上产生一对地电位，称之为悬浮电位。悬浮电位由于电压高，场强较集中，一般会使周围固体介质烧坏或碳化。另外，绝缘油在悬浮电位作用下也会分解出大量特征气体，从而使绝缘油色谱分析结果超标。变压器高压套管末屏失去接地会形成悬浮电位放电。

电力电缆，可能产生的悬浮电位放电主要是由于接地系统被破坏，电缆金属护套无法正常接地造成的，在测试中应该对接地系统进行检查。另外，在电缆附件安装过程中也可能混入一些金属杂质，在附件中形成悬浮电位产生放电。

二、 检测原理

局部放电检测主要有如下特点：局部放电信号是强场条件下的瞬态微弱信号；现场检测随机干扰多；多种放电类型并存，危害性大小不一。

局部放电检测的关键技术包括噪声抑制、信号提取与分离、放电种类识别等。

（一）高频局部放电检测

高频局部放电检测是基于不同的放电信号会产生具有不同随机特征的脉冲这一假设的基础上，利用 HFCT 对放电的电流脉冲信号进行高速宽带采样获取信号完整的时域波形，针对不同放电及噪声间的差异提取多种信号特征，从而将不同的放电分离开来，在此基础上，运用模糊逻辑的方法对采集数据进行分析判断，剔除噪声干扰，分类识别局部放电类型，达到发现运行电力电缆绝缘缺陷，预防电力电缆突发性运行故障，实现状态检修的目的。

（二）特高频局部放电检测

特高频检测法（ultra high frequency，UHF）是通过检测 GIS 局部放电过程中产生的特高频电磁波信号实现的局部放电检测，与其他检测方法相比，UHF 检测方法具有灵敏度较高、抗干扰能力较强、可识别故障类型及进行定位等优点。现场操作容易，与高频方式比较，其信噪比更高。

（三）超声波局部放电检测

超声波局部放电检测是一种多功能的数字式超声波检测技术，可探测、存储和分析超声波信息，主要用于电力设备局部放电引起的超声波信号检测。

（四）频谱仪局部放电检测

频谱仪局部放电检测基于频谱分析仪采用频率扫描超外差的方式工作。混频器将天线上接收到的信号与参考振荡器产生的信号混频，这个信号可以通过中频放大器，被放大后再经过中频滤波器和对数放大器，然后进行峰值检波。检波后的信号被视频滤波器进行放大后显示出来。频谱分析仪在不同的时间接收的频率是不同的，随着时间进行扫描时，屏幕上就显示出了被测信号在不同频率上的幅度，将不同频率上信号的幅度记录下来，就得到了被测信号的频谱。

三、检测方法

（一）高频局部放电谱图

观察局部放电相位分布谱图（phase resolved partial discharge，PRPD）有无明显相位关系，如谱图呈单边分布，观察谱图形状是否为扁平带状分布，此类大部分为外部电晕放电；如谱图呈 180°对称分布，观察谱图形状，若呈带状分布则可能是沿面放电，若在同相位上条状分布则可能是开关干扰，若在电压过零点呈兔耳朵状分布则可能为绝缘老化电树枝放电，若呈矩形散落分布则可能是悬浮放电；如谱图呈 120°对称，需要对比三类信号幅值及三相对比，这类信号绝大部分为外界放电信号干扰。

观察 PD 脉冲时序图的波形是否为振荡衰减波形，如波形为振荡快速衰减波形，可能是内部放电；如波形为振荡衰减波形，可能是附近固体绝缘放电；如波形为纺锤形，则为外界干扰。

观察频谱图，如果含有大量高频分量，则可能为近端放电。

对比三相信号关系，如三相中信号幅值差不多，则外界传来可能性较大；若有一相信号明显高于另外两相且幅值相反，则该相单相放电可能性较大。

1. 电晕放电

高电位处存在尖端，电晕放电一般出现在电压周期的负半周。若低电位处也有尖端，则负半周出现的放电脉冲幅值较大，正半周幅值较小。电晕放电典型谱图见图 2-6。

2. 内部放电

一般出现在电压周期中的第一和第三象限，正负半周均有放电，放电脉冲较密且大多对称分布。内部放电典型谱图见图 2-7。

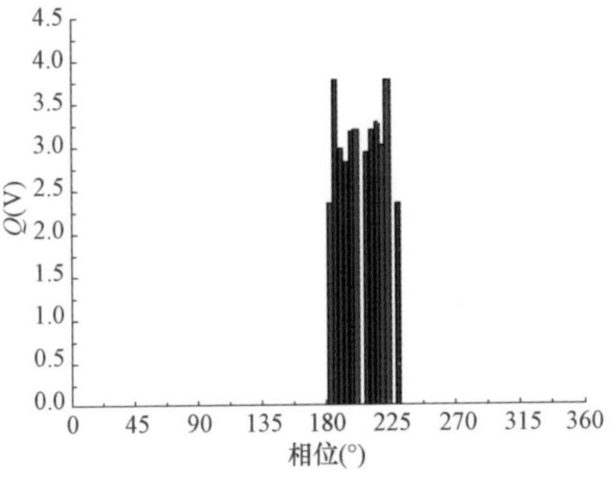

图 2-6　电晕放电典型谱图

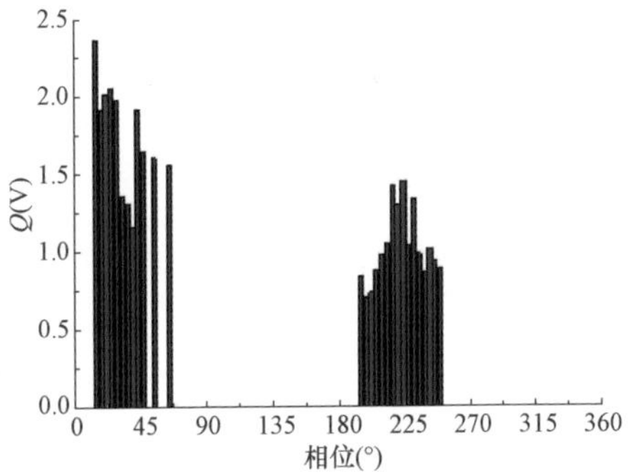

图 2-7　内部放电典型谱图

3. 沿面放电

一般在一个半周出现的放电脉冲幅值较大、脉冲较稀，在另一半周放电脉冲幅值较小、脉冲较密。沿面放电典型谱图见图 2-8。

4. 干扰信号

干扰信号典型谱图如图 2-9 所示。

(二) 特高频局部放电谱图

异常信号分析判断通常在进行特高频局部放电检测时，可能存在如下几种典型的缺陷局部放电信号：自由金属颗粒放电、电晕放电、空穴放电、悬浮电位放电及测试时现场常见的几种干扰信号。下面简明列举上述几种信号的典型谱图，包括各类信号

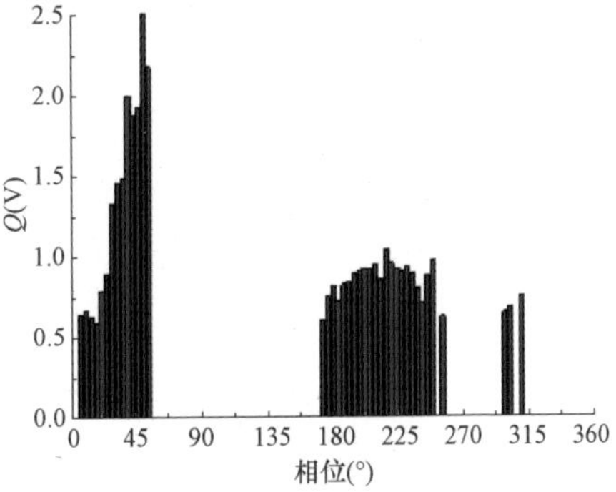

图 2-8　沿面放电典型谱图

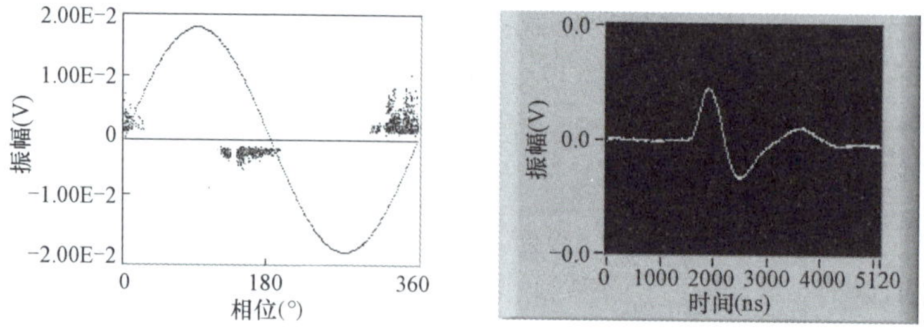

(a)

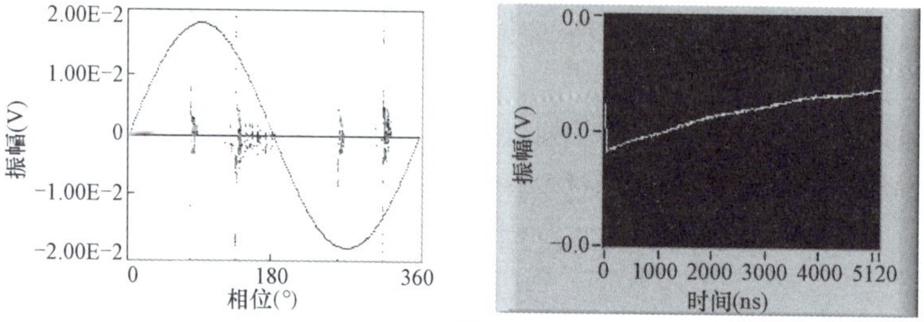

(b)

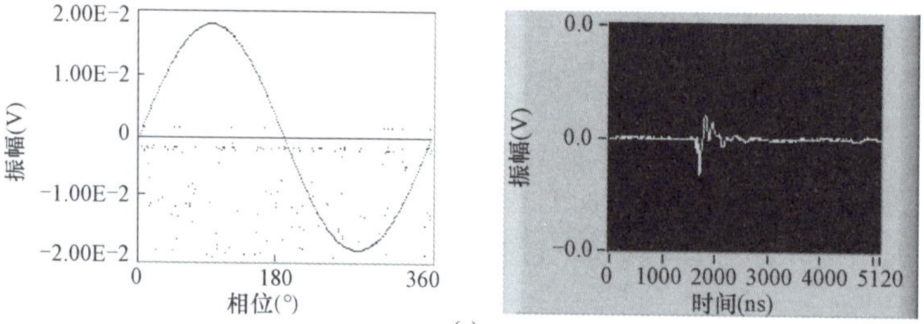

(c)

图 2-9　干扰信号典型谱图

(a) 高压电晕；(b) 脉冲干扰；(c) 高频噪声

的脉冲序列相位分布谱图（phase resolved pulse sequence，PRPS）和局部放电相位分布谱图。

1. 自由金属颗粒放电

自由金属颗粒放电典型谱图如图 2-10 所示。

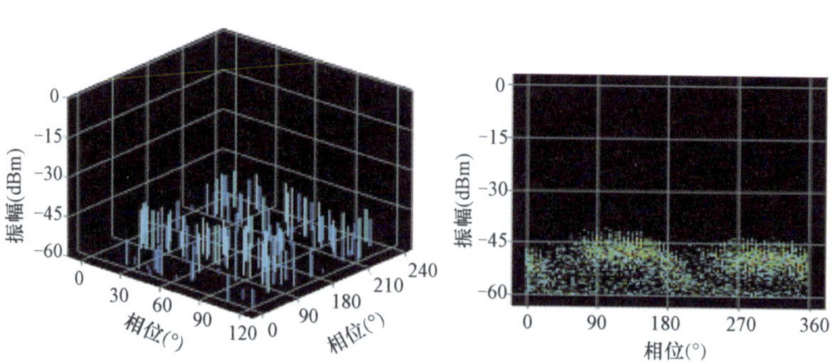

图 2-10　自由金属颗粒放电典型谱图

2. 电晕放电

电晕放电典型谱图如图 2 - 11 所示。

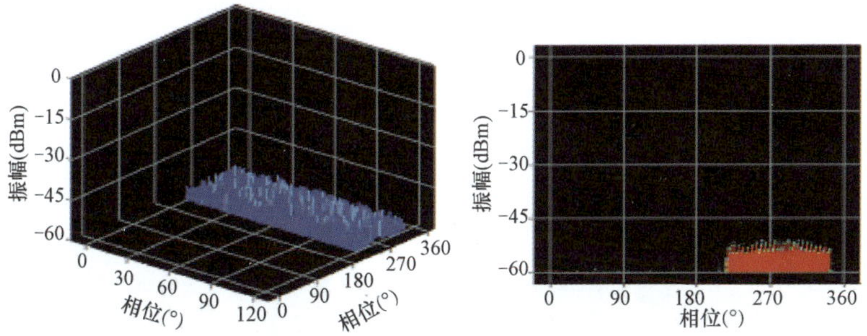

图 2 - 11　电晕放电典型谱图

3. 绝缘缺陷

绝缘件生产或组装过程中，存在内部气孔、龟裂、表面受损和污染时产生的局部放电，绝缘缺陷典型谱图如图 2 - 12 所示。

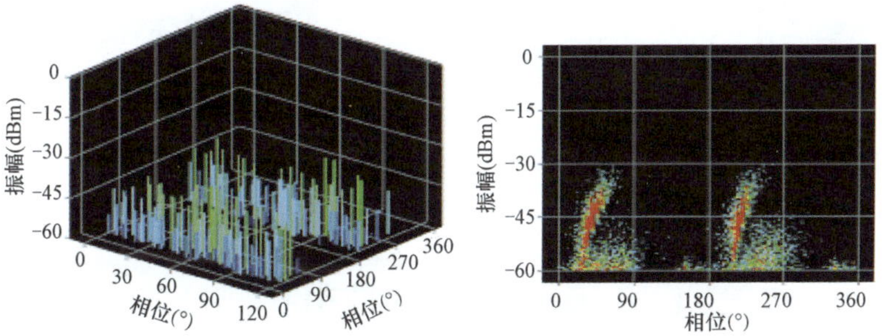

图 2 - 12　绝缘缺陷典型谱图

4. 悬浮电位放电

悬浮电位放电典型谱图如图 2 - 13 所示。

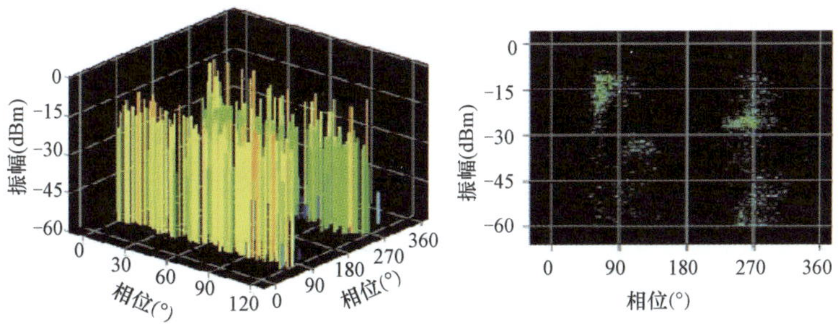

图 2 - 13　悬浮电位放电典型谱图

5. 外界干扰

特高频局部放电现场检测时会存在许多外界干扰，包括无线通信信号、雷达、各种广播信号等，外界干扰典型谱图如图 2 - 14 所示。

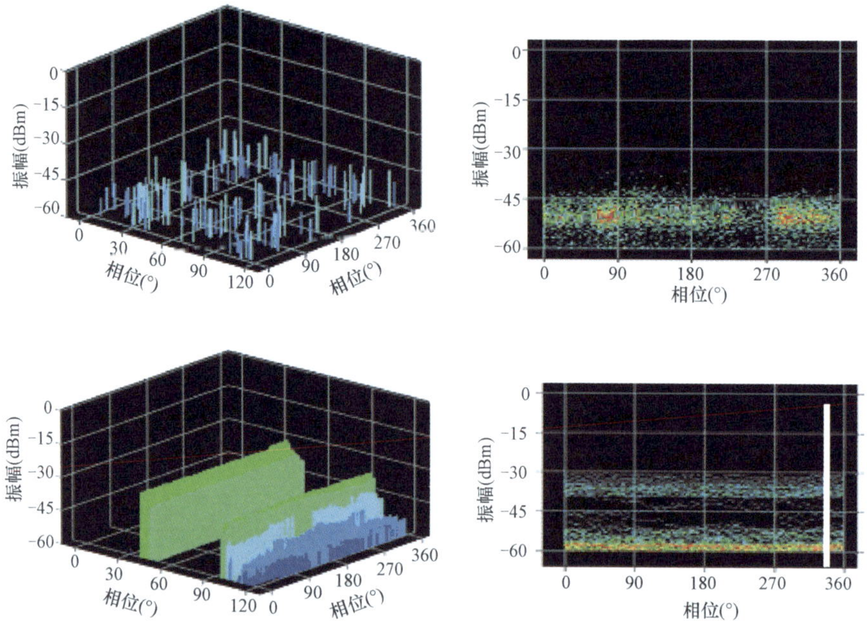

图 2 - 14　外界干扰典型谱图

第四节　振荡波局部放电检测技术

一、 技术简介

振荡波检测系统（oscillating wave test system，OWTS）是将被试电力电缆充以直流电压，当达到预设电压时，闭合高压快速开关，通过系统自带电感线圈与电力电缆的等效电容形成 LC 振荡回路，从而产生衰减电压，谐振频率为$\frac{1}{2\pi\sqrt{LC}}$，其中 L 为检测系统自带电感量，C 为被试电缆的等效电容值。

二、 检测原理

1. OWTS 局部放电检测基本原理

图 2 - 15 为 OWTS 系统工作原理示意图。电缆振荡波局部放电检测系统硬件部分主要由振荡波系统单元和数据处理单元（笔记本电脑）构成。其中，振荡波系统单元包括高压线圈、分压器、半导体开关、局部放电耦合电容、局部放电耦合器、局部放电校准仪和连接面板等，该单元用于产生交流测试电压

及获得局部放电信号数据。数据处理单元用以存储、分析及评估局部放电信号。软件部分由 OWTS 测试软件及浏览器软件组成，内置于 OWTS 单元和数据处理单元中，其用户界面由笔记本电脑的鼠标和键盘控制，从而实现定义测试电力电缆、校准信号、生成电压、测试并保存数据、显示并处理测试数据、生成测试报告等功能。

检测在电力电缆停电时进行，检测时根据试验电压选择充电的直流电压，通过合上半导体开关形成振荡波后，检测出电力电缆局部放电点的准确位置和放电量。

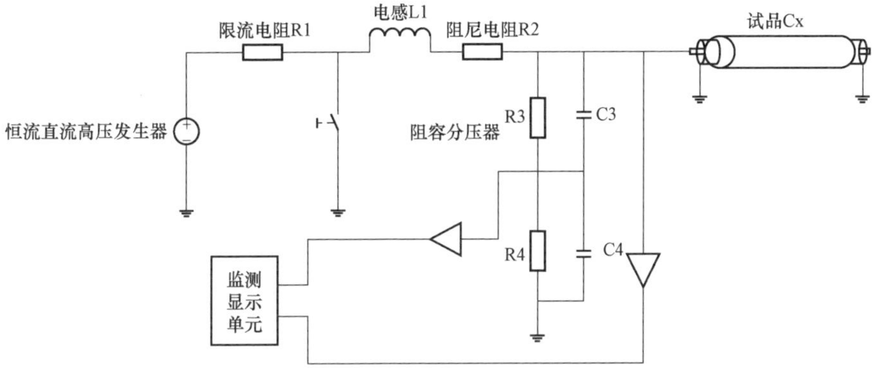

图 2-15　OWTS 系统工作原理示意图

2. OWTS 局部放电定位原理

采用行波定位方法进行局部放电定位检测。行波法定位原理示意图如图 2-16 所示。

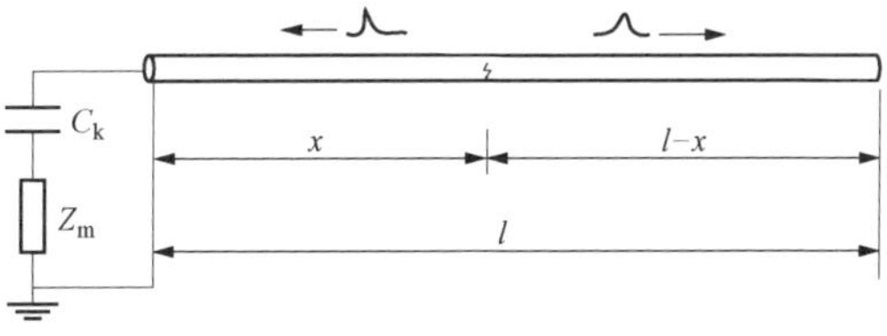

图 2-16　行波法定位原理示意图

图 2-16 中，C_k 为高压耦合电容，Z_k 为检测阻抗，l 为电力电缆全长，x 为局部放电位置与测试端距离，放电脉冲从放电位置将沿电缆向两个相反方向传播。设一个脉冲经过 t_1 时间到达测试端，另外一个脉冲在电力电缆远端反射后共经 t_2 时间到达测试端。根据这两个脉冲的时间差就可以定位局部放电位置，即

$$x = l - v(t_2 - t_1)/2 = l - \frac{v\Delta t}{2}$$

式中　t_1——测试端第一次接收到脉冲信号时间；

t_2——测试端第二次接收到脉冲信号时间；

v——电磁脉冲在介质中的波速，km/μs。在交联聚乙烯电缆中一般为 165～172，在油纸绝缘中为 159，本文主要针对交联聚乙烯电缆，取 170。此外，若已知电感 L、电容 C，则可根据公式 $v=1/\sqrt{LC}=$

$c/\sqrt{\mu\varepsilon}$确定具体波速，其中 c 为光在真空中的传播速度；μ 为电缆芯线周围介质的高频相对导磁系数，ε 为电缆芯线周围介质的高频相对介电系数。

在振荡波电压下，每一个振荡周期根据测量局部放电时可测放电幅值及此放电脉冲经远端反射后的脉冲幅值，计算出放电距离测量端的位置，即可绘出局部放电幅值、局部放电密集程度与电力电缆长度的关系曲线。

三、 检测方法

（一）工作准备

1. 工器具准备

检测所需工器具如表 2-5 所示。对工器具要求如下：

（1）检验参数检测设备性能是否正常，保证设备电量充足或者现场交流电源满足仪器使用要求。

（2）领用绝缘工器具和辅助器具，应核对工器具的使用电压等级和试验周期，并检查外观完好无损。

（3）检测作业前清点并检查检测设备、仪表、工器具、安全用具等是否齐全，且在有效期内，并摆放整齐。

（4）工器具在运输过程中，应存放在专用工具袋、工具箱或工具车内，以防受潮和损伤。

表 2-5　　检测所需工器具

序号	工器具名称	数量	单位
1	笔记本电脑	1	台
2	外部控制开关	1	个
3	OWTS 高压单元	1	个
4	均压环	2	个
5	校准器	1	个
6	高压单元连接线	若干	根
7	放电棒	1	根
8	地线	20	m
9	稳压电源	1	个
10	闪测仪	1	个
11	绝缘电阻测试仪	1	个
12	温/湿度计	1	个
13	补偿电容器	若干	个
14	安全工器具	若干	个

2. 人员准备

（1）应着长袖棉制工装，佩戴安全帽、手套。

（2）装设接地线应先接接地端，后接导线端，拆接地线的顺序与此相反。

（3）放电时应使用合格的、相应电压等级的放电设备。

（4）试验结束后应对电力电缆逐相充分放电后接地，避免人员触电。

（5）操作时应戴好绝缘手套、铺设橡胶绝缘垫等相关安全防护措施，防止误碰有电设备。

3. 现场操作前的准备

（1）负责人在测试点操作区装设安全围栏，悬挂标识牌，检测前封闭安全围栏。

（2）负责人召集工作人员交代工作任务，对工作成员进行危险点告知，交代安全措施和技术措施，确认每一个工作班成员都已知晓，检查工作成员精神状态是否良好，人员是否合适。

（3）做好停电、验电、放电和接地工作。

（4）拆开电力电缆两端连接设备，清扫电力电缆两侧终端。

（5）电力电缆终端的要求（针对高压电力电缆）：测试端电力电缆终端最好为户外或户内电缆终端架构，GIS 终端需要提供无局部放电的延长电力电缆进行连接，较高的终端塔则可能需要搭建脚手架工作平台。远端电力电缆终端为 GIS 终端的，可将电力电缆从 GIS 中退出，并接入 SF_6 密封仓。

（6）电力电缆两端的处理：断开电力电缆与电网的连接，包括终端头上的连接板、弓子及周围其他附件如 TV、避雷器等，露出电力电缆终端头的铜棒，便于安装 OWTS 高压连接套件，保持屏蔽接地，打磨及清洁铜棒、接地处的金属表面，用清洗剂清洗电力电缆终端表面。

（7）电力电缆中间接头的处理（针对高压电力电缆）：将交叉互联箱和直接接地箱内连板的连接方式恢复为正常相序，保证每相屏蔽线回路的直通（A 相长端连接 A 相短端，B 相长端连接 B 相短端，C 相长端连接 C 相短端，三相之间绝缘），并将直接接地箱接地连板拆除。

（8）被测电力电缆周边的处理：试验开始前，除被测相外，其他相和周围金属体均要求接地，不得存在悬浮金属体，工具及拆卸下来的零件放置于试验区域外。

4. 试验电压要求

（1）试验电压的波形连续 8 个周期内的电压峰值衰减不应大于 50%。

（2）试验电压的频率应介于 20～500Hz。

（3）试验电压波形为连续两个半波且峰值衰减呈指数规律衰减的近似正弦波。

（4）在整个试验过程中，试验电压的测量值应保持在规定电压值的±3%内。

（二）操作步骤

OWTS局部放电检测操作流程示意图如图2-17所示。

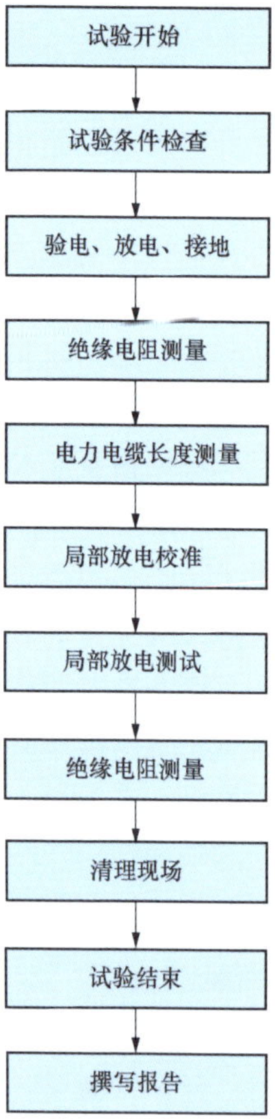

图2-17　OWTS局部放电检测操作流程示意图

（1）被试电力电缆已停电，具备试验条件。

（2）将电力电缆接地，并进行充分放电。

（3）测量电力电缆主绝缘电阻，做好记录。

（4）测量电力电缆长度及电缆接头位置。

（5）进行振荡波试验设备接线，并用酒精及清洁布清洁电力电缆终端，确认无误后，启动系统，输入电力电缆基本信息。

（6）局部放电校准：

1）校准前，要检验校准仪的电量是否充足，校准仪的标定脉冲的频率设置是否正确。

2）校准仪信号输出线正极（红线）接电缆导体，负极（黑线）接电缆屏蔽接地线，保证校准信号线与电力电缆终端连接可靠；若校准仪输出信号线与电力电缆终端连接接反，会导致校准入射波极性为负，对定位分析中脉冲匹配首波峰的选择造成影响，进而影响定位结果。

3）选择三相，对100pC～100nC逐一标定放电量。在背景干扰较大情况下或对较长电力电缆（3000m以上）进行校准时，若低量程（100pC、200pC）校准反射波无法识别，该挡校准数据可放弃，选择更高一挡量程开始校准。

4）入射波波峰要调整到80%红线处，未达到或超出该红线都会使得放电量幅值校准不准确，将造成实际测试放电量幅值出现偏差。

5）标定过程要注意仪器显示的电力电缆波速，如波速偏离范围（交联聚乙烯电缆波速为168～172m/μs），意味着电力电缆长度测量有误。

（7）加压测试，分别对三相电力电缆按如表2-6所示加压测试步骤顺序进行测试，保存数据。

1）要根据每挡电压作用下仪器检测的电力电缆局部放电水平合理选择量程。量程选择过大，会导致局部放电检测结果偏大；量程选择过小，局部放电脉冲幅值超量程会导致局部放电定位分析过程中丢失部分脉冲信息，影响分析结果。

2）在出现局部放电的电压下保存局部放电起始放电数据，在最高测试电压（新电缆为 $2.0U_0$）下保存局部放电熄灭放电数据。

表 2-6　加压测试步骤

电压等级（U_0）	加压次数	测试目的
0	1 次	测量环境背景局部放电水平
0.5，0.7，0.9	各 1 次	（1）测试局部放电起始电压； （2）测试电力电缆在 U_0 电压下的局部放电情况； （3）电力电缆在 $1.7U_0$ 电压下测试局部放电熄灭电压
1.0	3 次	
1.2，1.3	各 1 次	
1.5	3 次	
1.7	5 次	
2.0	3 次	对新投运电力电缆所加最高电压，测试局部放电熄灭电压
1.0	1 次	放电
0	1 次	放电

（8）测量电力电缆主绝缘电阻，做好记录。

（9）拆除试验设备，清理工作现场。

（10）撰写试验报告，汇报测试结果。

（三）诊断依据

OWTS 局部放电检测诊断依据见表 2-7。

表 2-7　OWTS 局部放电检测诊断依据

评价对象	投运年限	检出局部放电量	评价结论
本体	—	无可检出局部放电	正常
		<100pC	关注
		≥100pC	异常
接头	5 年及以内	无可检出局部放电	正常
		<300pC	关注
		≥300pC	异常
	5 年以上	无可检出局部放电	正常
		<500pC	关注
		≥500pC	异常

续表

评价对象	投运年限	检出局部放电量	评价结论
终端	5 年及以内	无可检出局部放电	正常
		<3000pC	关注
		≥3000pC	异常
	5 年以上	无可检出局部放电	正常
		<5000pC	关注
		≥5000pC	异常

（四）试验异常处理

1. 绝缘电阻测量时数据异常

（1）采用专用屏蔽型测试线。

（2）采取清抹、屏蔽等措施，重新测试。

（3）调整测试线与非被测设备及接地部分的距离。

（4）判断是否因湿度造成外绝缘对测量结果影响，考虑在湿度相对较小的时段（如午后）进行测量。

2. 校准及局部放电测量时干扰信号较大

（1）由电源带入的干扰采用滤波方法排除。

（2）电力电缆终端头等尖端放电干扰时，采用屏蔽方法排除。

（3）对试验测量设备的金属外壳及试验场地旁边的金属物品接地，以减少干扰信号的产生。

（4）一些能发出脉冲或微波信号的设备应搬离测试现场。

3. 局部放电检测时测试数据异常

（1）检查试验接线是否良好，设备接地是否良好。

（2）排除外界干扰。

（3）多次抽取试验样本进行。

第三章

高压电力电缆健康诊断常用装备

第一节　特因谱检测装备

一、装备简介

特因谱检测装备（PDCheck）主要包括信号采集单元（主机）、高频电流传感器（HFCT）、同步线圈和专家诊断系统（软件）4 个部分，PDCheck 主要部件如图 3-1 所示。

(a)　(b)　(c)

图 3-1　PDCheck 主要部件

（a）主机；（b）HFCT；（c）同步线圈

传统的基于放电电流脉冲的局部放电检测手段是基于 IEC 60270《高电压试验技术　局部放电测量》，频带局限于 10～200kHz，测量的是局部放电总量，最后绘出其放电相位—放电量—放电次数谱图，以此进行放电种类识别。其信号采集和处理的方法不足以获取足够信息以区分局部放电与噪声及不同种类的局部放电，抗噪声能力较弱。PDCheck 则是基于局部放电电流脉冲波形的局部放电检测，它通过对放电的电流脉冲信号进行高速（100MS/s）宽带采样获取信号完整的时域波形，并针对不同放电及噪声的差异提取多种信号特征，将不同的放电分离开来，再将其放电特征与专家库中的放电“指纹”比较，运用模糊逻辑的方法，判断被测放电类型与已知放电类型的相似性，从而实现对每一类放电进行甄别，进而诊断设备绝缘状态。

由于采用电磁耦合技术，测试单元与高压设备实现了电气隔离，而测量单元与电脑之间也采用光纤连接，以确保操作人员的安全。该系统结构简单、安装方便，并能很好抑制噪声，非常适合现场使用。

信号采集单元主要有高频检测通道、同步输入及通信接口。高频检测通道共有3个，可同时接收三相接地线或交叉互联线上采集的PD信号，采样频率为100MHz，带宽为16kHz～30MHz，这样的采样频率和带宽完全满足局部放电测试的要求。同步输入端口接收同步线圈从电缆本体上采集来的参考相位信号，通信接口通过光纤、光电转换器与电脑的RS232串口通信，将主机中的数据传送至电脑中，再利用专家诊断系统对信号进行分离、分类及放电模式识别。专家诊断系统是建立在一个庞大的局部放电特征数据库基础上的，数据库是长时间对大量局部放电数据进行分析比较总结后积累而成的。

二、 现场使用方法

现场测试时将HFCT卡在电缆终端或者中间接头的接地线上，同步线圈卡在电缆本体或者接地线上并与信号采集单元连接。具体步骤如下：

（1）参数检测。测试接地电流、负荷电流，观察三相电流是否平衡，测量记录环境温度、湿度及测试时间。

（2）HFCT连接。在终端接头上，HFCT应卡在接地线上，箭头指向电流入地方向；在中间接头的交叉互联线上应分开接在不同侧的接地线上，如在接头附近无法卡上，需打开接地箱在箱内引出信号，不能损伤接地线。

（3）同步线圈连接。

1）方案A：同步线圈套在接头两边没有外护套的电缆本体处，箭头指向负荷电流方向。

2）方案B：同步线圈将电缆本体及该相接地线套在一起，箭头指向负荷电流方向。

3）方案C：同步线圈直接套在电缆本体上，箭头指向负荷电流方向。

4）方案D：同步线圈直接套在接地线上，箭头指向接地电流方向。

以上4种方案应按照顺序依次选取，即当上一种方案无法实现时再选择下一种方案，并记录下同步电压值。

（4）将设备与笔记本连接（网络连接已固化到PDCheck主机内，系统将自动连接），设置文件夹，采集的数据将保存在设置的文件夹内。

（5）调整检测参数。在Waveform窗口获取最完整的PD脉冲波形；通过优化设置PD触发阈值（Trigger Threshold），做好PD检测的第一步工作——噪声消除（Noise Rejection），系统将不记录幅值低于PD触发阈值的信号。

1）调节Fullscale（满刻度/满量程），选择可以使信号全部收入相位谱图窗口的最小满刻度。

2）设置窗口时长，在 Waveform 窗口获取最完整的 PD 脉冲，首先设置为 5μs，观察窗口是否能收录完整波形；若溢出，则改为 10μs。

3）设置 PD 触发阈值。

第一步，粗调，调整基准触发值，观察谱图整体情况，记录 U_{max}，并记录波形及谱图；观察是否有明显白噪声及类似干扰。

第二步，如果存在大量无相位关系的干扰，调整触发值在干扰之上，记录波形及谱图；如果没有明显干扰，查看幅值参数，记录 U_{max}，并以 $2U_{max}/3$ 作为触发值，记录波形及谱图。

尽量使同一线路三相的触发值保持一致。

4）设置数据采集时长（time length），记录波形时，观察每秒脉冲数，如每秒脉冲数大于 1000，观察谱图情况，如所采信号没有明显相位关系，适当调整触发值，利用触发值隔离低频的干扰；若每秒脉冲数小于 50，调整波形采样时间由 10s 调整为 30s，保证总脉冲数大于 500。

（6）滤波器的使用。当直接测试中有大量大幅值低频信号（大幅值：幅值湮没所有其他类型信号；低频：频率低于 1MHz 或在 1MHz 附近）时，应使用高通滤波器，一般建议使用 2.5MHz 高通滤波器。

使用滤波器时应在备注里标明，并在数据分析时注意 3MHz 附近的信号情况（滤波器可能造成 3MHz 附近信号发生畸变）。

（7）填写备注。

1）PDCheck 主机编号。

2）HFCT 编号及所卡位置。

3）滤波器型号及编号。

4）测试时周边环境温度、湿度。

5）接地电流大小。

（8）数据分析。将采集到的信号进行分类，因为如果将相似的 PD 信号归为一类，该系统能对其进行十分有效的断识别。同一个 PD 源产生的信号是十分相似的。通常，采集数据中包含的信号来源不止一个，较强的噪声信号会覆盖内部。PD 信号，为了分离、记录信号的来源，消除干扰，系统采用了智能的模糊逻辑分析算法。点击分类按钮（run classification），系统弹出 PD 分类程序（clustering program）界面，系统开始分类，分类完成之后，分类程序界面消失，系统控制权转回主程序。在分类之后，利用 PD Processing 软件分别对每一类 PD 信号进行显示和分析诊断。

三、诊断分析方法

现场测试的 4 种试品，具体参数如表 3 - 1 所示。

表 3-1　　4 种试品参数

试品编号	额定电压（kV）	电缆型号	接头类型	接地方式	运行时间（年）
1	220	XLPE—1×2500mm²	中间接头	交叉互联接地	2
2	110	YJLW02—1×800mm²	空气终端	直接接地	1
3	110	XLPE—1×300mm²	GIS 终端	护层保护接地	18
4	35	YJV22—3×240mm²	空气终端	直接接地	11

4 种试品在运行电压下的相位谱图如图 3-2 所示。

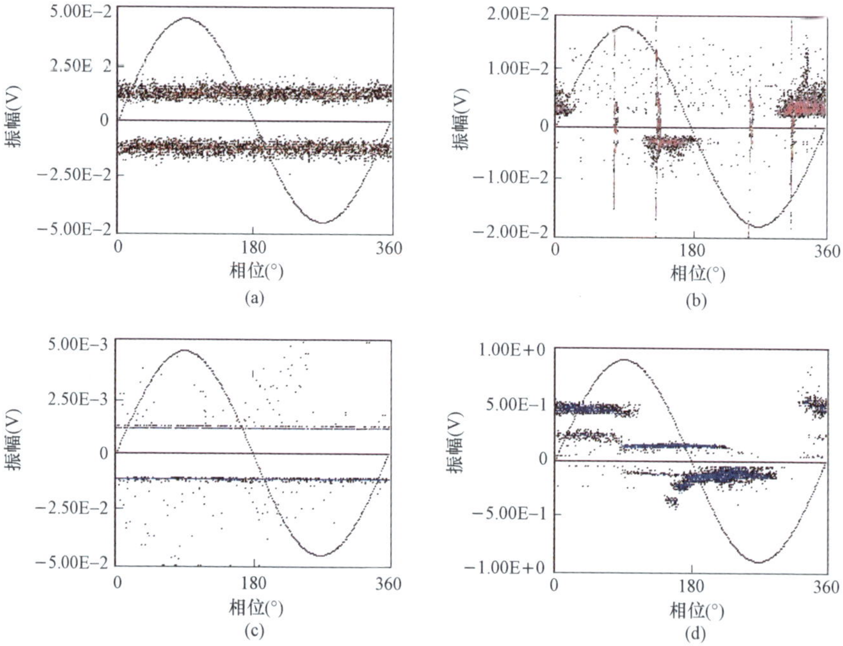

图 3-2　4 种试品的相位谱图

（a）试品 1；（b）试品 2；（c）试品 3；（d）试品 4

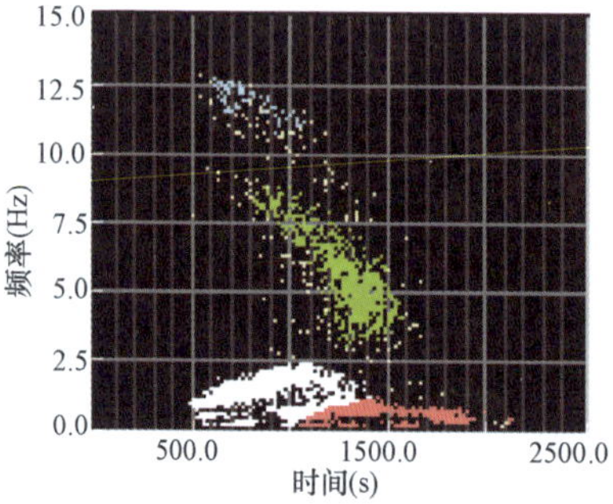

图 3-3　试品 2 测试信号的分类谱图

从图 3-2 可以看出，试品 1、3 中采集的信号均匀分布在所有象限，为外界传来的噪声干扰；试品 2、4 的信号较为复杂，可能存在放电信号，需要进一步分析。

1. 试品 2

利用专家诊断系统计算得到，试品 2 测试信号的分类谱图如图 3-3 所示。

由图 3-3 可以看出，信号可分为红、白、蓝、绿 4 类，这 4 类信号 A、B、C、D 所对应的相位谱图及波形如图 3-4 所示。

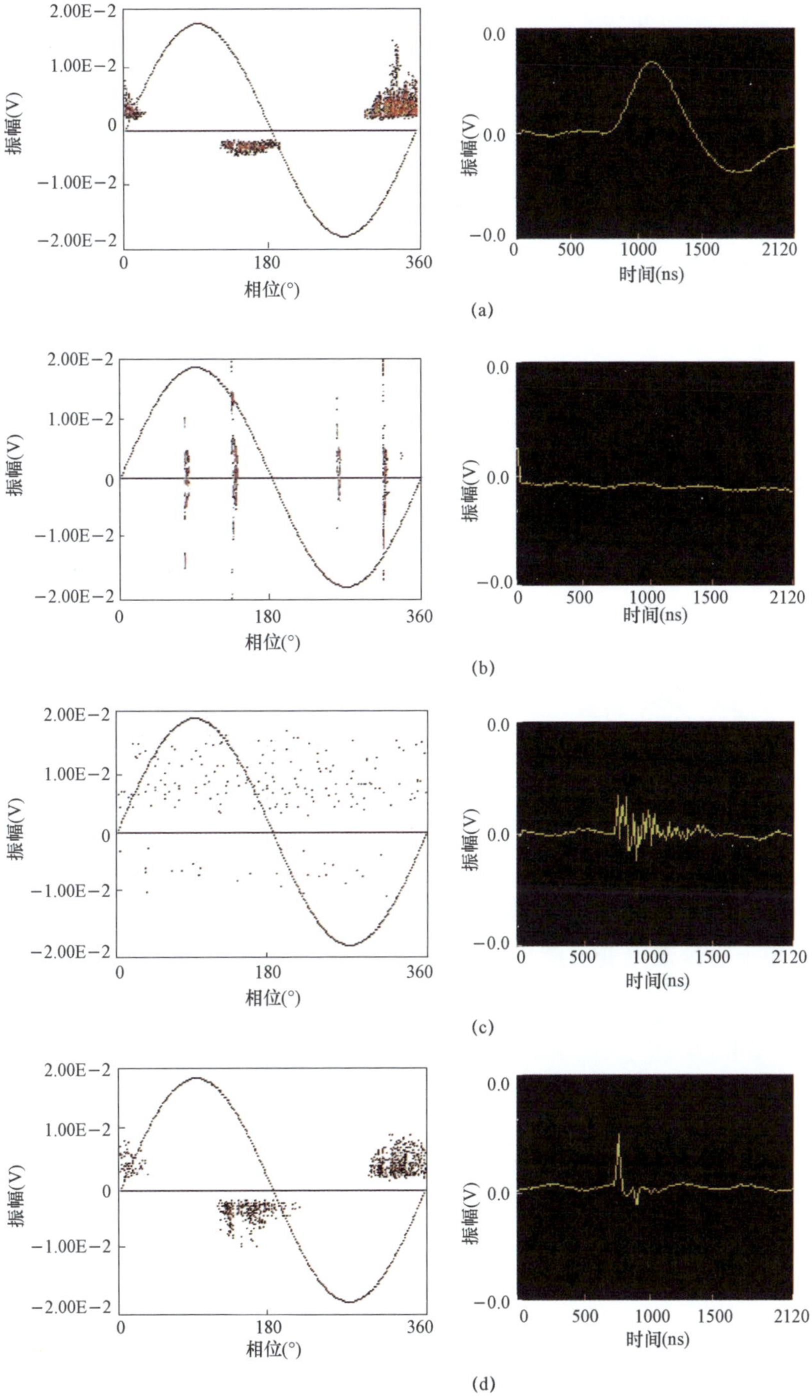

图 3 - 4　分类相位谱图及波形

(a) 信号 A；(b) 信号 B；(c) 信号 C；(d) 信号 D

信号 A 主要分布在 2、4 象限及过零点，信号频率较低，判断为远端传来的电晕干扰信号；信号 B 幅值连续、相位集中，是典型的开关噪声干扰；信号 C 散布在所有相位上，为高频的噪声干扰；信号 D 主要分布在过零点附近，呈包罗状，对应信号的波形为放电衰减波形，对应信号的频率在 5～8MHz，判断该信号为电力电缆接头中或者附近设备的内部放电信号。考虑到该电力电缆运行时间不到一年，而且已经通过了交流耐压试验，推断缺陷为安装过程中误划伤造成的电树枝放电或接头处覆盖半导体均压层时接触不良存在的气隙放电。

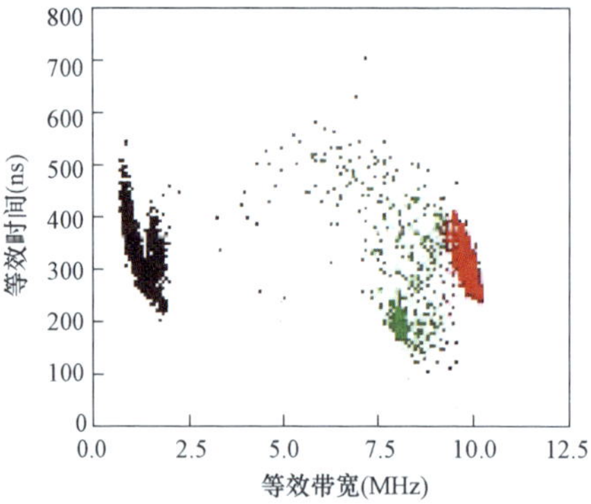

图 3-5　试品 4 测试信号的分类谱图

2. 试品 4

利用专家诊断系统计算得到试品 4 测试信号的分类谱图如图 3-5 所示。

由图 3-5 可以看出，信号可分为黑、红、绿 3 类，这 3 类信号 E、F、G 所对应的相位谱图及波形如图 3-6 所示。

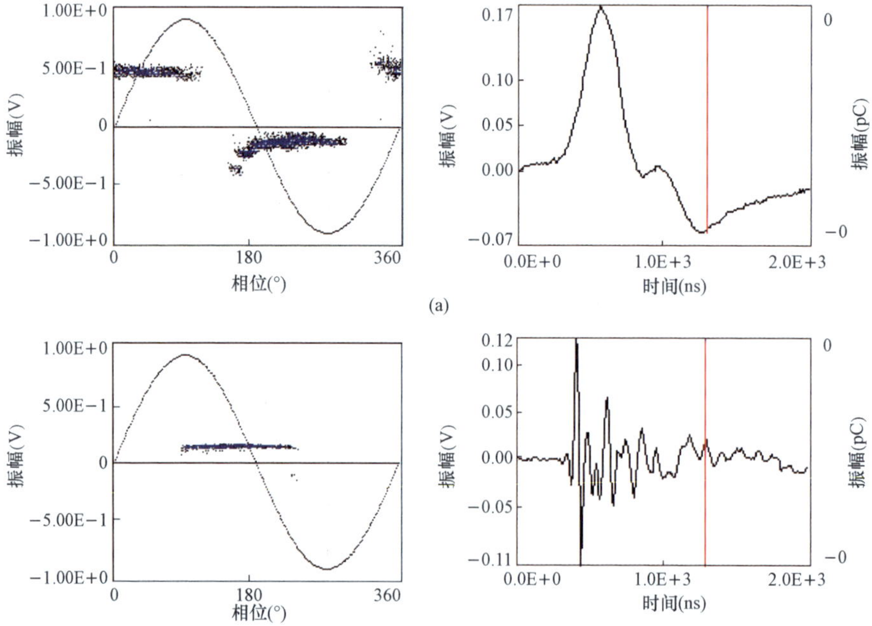

(b)

图 3-6　分类相位谱图及波形（一）

(a) 信号 E；(b) 信号 F

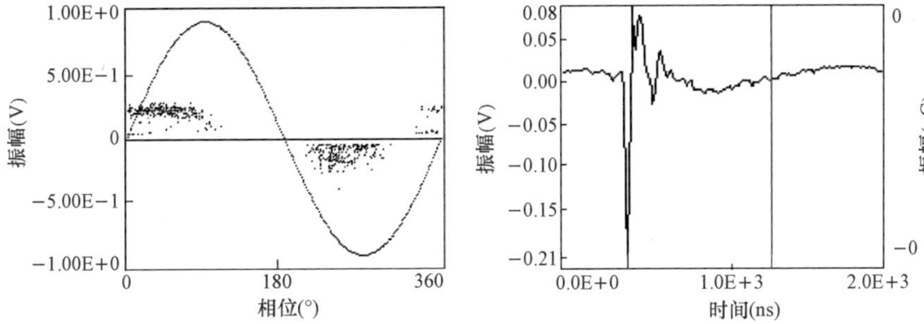

(c)

图 3-6　分类相位谱图及波形（二）

（c）信号 G

信号 E 主要分布在一、三象限，但频率在 2MHz 以下，为同相的放电信号从远端传来。信号 F 只有正放电，频率在 10MHz 左右，波形为振荡衰减波形，为近端的电晕放电，但由于放电相位在 90°～120°，应为相邻母线或者其他相电晕放电耦合而来。信号 G 分布在一、三象限，频率在 8～10MHz，波形为放电衰减波形，为本相电缆终端接头的内部放电，由于放电幅值在 300mV 以下，而且电缆终端已经正常运行了十多年无任何事故，近期也无过电压、过电流等特殊工况冲突，应为电缆交联聚乙烯绝缘的正常老化引起的放电。在运行中要密切关注它的发展情况，如放电量长期没有变化就可以继续运行，如放电量随时间不断加大则需要进行检修。

总结：

（1）系统采用宽频带传感器与高速宽带采样单元，可以录入完整的足够多的放电信息，为系统诊断提供有效的判断依据。

（2）通过对比不同放电脉冲信号之间及放电与干扰之间波形特征的差异，能够有效分离聚类不同的放电脉冲，区别不同放电类型，并根据放电脉冲波形指纹特征通过模糊逻辑诊断方法对放电信号进行识别，对试验人员的分析起到很好的辅助作用。

（3）由于在线检测设备处于运行之中，实际现场信号复杂，在某个电缆接头处测量到的放电信号有可能是在其他设备中产生经导体传输或耦合到该相的，所以测量到放电信号后需要对放电源进行追踪确认；一般而言，近点放电信号的频段都在 5MHz 以上。

（4）不是所有的内部放电都会导致电力电缆在短时间内击穿，在对电力电缆绝缘状态分析的过程中应考虑到电缆线路的具体情况，根据相应情况做出综合判断，进行状态检修。

第二节　欧米克朗检测装备

一、装备简介

欧米克朗检测装备（MPD600）是一款用于局部放电测量和分析的高级系统。该系统可用于电气设备上多种不同的局部放电测试应用。在测试实验室和现场，这一模块化系统均能执行单通道和多通道局部放电测量。可以同时记录、分析和显示所有测量信号。采用高级噪声抑制和源分离技术，应用高分辨率的数字处理技术能实现非常高的测量准确度，可确保仅对测试对象的局部放电脉冲进行分析。

其主要特征如下：

（1）采用全数字化系统。包括采用光学隔离（光纤）、先进的全数字化滤波、独立电池供电、改变测量中心频率等。

（2）强大的软件功能。基本模式、电缆模式和专家模式。

（3）主动噪声抑制。具有手动开窗、天线选通和动态噪声选通的强大选通方法，可提供 3PARD（3 相幅值关联图）和 3FREQ（同步多频率测量）的先进噪声分离工具。

（4）实时数据后续处理。不仅提供百万级 PD 事件记录的强大录波功能，还具备完整的外部应用接口和集成报告功能。

MPD600 局部放电系统主要由控制单元（MCU502）、数据采集模块（MPD600）、电池模块（MPP600）、HFCT 和各种连接线等组成，各模块功能和图片如表 3-2 所示。

表 3-2　　相关模块功能和图片

名称	功能描述	外形
MPD 600 数据采集单元	获取传感器采集的 PD 信号并进行分析处理，通过光纤传递给控制器	
MCU502 控制单元	将来自 MPD600 的 PD 信号传输到计算机，并从计算机上控制测量过程	
MCT 120 高频电流互感器	安装在接地接点上，获取 PD 脉冲	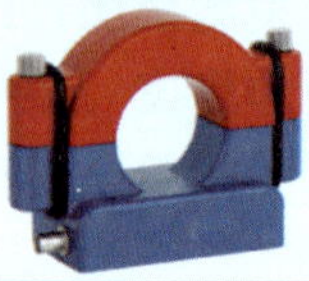

续表

名称	功能描述	外形
CAL542 电荷校准器	检验和校准测试设置，确保 PD 测量符合标准	
MPP 600 电池	给 MPD600 提供电源	
UHF 620 带宽转换器	可将局部放电（PD）测量设备的可测量带宽扩展到 VHF 和 UHF 频率范围	

二、 现场使用方法

（一）现场接线

以测量一个电缆终端 A/B/C 三相的局部放电信号为例。每个数据采集模块搭配一个电池模块，已捆绑固定好，现场将其平稳放置于便于测试三相接地线的位置（设备正面向上），现场接线示意图如图 3 - 7 所示。

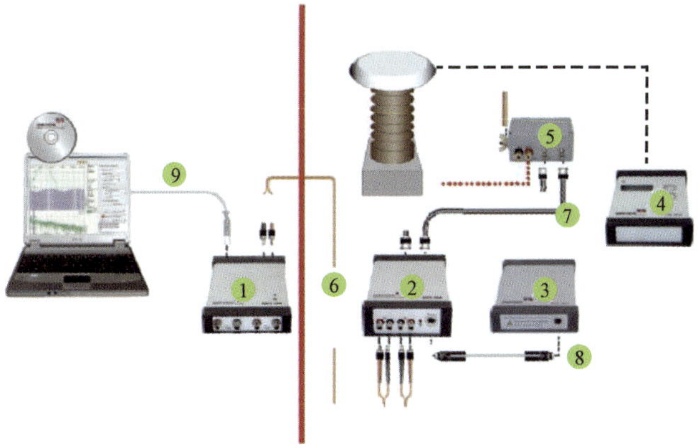

图 3 - 7　现场接线示意图

1—MCU502 控制单元；2—MPD600 数据采集单元；3—MPP600 电池；
4—CAL542 校准单元；5—测量阻抗单元/HFCT；6—光纤；7—BNC 电缆线；
8—电池连接电缆线；9—USB 线

（1）USB 通信线连接。控制模块与笔记本电脑就近放置，使用 USB 连接线连接。

（2）光纤连接。控制模块的标识“1”通信口与 A 相采集模块的右侧通信口使用光纤连接，A 相采集模块的左侧通信口与 B 相采集模块的右侧通信口使用光纤连接，B 相采集模块的左侧通信口与 C 相采集模块的右侧通信口使用光纤连接，即通信口依次交叉连接，且红色标识接口连接红色标识接口、黑色标识接口连接黑色标识接口。

（3）电源线连接。将每组固定好的数据采集模块与电池模块使用电源线连接，连接后数据采集器红色指示灯亮起，否则说明电池电量可能过低。

（4）HFCT 连接。HFCT 卡接在 A/B/C 三相的接地线上，箭头指向电流入地的方向，然后使用同轴线分别将其与数据采集模块后面板的“PD”标识口连接。

（5）同步线圈连接。将同步线圈卡接在 A 相电缆主体处，然后将其与数据采集模块后面板的“V”标识口连接，也可选择内置同步。

（二）基本软件操作

1. 软件开启

硬件接线完成后，启动计算机的 MPD/MI 软件，如果数据通信模块的绿色指示灯亮起，说明系统通信正常；否则需要检查线路连接是否正确。

2. 单个 PD 脉冲谱图

（1）参数设置。选中数据模块图标“”→选择设置菜单“PD”→选择单相设置“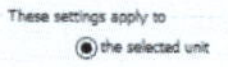

”→选择幅值纵坐标“Scale”：调整波形纵坐标幅值，→选择幅值横坐标“Time base”：调整波形横坐标幅值，选择触发方式“Slope”，上升沿或下降沿触发。脉冲采集—参数设置界面如图 3-8 所示。设置完成后，应能清晰显示当前采集波形，单次脉冲波形如图 3-9 所示。

（2）数据保存。鼠标右键点击“单次脉冲图示位置”，出现保存当前界面提示，重新命名后保存即可。

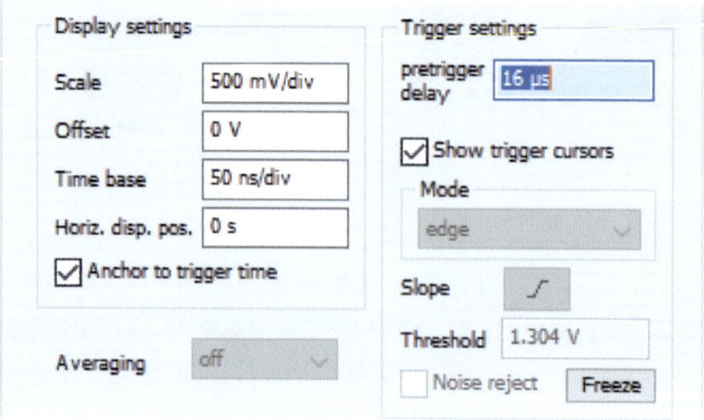

图 3-8　脉冲采集—参数设置界面

注意：图 3 - 8 中，由于三相信号幅值或频率不同，可能需要分别选择三相数据模块的图标，然后对三个数据采集模块的参数分别设置。

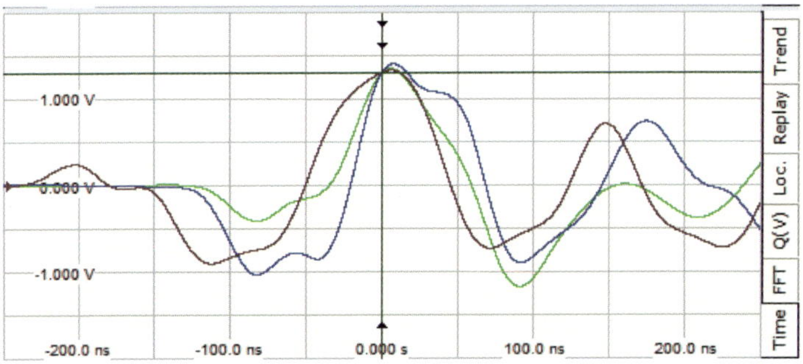

图 3 - 9　单次脉冲波形

3. φ- Q 谱图

（1）参数设置。选中数据模块图标“”→选择设置菜单“Q”→选择单相设置“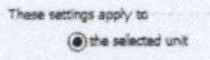”→中心频率及带宽设置“”（其中频率首先选择 2MHz 测试，可选频段包括 4、6、8、10、12、14、16、18MHz，带宽 650kHz）→选择谱图极性“Bipolar”☑→纵坐标放电量最大值“Qmax”默认 20nC（根据现场谱图自行调整）→纵坐标放电量最小值“Qmin”默认 1pC（根据现场谱图自行调整）。φ—Q 谱图采集—参数设置界面如图 3 - 10 所示。设置完成后，应能清晰显示当前采集信号谱图，φ—Q 谱图如图 3 - 11 所示。

（2）数据保存。鼠标右键点击“φ—Q 谱图示意图位置”，出现保存当前界面提示，重新命名后保存即可。

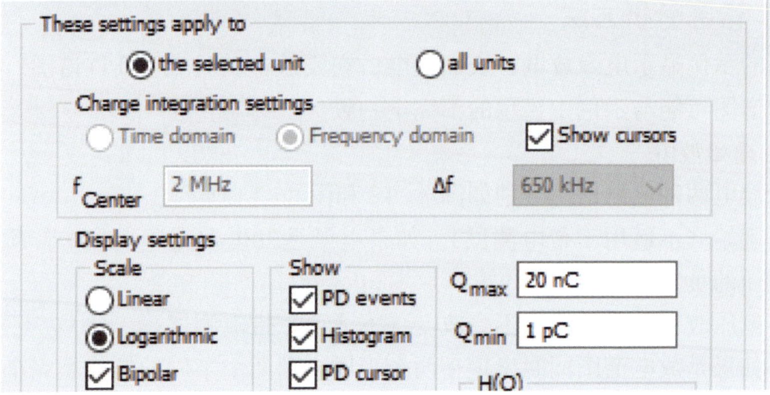

图 3 - 10　φ—Q 谱图采集—参数设置界面

注意：图 3-10 中，由于三相信号幅值或频率不同，可能需要分别选择三相数据模块的图标，然后对三个数据采集模块的参数分别设置。

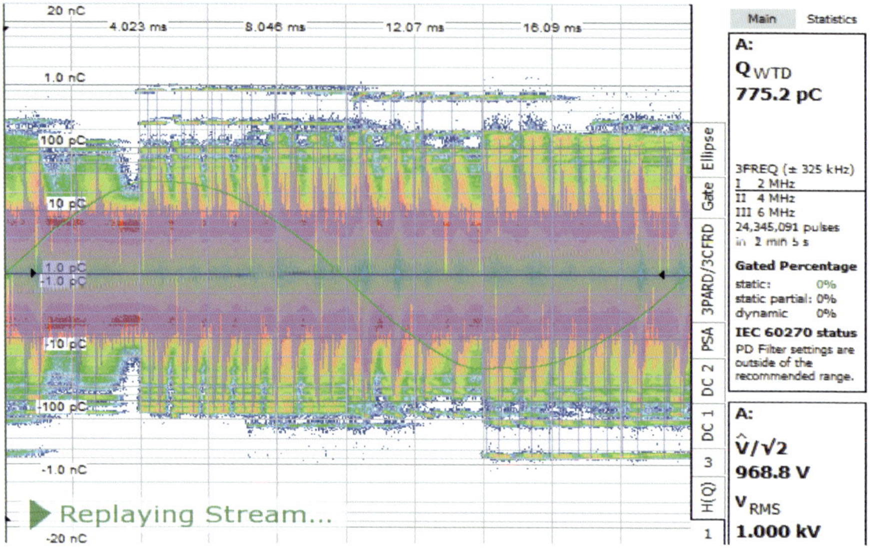

图 3-11　φ—Q 谱图

图 3-11 中，在右侧选项卡中若选择“1”，可查看当前一相的谱图；若选择“3”，可同时查看当前三相的谱图。

4. 录波

数据录波包括了在测量过程中已经连接的所有数据采集单元在实际测量过程中所取得的所有数据，包括局部放电事件数据、状态信息及程序设置等。

三、诊断分析方法

下面的示例显示电晕放电、表面放电、空穴放电三种典型 PD 谱图。而现场测量的谱图可能与示例中显示的不完全一致。

（一）电晕放电

电晕放电两种典型谱图分别如图 3-12 和图 3-13 所示。

（1）起始（不适用于带电测试）。如果电晕是发生在高压电位上，起始将发生在电压的负半周。

（2）电压改变的时候幅值不会改变（不适用于带电测试）。

（3）如果是放电谱图同时出现在两个半周，则两个半周的幅值是完全不一样的。

（4）反射。在短电力电缆上还可以看到信号的全反射，部分反射也可能由

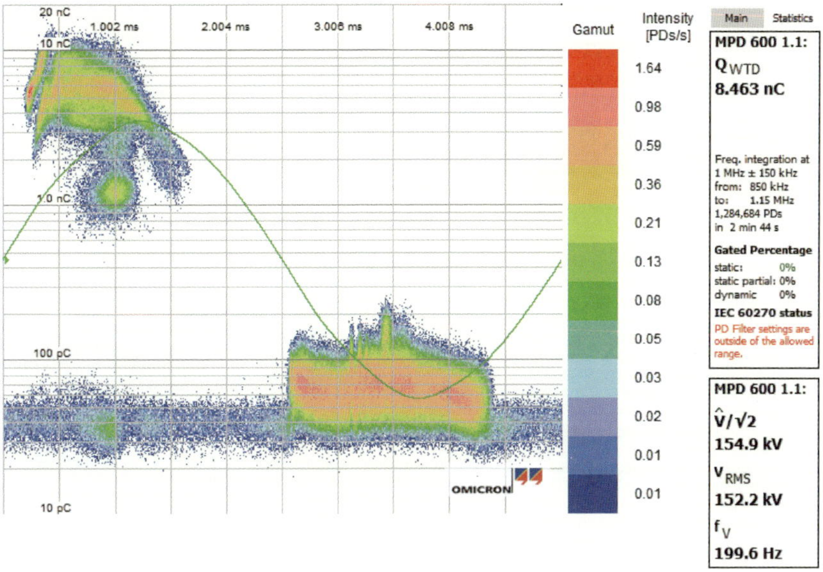

图 3-12　电晕放电典型谱图（一）

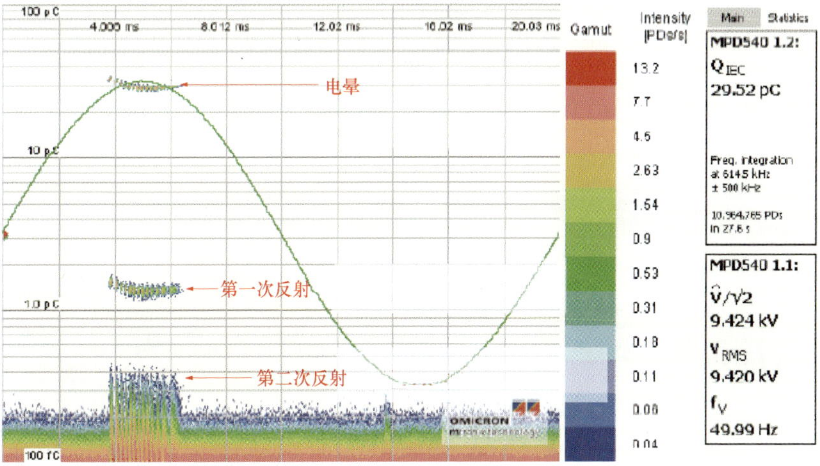

图 3-13　电晕放电典型谱图（二）

电力电缆的接头产生。

（5）电晕放电即使是可以很清楚地识别出来，但是测试中还是应该避免，因为它们的幅值较高，降低了测试系统的灵敏度。

（6）在电力电缆的接头处，由于阻抗特性的改变，PD 脉冲将会部分反射，部分继续传播。传输与反射的比率取决于阻抗特性改变的大小。由于信号的衰减，反射信号的幅值将比原始信号小很多。因此如果电力电缆接头的距离过长，反射信号可能就看不到。

（二）表面放电

表面放电典型谱图如图 3-14 所示。

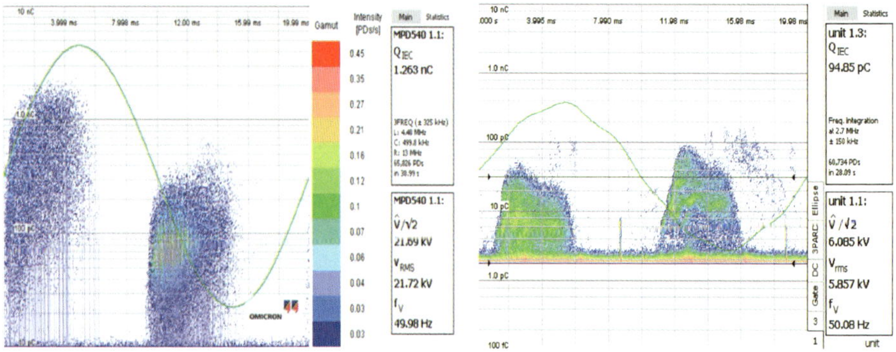

图 3-14　表面放电典型谱图

（1）两簇云（大小和形状基本对称）彼此相位相差 180°。

（2）两簇云在两个正负半周都出现。

（3）有时一簇云的幅值比另一簇高，但是密度就会比另一簇低。

（4）主要是在第一象限和第三象限，当然这只适用于相位已经调整过的情况下。

（三）空穴放电

空穴放电典型谱图如图 3-15 所示。

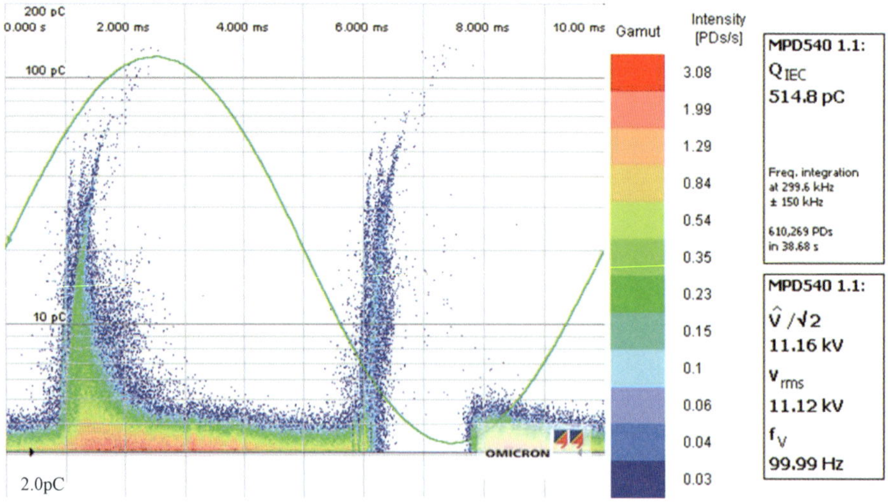

图 3-15　空穴放电典型谱图

（1）放电谱图总是出现在电压过零点周围。

（2）当电压上升的时候两边都会增长（不适用于带电测试）。

（3）类似眉毛形状的谱图同时发生在两个半周，幅值相当。

第三节　DMS 检测装备

一、 装备简介

（一）工作原理

运行中的 GIS 发生故障的原因，可能是母线气室内有超过一定长度的自由金属体，可能是由于屏蔽层与高压母线或气室间的绝缘问题而引起电火花，也可能是因为尖端（突起）部位产生电晕放电，所有这些问题都会在 GIS 发生故障之前，出现局部放电现象。在某些情况下，局部放电现象能够存在数月甚至更长时间，每次局部放电都会对设备绝缘产生一定程度的损坏，而且这种损坏会逐渐积累，当其累计损坏量足够大时，就会击穿绝缘介质，造成短路，使设备彻底损坏。局部放电量的大小本身并不能指示设备发生故障的危险程度，但产生局部放电的原因必须要弄清楚，然后才能评估局部放电对设备的影响程度。

GIS 中的局部放电总是发生在充满高压 SF_6 气体的很小的间隙内，而且局部放电存在的时间极短（纳秒级），迅速衰减湮灭。PD 放电脉冲的快速上升前沿包含频率高达 1GHz 的电磁波，因为 GIS 气室的共振作用，进而形成多种模式的超高频谐振电磁波。由于 GIS 气室就像一个低损耗的微波共振腔，PD 信号的振荡波在气室中存在的时间得以延长，可以长达 1ms，得使安装在 GIS 上的内置/外置耦合器有足够的时间够俘获这些信号。耦合器俘获的 PD 信号强度很低，仅为毫伏级，但经过 DMS 超高频局部放电测试仪放大后，用 DMS 公司的 PD 人工智能分析软件对其进行多方面的分析，判断 GIS 可能存在的缺陷。

在检测到 GIS 有局部放电现象，并通过分析波形确定缺陷的种类后，就需要进行定位，找出局部放电的位置，以便进行维修工作。局部放电的定位是通过准确监测局部放电信号从不同方向到达检测仪耦合器的时间差来进行的。

DMS 超高频局部放电检测仪使用的超高频电磁波的工作频率为 500～1400MHz，而且可以穿过断路器进行传播。由于衰减和散射，超高频电磁波传播 1m 约损失 2dB 的能量，因此，为了获得准确的测量结果，沿着 GIS 最少每 20m 要进行一次测量。

（二）设备参数

DMS 特高频局部放电检测仪参数见表 3-3。

表 3-3　　DMS 特高频局部放电检测仪参数

超高频特性	
通道数	3
总增益	35dB 自动 3-阶段增益控制
输入/输出端子	N-型插孔
信号检测阀	−65Bm
全检测带宽	100～1400MHz
标准滤波器	500MHz 高通
PD 时间分辨率	312μs
工作极限	
工作电压	100～230V，50/60Hz
工作电流	100mA（230V）
环境温度	−10～+50℃
相对湿度	最大 85%
物理数据	
外形尺寸	450mm×320mm×320mm（高×宽×长）
质量	25kg（包括 3 根 5m 同轴电缆）
特点	
瞬间过压可以得到充分保护	
自检	
外同步 3～10V ms	
同步输出 5V+方波	
3～5m 长同轴电缆，有 N-系列端子	
耦合器和附件	
内置/外置耦合器	
为外置耦合器提供瞬间过压保护器	

（三）设备图

DMS 几种配套设备分别如图 3-16～图 3-19 所示，检测现场如图 3-20 所示。

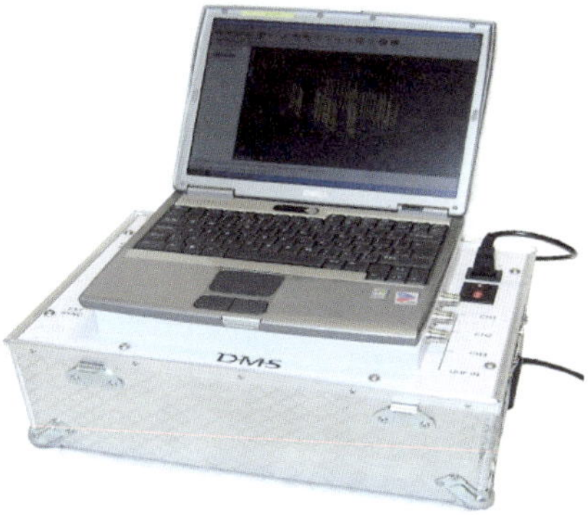

图 3 - 16　DMS 特高频局部放电检测仪

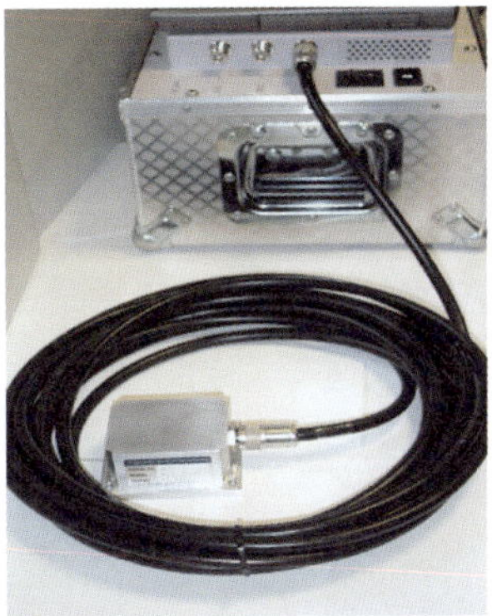

图 3 - 17　超高频检测通道

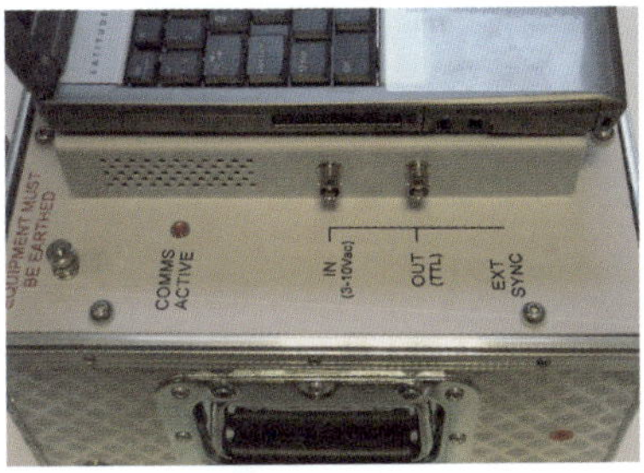

图 3 - 18　同步信号输入通道

图 3 - 19　超高频耦合器

二、 现场使用方法

（一） 系统软件

DMS 超高频局部放电检测仪的系统软件由两部分组成：一部分内置在便携式数据获取单元 DAQ 检测仪里面；另一部分是安装在一台笔记本电脑里的 PD 人工智能分析软件 PortSUB。

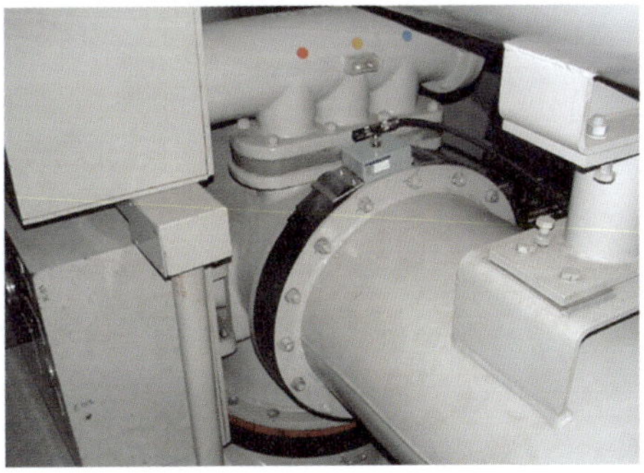

图 3 - 20　检测现场

DAQ 软件运行在一个 300MHz 的奔腾处理器上，运行环境为 Windows CE. NET。DAQ 能够通过耦合器实时检测、记录局部放电信号的活动情况。

（二） 检测时间段与峰值检测

DAQ 将 1 个 50Hz 周期分成 64 个检测时间段，每个时间段的长度约为 312μm。在每一个检测时间段，局部放电检测仪的超高频信号峰值俘获电路，都将本时间段内振幅最强的 PD 信号峰值保存起来，并对俘获的信号峰值进行数字化处理。在该 50Hz 周期结束的时候，DAQ 软件从本 50Hz 周期各个检测时间段俘获的 PD 信号峰值中选取最大者保存，并将此 PD 信号峰值与前面的 50 Hz 周期已记录的 PD 信号峰值进行比较，保留其中的最大值。

(三) 局部放电速率

局部放电速率是指每秒钟发生局部放电事件的次数。如果一个 PD 信号的峰值超过了系统预设的 PD 阈值，系统就认为测到了一次局部放电，发生了一次局部放电事件。该系统自动计算每个检测时间段的局部放电速率，在完成 50 个 50Hz 周期（即 1s）的检测后，系统从所有检测时间段中选取局部放电速率最大者保存。DAQ 检测到的所有局部放电（PD）数据都通过网络传输到笔记本电脑，用户可以实时观察检测结果。

(四) 峰值检测数据显示

系统检测每个时间段的局部放电信号峰值和放电速率，并将他们显示在电脑屏幕上，见图 3-21。为了提高检测的可靠性，该系统采用插值平均法对检测数据进行处理，即将相邻 3 个检测时间段的检测值进行平均。

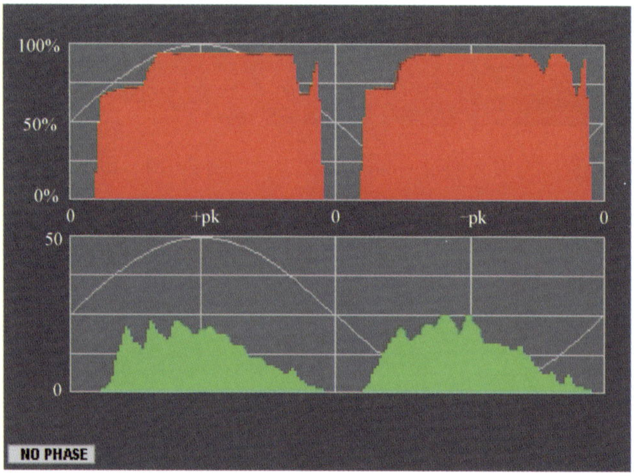

图 3-21　峰值检测数据显示

PortSUB 系统软件提供多种对信号峰值数据的处理方法：

(1) 检测阈值设置。改变局部放电信号的检测门限。

(2) 峰值数据清除。清除 DAQ 记录的放电信号峰值。

(3) 禁止/允许获取数据。

(4) 对于单通道检测，可以改变相位，允许主电源和母线电压间有相位差。

为了研究局部放电的长期发展趋势，可以启动数据记录功能，系统自动每隔 15min 保存一次检测到的局部放电信号数据。系统软件 PortSUB 从记录到的 PD 信号数据中计算出每 15min 的局部放电信号峰值和放电速率，并把他们作为局部放电的历史数据长期保留，以供分析和追踪。

（五）单周期检测数据显示

单周期指一个 50Hz 周期。检测仪在获取局部放电信号峰值的时候，DAQ 单元要获取每个单周期内所有的检测时间段（共 64 个）的局部放电信号峰值和放电速率，这些单周期数据包含分析、识别局部放电源的重要信息。单周期检测数据显示功能使系统能够实时、连续地显示一个 50Hz 周期内所有局部放电活动信号，见图 3-22。

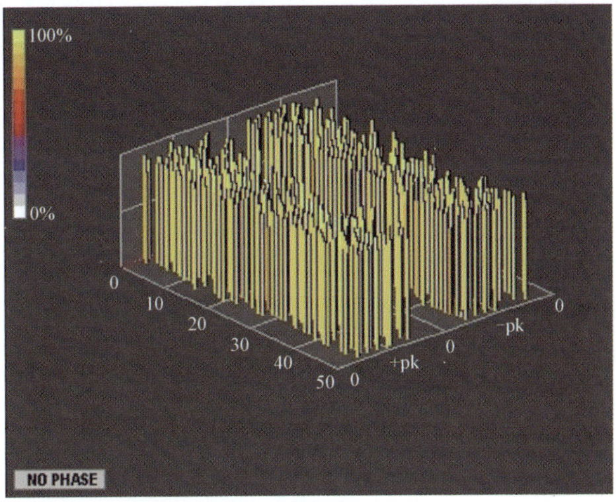

图 3-22　单周期检测数据显示

（六）PRPD 检测数据显示

在获取局部放电信号峰值的时候，DAQ 单元条记录每个单周期时间段（共 64 个）的局部放电参数，PRPD 数据显示局部放电信号与相位的关系，见图 3-23。

DAQ 单元有一个 PRPD 缓冲区，容量为 256×64 位，在开始检测时，缓冲区置零。缓冲区每次能够记录主电源每个单周期时间段的局部放电数据，数值范围为 0～255。

DAQ 单元有一个 8 位的数字化电路，能够根据记录的每个单周期时间段内局部放电的信号峰值产生一个 0～255 间的数值，该数值反映了局部放电信号的强度。DAQ 在 256×64 位 PRPD 缓冲区中设置了 PD 信号计数器，能够对每个 50Hz 周期检测时间段（1 个 50Hz 周期有 64 个）的每种强度（0～255 共 256 种）的局部放电信号进行计数统计。

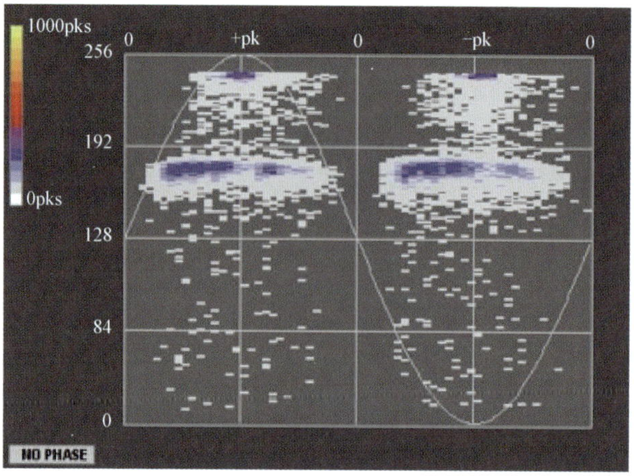

图 3-23 PRPD 检测数据显示

为了确定测量标准，系统把一个固定幅度的 PD 测试信号加到测试仪的一个检测通道（channel）上，时间为 1 个 50Hz 周期，使该周期内 64 个检测时间段测量到的局部放电值都为 1。如果加载测试信号的时间长度为 10 个周期，那么每个检测时间段累计的值都为 10。

与单周期检测数据一样，PRPD 检测数据也包含分析、识别局部放电源的重要信息。PRPD 缓冲区不断地更新记录，使用户能够观察建立于长期检测基础上的放电波形，有助于分析判断产生随机局部放电现象的缺陷。

（七）PD 事件模式

通过在系统软件 PortSUB 内设置“PD 事件模式”，可以监测断断续续出现的局部放电现象。在这种模式下，当 DAQ 监测到一个局部放电信号，立即将记录到的该局部放电事件的 50 个单周期检测数据传送给系统软件 PortSUB，以便进行分析。系统软件 PortSUB 为 PD 事件模式设置的系统参数不同于峰值俘获方式的参数，PD 事件模式有一个可编程设置的检测阈值参数。对于信号水平超过检测阈值的局部放电称作一个局部放电事件，系统予以记录保存；对于局部放电信号水平低于此检测阈值的 PD，系统不予记录。

该系统的 PD 事件模式不但能用于随机局部放电事件的检测、记录，也能用于连续局部放电信号的记录、检测。当电力设备出现连续局部放电现象时，启用 PD 事件模式，PortSUB 软件会根据预设的局部放电水平参数，检测、记录超过该预设参数的局部放电信号。

当系统记录到一个 PD 事件时，系统软件 PortSUB 可以保持 PD 事件的检测阈值不变，也可以增加 PD 事件的检测阈值。如果在发现 PD 后系统软件允许自动增加 PD 检测阈值，系统会每隔 15min 将 PD 检测阈值重置回原始值。

用户可以控制每15min内每个检测通道记录PD事件的数量。通常情况下，当PD活动被检测和识别到后，用户不希望不停地记录同一种信号，因此PortSUB系统将每15min记录PD事件数量的最大值定为9。

检测仪记录到的每一个PD事件都会经DMS公司的PD人工智能分析软件包进行分析，该智能软件经过多年的长期训练，其PD数据库吸收保存了100万种局部放电模型，这些PD模型由两部分组成：一部分（约占10%）是通过试验建立起来的；另一部分（90%）是通过DMS公司的局部放电检测设备在用户现场收集的。该系统对PD的分析是自动进行的，自动给出分析、判断的结果，并以图形的方式显示在屏幕上，以帮助用户对GIS进行深入的故障诊断。

（八）数据库

PortSUB配置有一个数据库，库内保存有金属颗粒、电晕、悬浮电位和绝缘缺陷引起的局部放电信号的典型数据（包括局部放电信号的峰值检测数据、单周期检测数据和PRPD检测数据），也存有各种噪声信号（如雷达、移动电话等）的典型数据。DAQ在检测到一个PD信号时，系统自动将该PD信号与数据库中保存的典型数据进行比较、分析，判断和识别局部放电缺陷。

系统记录到的所有PD信号都会以不同的格式存入到数据库：一种是供系统软件PortSUB使用的二进制格式；另一种是通常的CSV文本格式。

三、诊断分析方法

（一）自由粒子放电

自由粒子放电3种典型谱图分别如图3-24～图3-26所示。

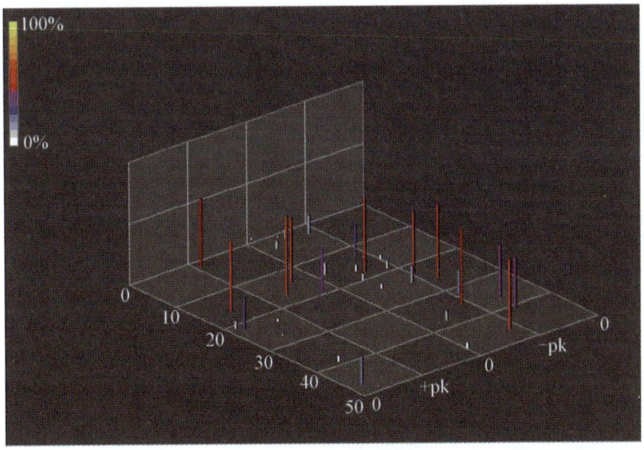

图3-24　单周期检测数据显示典型谱图

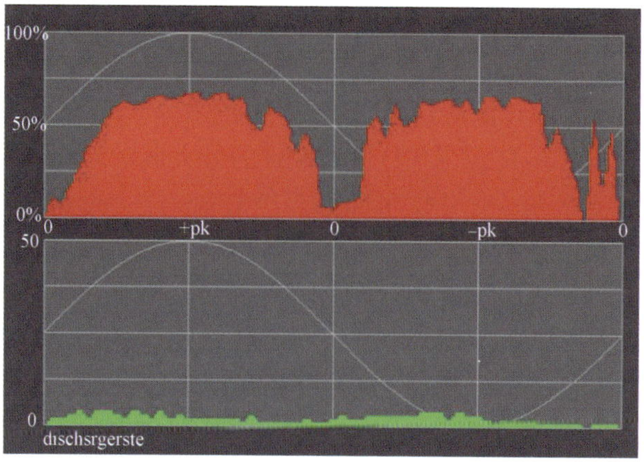

图 3-25　峰值检测数据显示典型谱图

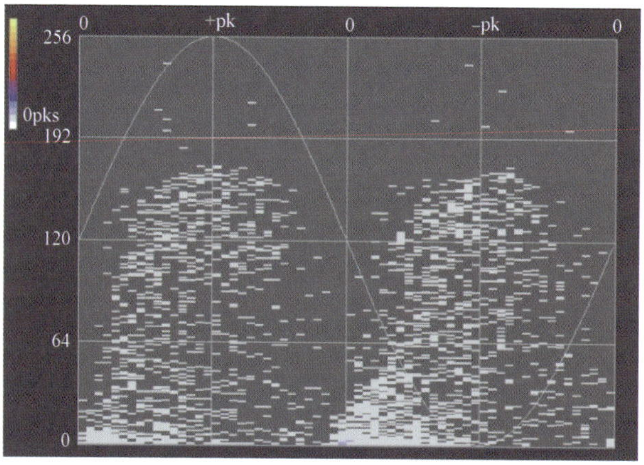

图 3-26　PRPD 检测数据显示典型谱图

（二）电晕放电

电晕放电 3 种典型谱图分别如图 3-27～图 3-29 所示。

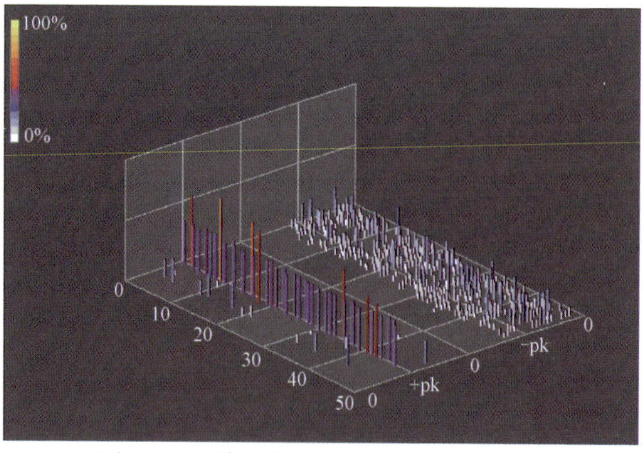

图 3-27　单周期检测数据显示典型谱图

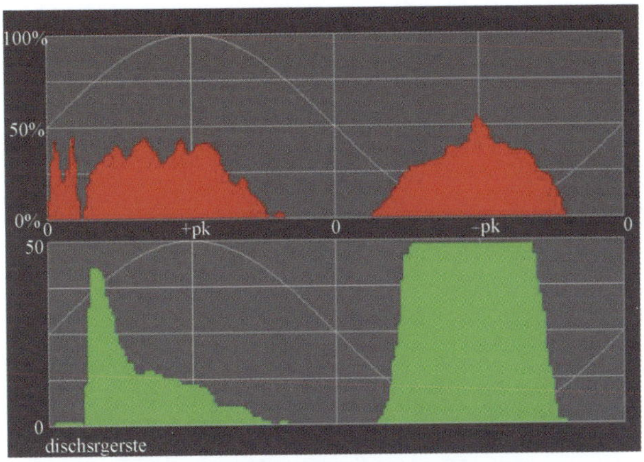

图 3-28　峰值检测数据显示典型谱图

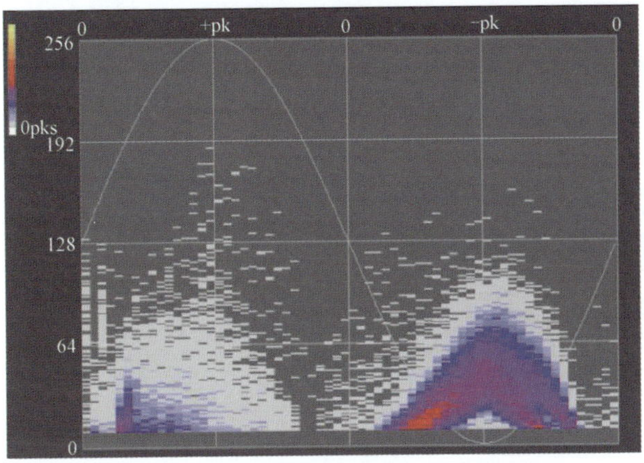

图 3-29　PRPD 检测数据显示典型谱图

（三）悬浮放电

悬浮放电 3 种典型谱图分别如图 3-30～图 3-32 所示。

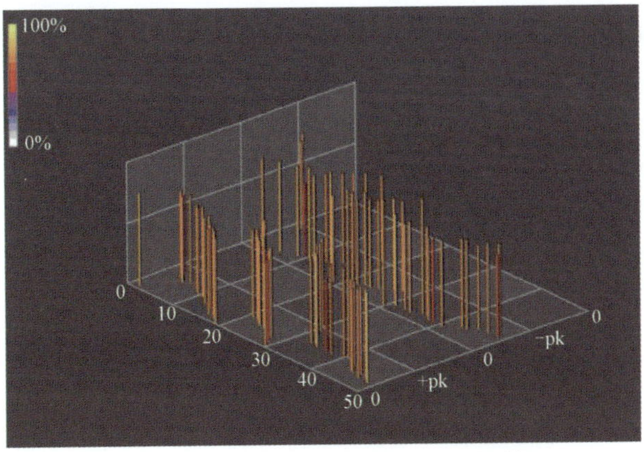

图 3-30　单周期检测数据显示典型谱图

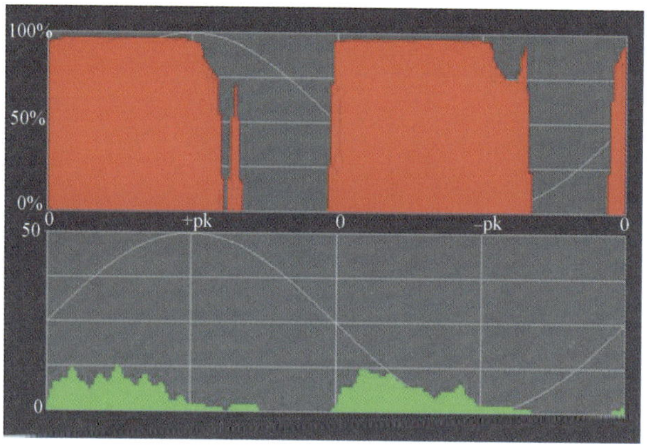

图 3 - 31　峰值检测数据显示典型谱图

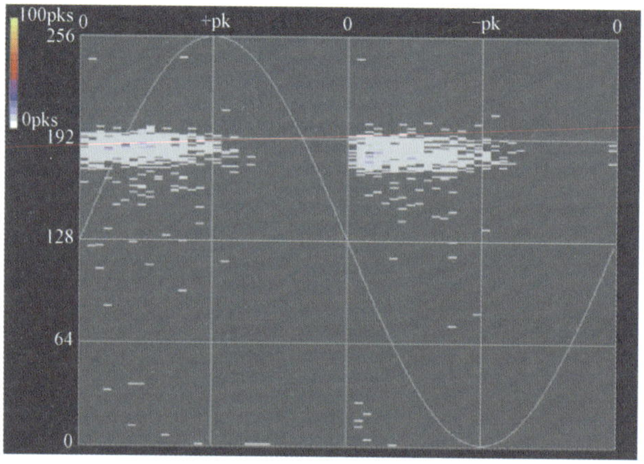

图 3 - 32　PRPD 检测数据显示典型谱图

（四）内部放电

内部放电 3 种典型谱图分别如图 3 - 33～图 3 - 35 所示。

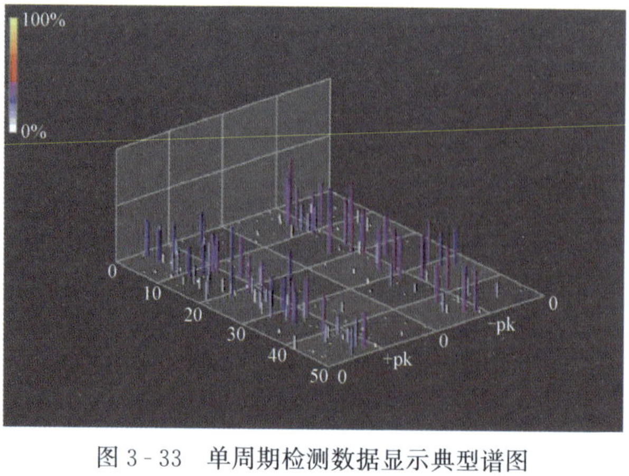

图 3 - 33　单周期检测数据显示典型谱图

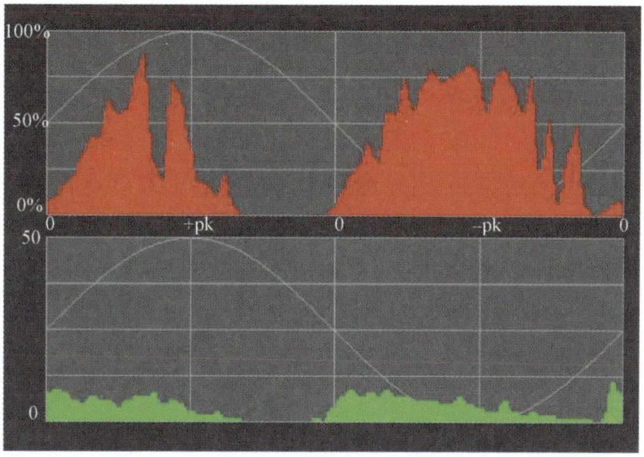

图 3-34　峰值检测数据显示典型谱图

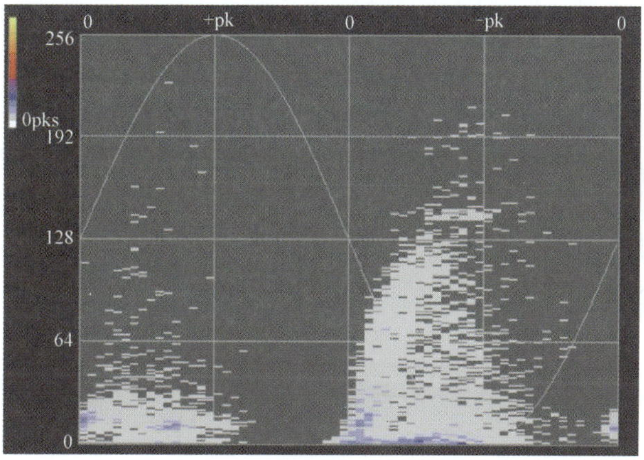

图 3-35　PRPD 检测数据显示典型谱图

第四节　华乘检测装备

一、装备简介

华乘手持式局部放电测试仪包含暂态地电压检测、超声波检测、特高频检测、高频电流检测等多种功能。

（1）暂态地电压检测功能。使用暂态地电压法检测开关设备的内部放电活动。暂态地电压检测下有 TEV 幅值、TEV 脉冲和 TEV PDL 三种模式。

（2）超声波检测功能。检测主机内置非接触式空声传感器，使用超声波法检测开关设备的放电活动。超声波检测下有 AE 幅值、AE 相位谱图、AE 飞行谱图和 AE 波形谱图功能四种模式。

（3）特高频检测功能。特高频检测下有 UHF 幅值、UHF 周期谱图、UHF PRPD2D—PRPS3D 检测三种模式。PRPD2D 累积和 PRPD2D—PRPS3D 录屏功能，有助于判断局部放电类型和严重程度。

（4）高频电流检测功能。高频电流检测下有 HFCT 幅值、HFCT 周期谱图、HFCT PRPD2D—PRPS3D 检测三种模式。PRPD2D 累积和 PRPD2D—PRPS3D 录屏功能，有助于判断局部放电类型和严重程度。

（5）数据保存功能。仪器具备测试数据保存功能，可将测试数据即时存储在测试仪器中。同时仪器提供一键快速保存测试谱图、PRPD－PRPS 谱图录屏功能，以增加仪器易用性。

（6）射频识别（radio frequency identification，RFID）巡检功能。对于贴有 RFID 电子标签的设备，检测主机可以通过感应设备特有的电气标签，读取设备的信息。测试时测试数据与被测设备信息一同保存，不需要人为记录测试数据编号。

华乘 PDS—T90 手持式局部放电测试仪主要元器件如图 3-36 所示，主要按键功能如图 3-37 所示。

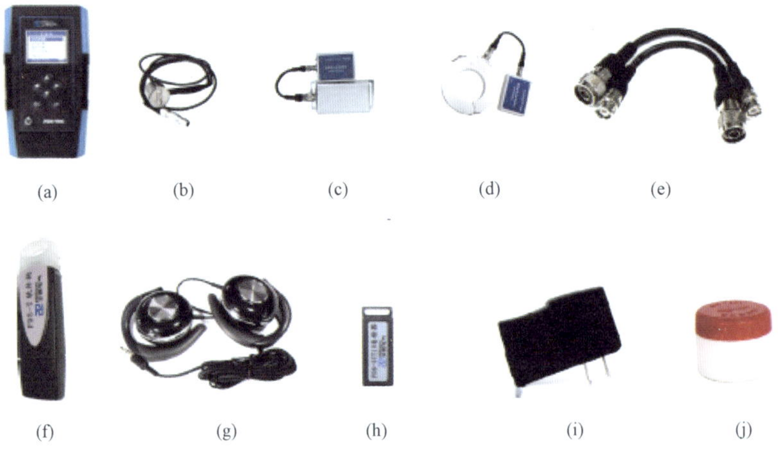

图 3-36　华乘 PDS—T90 手持式局部放电测试仪主要元器件

（a）T 系列主机；（b）AE 传感器；（c）UHF 传感器；（d）HFCT 传感器；（e）线缆；（f）软件狗；（g）耳机；（h）自检器；（i）信号同步器；（j）硅脂

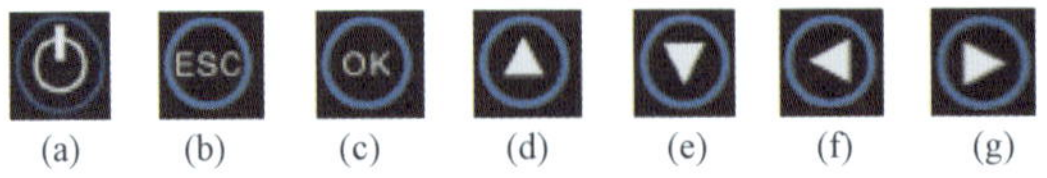

图 3-37　华乘 PDS—T90 手持式局部放电测试仪主机按键功能

（a）开机/关机；（b）退出；（c）确定；（d）上；（e）下；（f）左；（g）右

开机：按“开机/关机”键将主机开机（等到屏幕亮起再松开按钮）。

选择：按“上”“下”“左”“右”“确定”“退出”键，选择进行需要的操作。

二、现场使用方法

在主菜单选择检测方式：超声波检测/特高频检测/高频电流检测/暂态地电压（不同检测方式，选择不同的传感器）。PDS—T90 现场应用结构框图如图 3-38 所示。

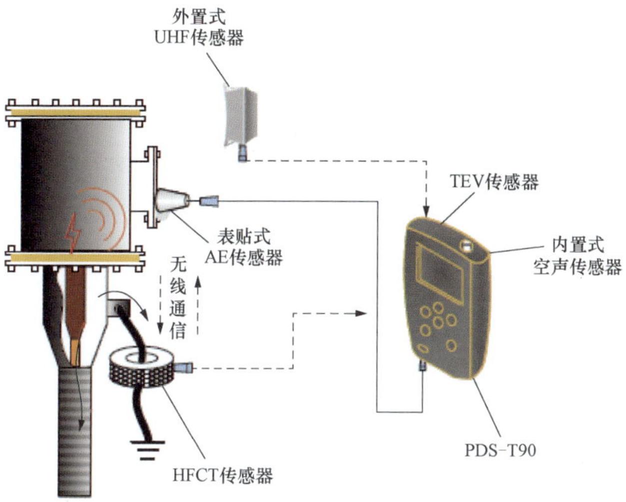

图 3-38　PDS—T90 现场应用结构框图

（一）超声波检测

1. AE 幅值检测

AE 幅值检测界面如图 3-39 所示。

（1）谱图说明：AE 幅值检测谱图显示测量当前电网周期内的超声波信号的有效值、最大值，并显示超声信号与在 50Hz 和 100Hz 的频率相关性。

（2）快速保存：在当前检测界面，可通过轻按键，进行数据的快速保存操作。

（3）有效值：以“dB”或“mV”形式显示当前的超声波测

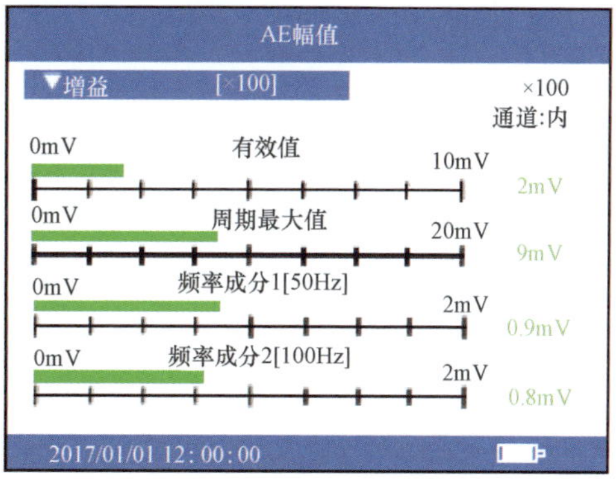

图 3-39　AE 幅值检测界面

量有效值。

（4）周期最大值：以“dB”或“mV”形式显示当前的超声波测量最大值。

（5）频率成分 1：超声波与 50Hz 相关性的幅值。

（6）频率成分 2：超声波与 100Hz 相关性的幅值。

（7）测试通道显示：当仪器显示“通道：内”时，表明仪器当前使用内置式超声传感器进行测试；当仪器显示“通道：外”时，表明仪器当前使用外接超声波传感器进行测试。

2. AE 相位谱图检测

AE 相位谱图检测界面如图 3 - 40 所示。

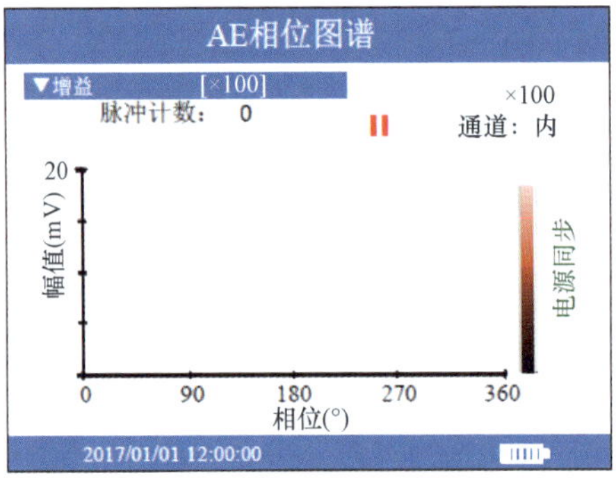

图 3 - 40　AE 相位谱图检测界面

（1）谱图说明：AE 相位谱图检测利用电网频率的同步触发信号，测量超声波脉冲信号，并根据脉冲的幅值及相对触发信号的相位，用谱图中的一个点表示出来，最终进行脉冲分布统计。各点根据脉冲在周边区域的概率显示不同的颜色。

（2）采集启动：进入检测界面后，按下 OK 键开始数据采集，界面显示由“暂停”变为“运行”，脉冲计数达到 1000 后停止采集。

（3）快速保存：在当前检测界面，可通过轻按▲键，进行数据的快速保存操作。

（4）幅值：以“dB”或“mV”形式显示检测谱图的幅值最大量程。

（5）脉冲计数：设备被触发后统计的脉冲数量。

（6）周期：显示放电在一个周期内的对应相位关系，0°～360°。

（7）电源同步：显示当前相位同步的连接方式。

（8）测试通道显示：当仪器显示“通道：内”时，表明仪器当前使用内置式超声传感器进行测试；当仪器显示“通道：外”时，表明仪器当前使用外接超声波传感器进行测试。

3. AE 波形谱图检测

AE 波形谱图检测界面如图 3 - 41 所示。

（1）谱图说明：AE 波形谱图显示超声信号的包络波形谱图。数据采集时以电网周期频率同步触发，因此可查看包络信号与电网的相关性。

（2）快速保存：在当前检测界面，可通过轻按▲键，进行数据的快速保存操作。

（3）幅值：以“dB”或“mV”形式显示检测谱图的幅值最大量程。

（4）时间：显示放电波形谱图的周期相关性。

（5）通道：显示主机连接内置 AE 传感器或外置表贴传感器。

（6）电源同步：显示当前相位同步的连接方式。

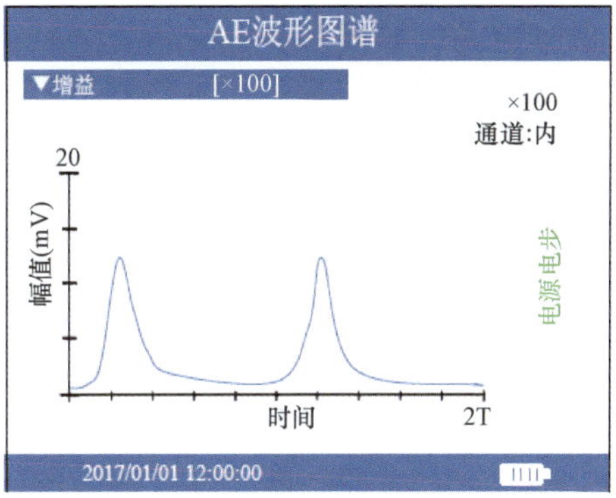

图 3-41　AE 波形谱图检测界面

（二）特高频（UHF）检测

1. UHF 幅值检测

UHF 幅值检测界面如图 3-42 所示。

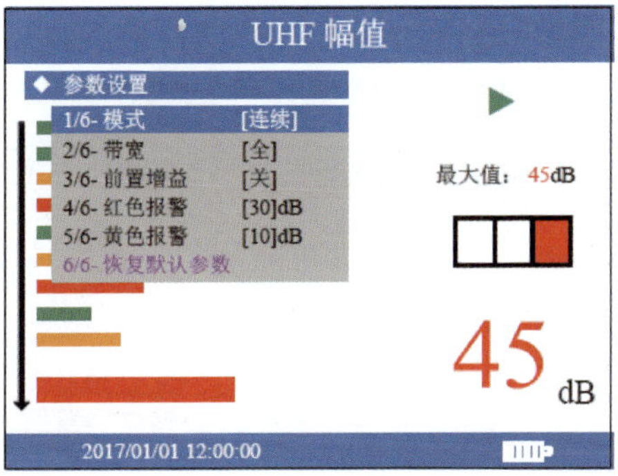

图 3-42　UHF 幅值检测界面

（1）谱图说明：幅值检测下有连续及单次检测两种模式，幅值检测界面能显示测得的 UHF 幅值，并通过颜色对测得的 UHF 幅值进行警示显示。

（2）幅值：以“dB”形式显示当前的特高频测量值。

（3）颜色灯指示：通过颜色灯对测得的 UHF 幅值进行颜色指示。绿色表示正常；黄色表示达到设定的预警值；红色表示达到设定的报警值。颜色灯的阈值可在特高频幅值测试的设置界面进行具体设置。

（4）历史显示：以不同的颜色柱形图来显示最近 10 次的测量值。

（5）最大读数：记录当前 UHF 周期检测模式下，进行 10 次测试所获得的最大读数。

当没有检测到配对的特高频信号调理器时，界面提示“无信号”字样，这时打开需要配对的特高频信号调理器电源，并通过配对，方可进行测试。

2. UHF 周期谱图检测

UHF 周期谱图检测界面如图 3-43 所示。

（1）谱图说明：UHF 周期谱图检测下有连续及单次检测两种模式，并通过颜色对测得的 UHF 幅值进行警示显示。

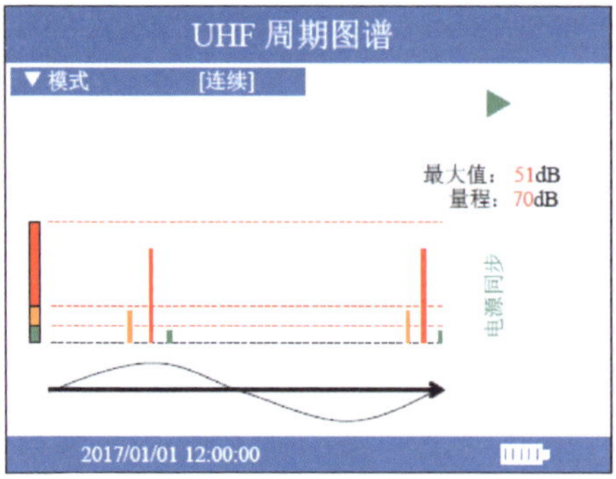

图 3-43 UHF 周期谱图检测界面

（2）颜色灯指示：通过颜色灯对测得的 UHF 幅值进行颜色指示。绿色表示正常；黄色表示达到设定的预警值；红色表示达到设定的报警值。颜色灯的阈值可在特高频幅值测试的设置界面进行具体设置。

（3）最大读数：记录当前 UHF 周期检测模式下，谱图上脉冲显示的最大数值。

（4）量程：显示主机可测试放电量最大幅值。

3. UHF PRPD2D—PRPS3D 谱图检测

UHF PRPD2D—PRPS3D 谱图检测界面如图 3-44 所示。

（1）图谱说明：UHF PRPD2D—PRPS3D 检测谱图是通过 PRPS 谱图和 PRPD 谱图的实时显示来表征局部放电活动的谱图。UHF PRPD2D—PRPS3D 检测谱图是 UHF 检测分析局部放电类型最主要、最常用的分析谱图。

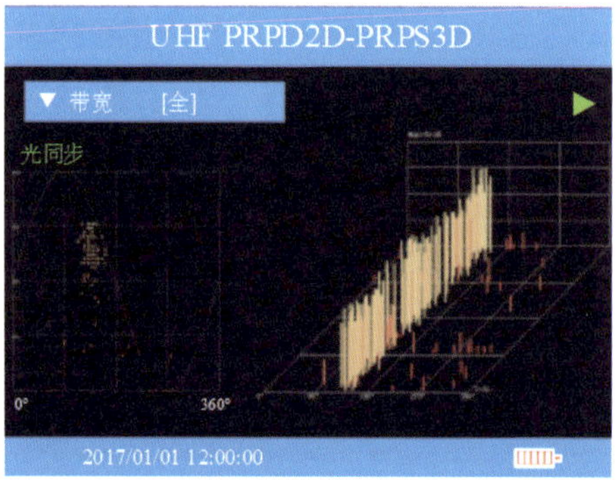

图 3-44 UHF PRPD2D—PRPS3D 谱图检测界面

（2）PRPD：显示实时测试数据的一种平面点分布图，横轴表示相位，纵轴表示幅值。根据测试点的分布情况可判断信号主要集中的相位、幅值及放电次数情况。

（3）PRPS：显示测试数据的一种实时三维图，X 轴表示相位，Y 轴表示信号周期数量，Z 轴表示信号强度或幅值。该仪器所示的信号周期数量为 50 个周期。

（4）颜色指示：表示所测得的特高频结果的严重、密集程度。

（5）Max 读数：记录当次使用当次模式测试下，谱图上脉冲显示的最大幅值。

4. UHF PRPD2D—PRPS3D 检测录屏功能

UHF PRPD2D—PRPS3D 检测录屏功能界面如图 3-45 所示。

在 UHF PRPD2D—PRPS3D 检测界面，可通过长按键 2～3s，进行当前界面下的录屏操作，以记录 1～5min 实时 UHF PRPD2D—PRPS3D 检测

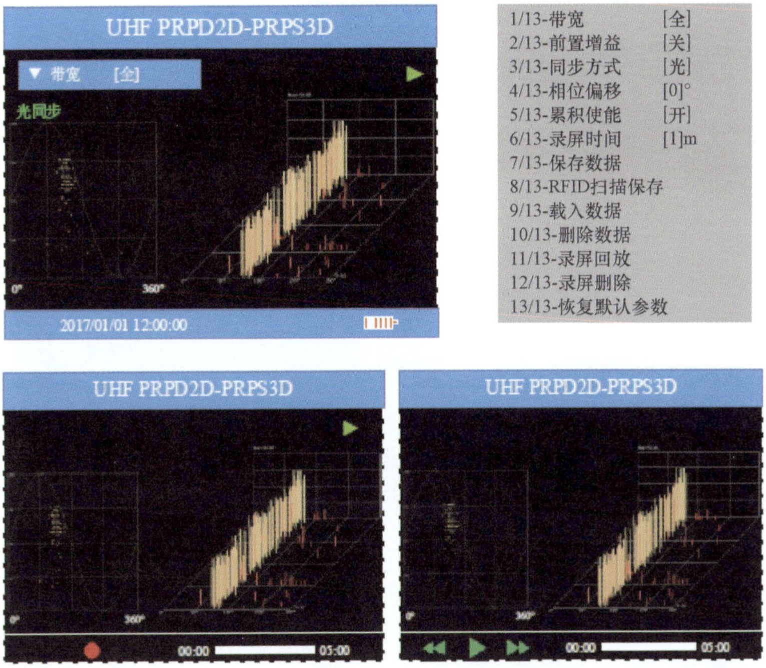

图 3-45 UHF PRPD2D—PRPS3D 检测录屏功能界面

视频。

第一步：主机同步状态下，在 UHF 的 PRPD2D—PRPS3D 界面长按“上方向键”超过 2～3s 后就会进入录屏界面。

第二步：进入录屏界面后，手持设备必须连接调理器后，录屏才能开始进行录制，进度条时间是根据调理器信号进行的，与正常时间不同步是正常现象。

第三步：UHF 进入录屏模式在录屏过程中 4 个方向键是无法操作的。

第四步：按下键或键系统会自动退出当前录屏模式并将录屏保存，当录屏时间超过设定的时间时，系统也会自动退出保存并返回正常界面；已经保存在本地的录屏数据可通过菜单中的“录屏回放”项查看，也可通过“录屏删除”项删除本地录屏数据。

第五步：录屏回放，在录屏回放界面中，有快进、快退、播放/暂停、进度条显示 4 个功能。按键可以选择播放或暂停功能，按键实现快退功能，按键实现快进功能，可以长按，快进、快退进度可根据进度条来决定；在快进、快退按键松开后，快进或快退按键颜色会由绿色变成蓝色，在此过程中 PRPD 谱图一直在刷新数据直到刷新到当前进度，加载完成后会有蓝色变绿色并继续进行播放，在加载过程中 PRPS 不做刷新；按键退出当前录屏播放。

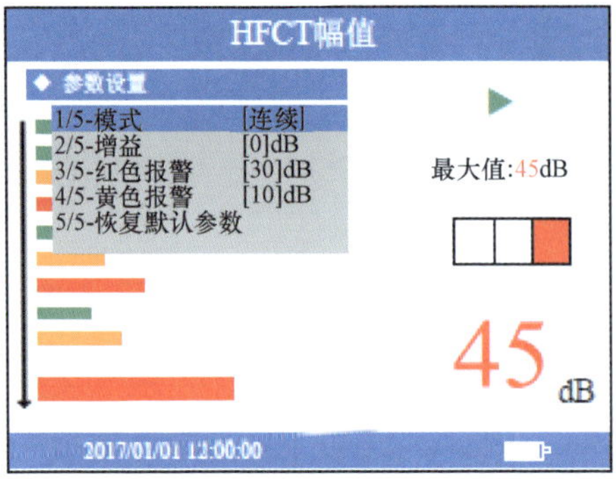

图 3-46　HFCT 幅值检测界面

(三) 高频电流 (HFCT) 检测

1. HFCT 幅值检测

HFCT 幅值检测界面如图 3-46 所示。

(1) 谱图说明：HFCT 幅值检测下有连续检测及单次检测两种模式，幅值检测界面能显示幅值，并通过颜色对测得的 HFCT 幅值进行警示显示。

(2) HFCT 幅值谱图幅值上的颜色灯指示、历史显示和最大读数的含义与 UHF 幅值谱图的相同，这里不再赘述。

2. HFCT 周期谱图检测

HFCT 周期谱图检测界面如图 3-47 所示。

(1) 谱图说明：HFCT 周期谱图检测下有连续检测及单次检测两种模式，并通过颜色对测得的 UHF 幅值进行警示显示。

(2) 上/下限：显示脉冲信号的幅值范围。

(3) 横轴：表示相位，显示放电脉冲与相位的关系。

(4) 纵轴：表示幅值，显示放电脉冲幅值的大小。

(5) 最大值：记录当前 HFCT 周期检测模式下，谱图上脉冲显示的最大数值。

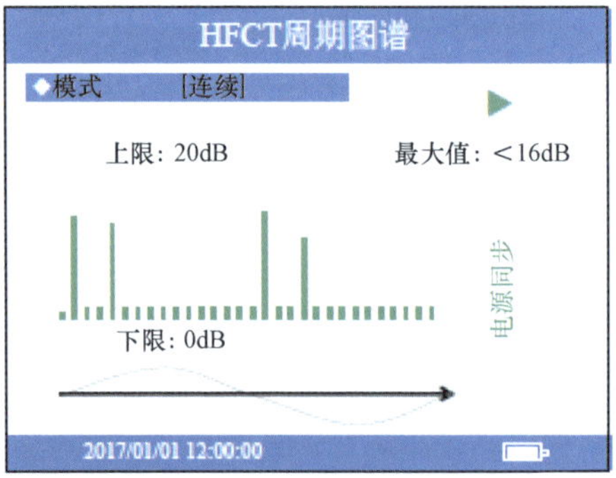

图 3-47　HFCT 周期谱图检测界面

3. HFCT PRPD2D—PRPS3D 谱图检测

HFCT PRPD2D—PRPS3D 谱图检测界面如图 3-48 所示。

谱图说明：HFCT PRPD2D—PRPS3D 检测谱图是通过脉冲序列相位分布谱图和局部放电相位分布谱图的实时显示来表征局部放电活动的谱图。HFCT PRPD2D—PRPS3D 检测谱图是 HFCT 检测分析局部放电类型最主要、最常用的分析谱图。

4. HFCT PRPD2D—PRPS3D 检测录屏功能

在 HFCT PRPD2D—PRPS3D 检测界面，可通过长按键 2～3s，进行当前界面下的录屏操作，以记录 1～5min 实时 HFCT PRPD2D—PRPS3D 检测视频。

HFCT 中的 PRPD2D—PRPS3D 录屏功能的操作与 UHF 中的一样，这里不再赘述。

三、诊断分析方法

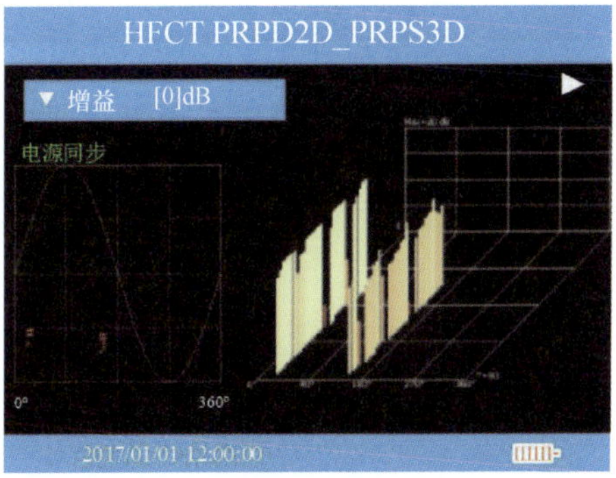

图 3 - 48　HFCT PRPD2D—PRPS3D 谱图检测界面

PDS—T—R 数据分析软件支持 PDS—T—R 系列手持式局部放电测试仪，用于测试数据存储和分析，为判断设备绝缘状态提供帮助。

（1）启动。将软件狗插入计算机 USB 接口，然后双击桌面的“PDS—T—R 数据分析软件”图标启动软件。也可以从开始菜单中的程序中选择应用程序，或者从软件安装目录中启动。主窗口包含菜单栏、工具栏、站点列表和功能展示区。菜单栏包括对文件、数据、工具信息的查看和操作。

（2）数据文件查看。局部放电检测中主要包括以下数据：AE 波形谱图、AE 幅值谱图、AE 相位谱图、AE 飞行谱图、UHF 周期谱图、UHF PRPD2D—PRPS3D 谱图、HFCT 周期谱图、HFCT PRPD2D—PRPS3D 谱图。

PDS—T—R 数据分析软件操作界面如图 3 - 49 所示。

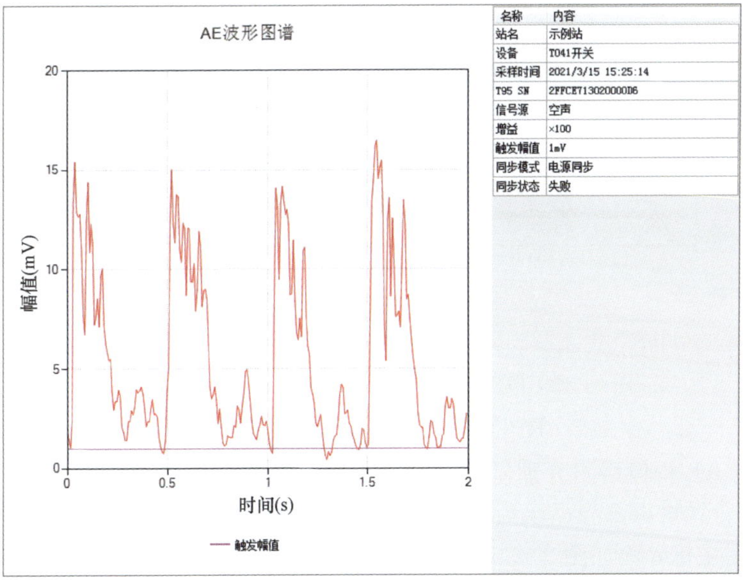

(a)

图 3 - 49　PDS—T—R 数据分析软件操作界面（一）

（a）AE 波形谱图

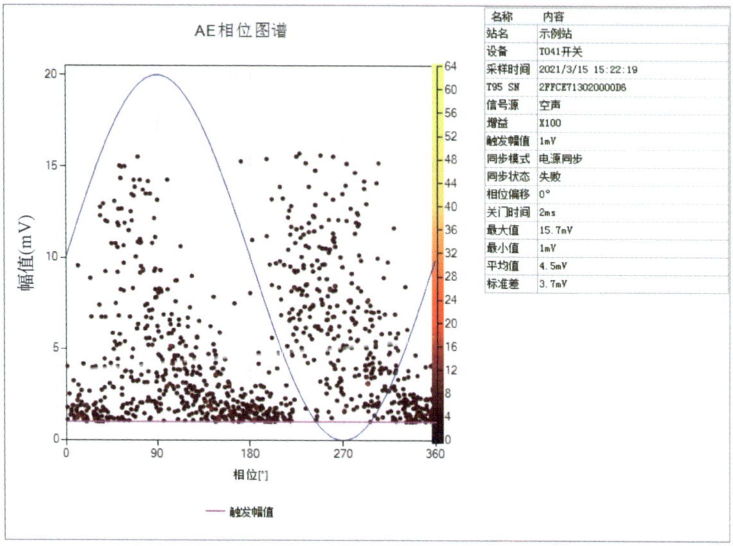

(b)

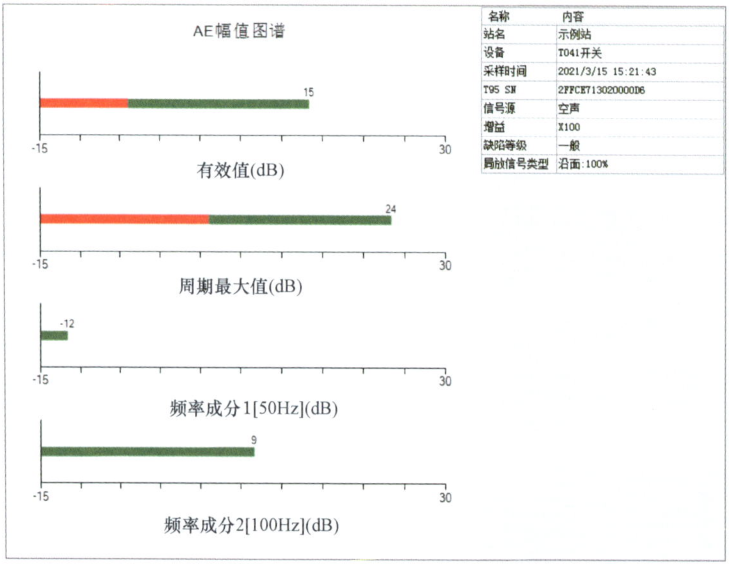

(c)

图 3-49 PDS—T—R 数据分析软件操作界面（二）

(b) AE 相位谱图；(c) AE 幅值谱图

(3) AE 幅值谱图分别显示有效值、周期最大值、频率成分 1 和频率成分 2，低于背景噪声部分显示为红色，超过的部分以绿色显示。

谱图操作界面如图 3-50 所示。

UHF 周期谱图根据背景噪声和报警线将数据显示为绿色、橙色或红色的柱状图。谱图中黄色线为预警线，粉红色线为最大值，红色线为报警线。

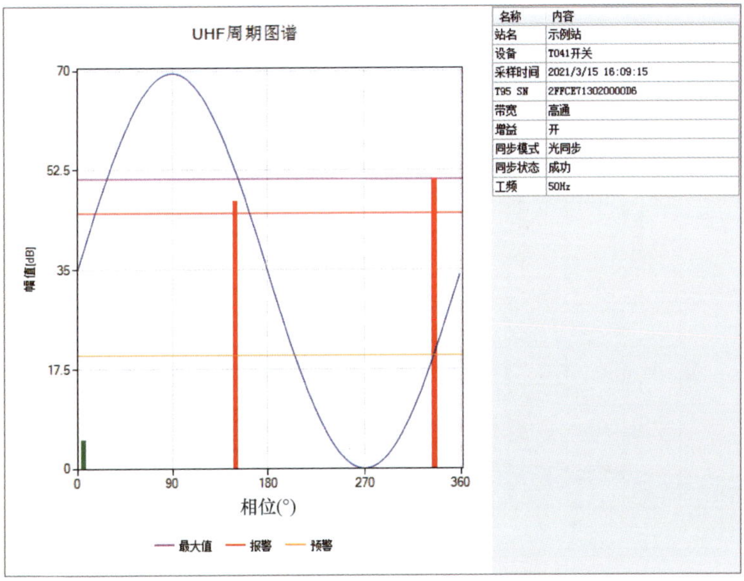

(a)

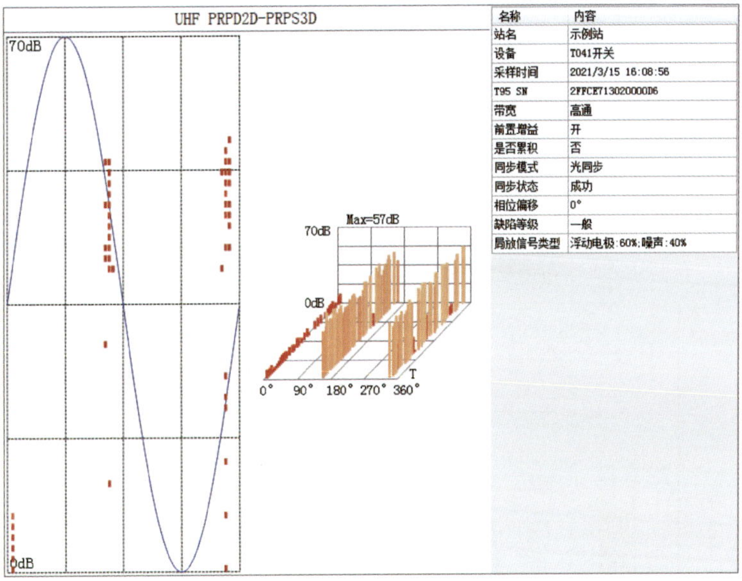

(b)

图 3-50　谱图操作界面

(a) UHF 周期谱图；(b) UHF PRPD2D—PRPS3D 谱图

UHF PRPD2D—PRPS3D 谱图分两个模块显示，左边显示 PRPD 谱图，右边显示 PRPS 谱图。谱图中数据点颜色越接近黄色表示该区域数据点密度越大。

UHF PRPD2D—PRPS3D 录屏数据谱图如图 3-51 所示。

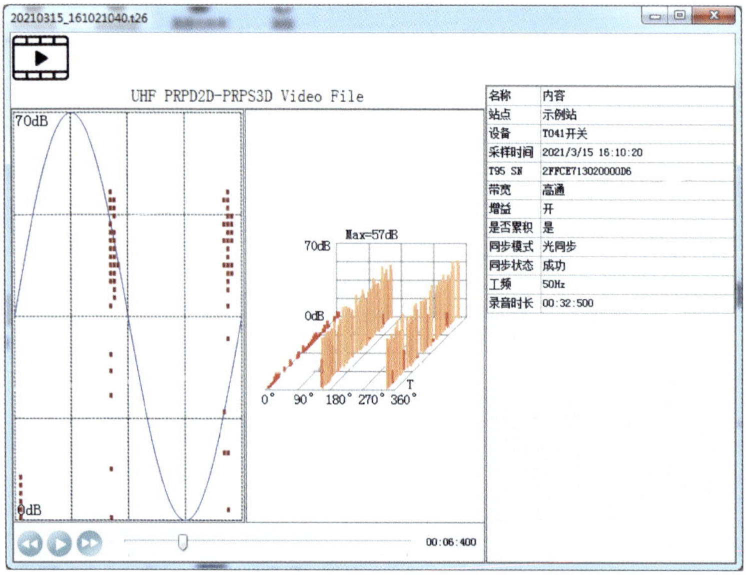

图 3-51　UHF PRPD2D—PRPS3D 录屏数据谱图

UHF PRPD2D—PRPS3D 录屏数据谱图分两个模块显示，左边显示 PRPD 谱图，右边显示 PRPS 谱图。谱图中数据点颜色越接近黄色表示该区域数据点密度越大。

HFCT 周期谱图如图 3-52 所示，HFCT PRPD2D—PRPS3D 谱图如图 3-53 所示。

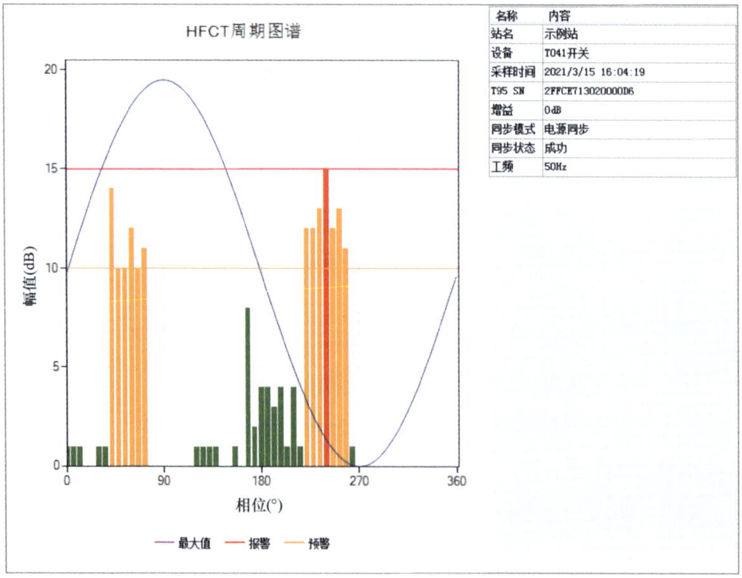

图 3-52　HFCT 周期谱图

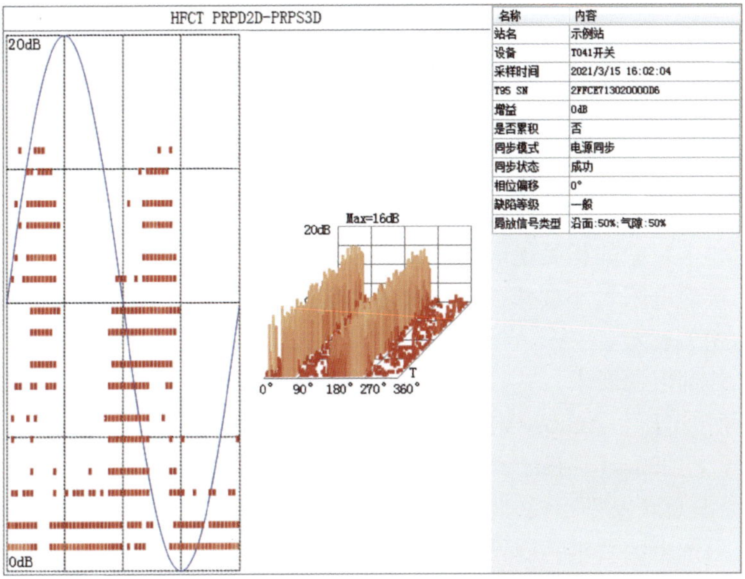

图 3-53　HFCT PRPD2D—PRPS3D 谱图

HFCT 周期谱图根据背景噪声和报警线将数据显示为绿色、橙色或红色的柱状图。谱图中黄色线为预警线，粉红色线为最大值，红色线为报警线。

HFCT PRPD2D—PRPS3D 谱图分两个模块显示，左边显示 PRPD 谱图，右边显示 PRPS 谱图。谱图中数据点颜色越接近黄色表示该区域数据点密度越大。

第五节　检测装备技术要求

一、 一般要求

（1）高压电力电缆局部放电检测设备的接入不应影响被测设备及现场其他设备的安全运行。

（2）高压电力电缆局部放电检测设备，一般由标准脉冲发生装置、传感器、信号采集单元与检测主机组成，在电缆线路运行状态下可捕捉到线路的局部放电物理现象，以数值、图形、表格、曲线和文字等形式显示和描述放电相关信息并可辅助进行放电类型分析与缺陷判断。

（3）高压电力电缆局部放电检测设备应具备带电检测校验、局部放电同步与异步测量、缺陷查找、干扰抑制、数据记录与管理、数据处理与分析、人机交互和自诊断等功能。

二、 工作条件

高压电力电缆局部放电检测设备一般应具备如下工作条件。

（1）环境温度：－10～＋50℃。

（2）环境相对湿度：5%～100%（无冷凝）。

（3）大气压力：80～110kPa。

（4）场地安全要求：符合 GB/T 9361—2011《计算机场地安全》中 B 类安全规定。

（5）设备安全要求：符合 GB 4943.1—2011《信息技术设备安全 第一部分：通用要求》中的相关规定。

（6）接地电阻大小要求：符合 GB 2887—2000《电子计算机场地通用规范》中的相关规定。

（7）外部电源要求。

1）额定电压：AC 220V±15%。

2）频率：50±0.5Hz。

3）谐波总畸变率：≤5%。

（8）内部电源要求：DC8～24V，连续工作时间应大于 4h。

三、通用性能要求

（一）外观要求

（1）外壳应无锐口、无尖角等明显缺陷，电镀、氧化层、漆层等涂层良好，不应有起层、剥落现象。

（2）面板上各种量值与单位的文字符号应符合 GB 3100—1993《国际单位制及其应用》及 GB 3101—1993《有关量单位和符号的一般原则》的相关要求，印刷或刻字应清晰，且不易被擦掉。

（3）按钮操作应灵活可靠，无卡死或无接触不良现象。

（二）绝缘性能要求

（1）在正常试验环境下，设备交流电源回路对外壳在 500V 试验电压下的绝缘电阻不应小于 100MΩ。

（2）在正常试验环境下，设备交流电源回路对机壳之间的绝缘应能够承受 50Hz、2kV 交流电压，历时 1min。

（3）试验期间应无闪络击穿及元器件损坏现象。

（三）电磁兼容性能要求

（1）应能承受 GB/T 17626.2—2018《电磁兼容试验和测量技术 静电放电抗扰度试验标准》规定的严酷等级为 4 级的静电放电干扰。

（2）应能承受 GB/T 17626.3—2016《电磁兼容试验和测量技术 射频电磁场抗扰度试验》规定的严酷等级为 3 级的射频电磁场辐射干扰。

（3）应能承受 GB/T 17626.8—2006《电磁兼容试验和测量技术 工频磁场抗扰度试验》规定的严酷等级为 5 级的工频磁场干扰。

（四）环境适应性能要求

（1）应能承受 GB/T 6587—2012《电子测量仪器通用规范标准》5.9.1.2 中规定的组别为Ⅲ组的温度试验。

（2）应能承受 GB/T 6587—2012《电子测量仪器通用规范标准》5.9.2.2 中规定的组别为Ⅲ组的湿度试验。

（五）机械性能要求

（1）应能够承受 GB/T 6587—2012《电子测量仪器通用规范标准》5.9.3.3 中规定的组别为Ⅲ组的振动试验。

（2）应能承受 GB/T 6587—2012《电子测量仪器通用规范标准》5.9.4.3 中规定的组别为Ⅲ组的冲击试验和倾斜跌落试验。

（3）应能承受 GB/T 6587—2012《电子测量仪器通用规范标准》5.10.1.3 中规定的流通条件等级为 3 级的运输试验。

（六）外壳防护性能要求

应符合 GB 4208—2017《外壳防护等级（IP 代码）》规定的外壳防护等级为 IP51 的要求。

四、专项技术指标

高频、超高频、超声波局部放电检测设备技术指标分别如表 3-4～表 3-6 所示。

表 3-4　　　　高频局部放电检测设备技术指标

设备组成		技术参数名称	技术指标要求
传感器	—	检测部位	电缆终端、接头、本体、交叉互联箱、接地箱
	HFCT （小内径）	结构	钳形开口式
		有效工作频带宽度 （±3dB）	下限：不高于 1MHz；上限：不低于 20MHz
		内径	≥38mm
		传输阻抗	≥5mV/mA（输入信号为 10MHz 正弦波电流时）
	HFCT （大内径）	结构	钳形开口式
		有效工作频带宽度	下限：不高于 1MHz
传感器	HFCT （大内径）	（±3dB）	上限：不低于 20MHz
		内径	≥138mm
	电容耦合 传感器	结构	内置式金属薄膜、外置式金属薄膜
		带宽	下限：不高于 1MHz；上限：不低于 300MHz

续表

设备组成		技术参数名称	技术指标要求
信号采集单元	局放信号采集模块	检测通道	≥3CH
		被测电缆电压频率	20～300Hz
		采样速率	≥100MS/s
		采样位数	≥8bit
		检测灵敏度	≤5pC（实验室环境下）
	同步信号采集模块	参考相位精度	≤0.1°
检测主机	专用软件	显示	等效放电量、放电重复率、放电相位、放电检测频率等表征参量，时域波形图、频域特性图、二维（$Q-\varphi$、$N-\varphi$、$Q-t$、$N-t$ 等）、三维（$Q-\varphi-n$、$Q-\varphi-t$ 等）放电谱图及放电发展趋势图
		抗干扰	可抑制设备内部及外界的干扰信号
		分析	各种相关数据分析工具
		诊断	辅助实现放电模式识别、缺陷及隐患类型判断
	便携式计算机	现场持续工作时间	≥4h

表 3-5　　超频局部放电检测设备技术指标

设备组成	技术参数名称	技术指标要求
传感器	检测部位	GIS 电缆终端
	检测频带	100～3000MHz
	驻波比	≤2.5（平均值）
信号采集单元	检测通道	≥1 通道
	动态范围	−80～−15dB
	检测灵敏度	≤−75dB（实验室环境下）
检测主机	显示	幅值实时显示、PRPD 谱图显示，显示刷新速度大于 10 帧/s
	分析	各种相关数据分析工具
	诊断	辅助实现放电模式识别、缺陷及隐患类型判断
	数据管理	谱图、数据存储与导出
	现场持续工作时间	≥4h

表 3-6　　超声波局部放电检测设备技术指标

设备组成	技术参数名称	技术指标要求
传感器	检测部位	GIS 电缆终端
	主谐振频率范围	20～200kHz
	使用方式	手持非接触式、接触式（绝缘手柄、光纤隔离高压）
	检测灵敏度	接触式传感器，主谐振频率处的峰值灵敏度不小于 70dB，均值灵敏度不小于 50dB
信号采集单元/检测主机	采样速率	每秒钟采样不小于 2M
	检测同步	参考相位同步
	显示	实时谱图显示、脉冲波形谱图显示、相位谱图显示
	抗干扰	可抑制设备内部及外界的干扰信号
	数据管理	检测数据可本机存储并导出
	局放源定位	宜具备放电源超声波定位功能
	报警	报警阈值设置及告警
	现场持续工作时间	≥4h

第四章

高压电力电缆健康诊断智能新技术

第一节　X射线成像检测技术

一、 技术简介

从1895年德国物理学家伦琴发现X射线以来，人类使用X射线成像已有百余年历史。X射线成像检测技术已广泛应用于医疗、军事、航空航天、工业等各行业领域。其中，电力系统也较早运用该技术以检验电力设备制造、安装、运行等环节中存在的质量不良及异常缺陷问题，如输变电钢结构焊缝缺陷检验、高压电力电缆制造过程偏心度量测、绝缘件如盆式绝缘子制造缺陷检测及合成绝缘子芯棒裂纹探测、GIS内部构件位置探查等。

按电磁波的基本特性，X射线具有以下特性：

（1）在空间中以光速传播。

（2）本身不带电，不受电场和磁场的影响。

（3）在媒质界面可以发生反射和折射，但X射线和γ射线只能发生漫反射，而不能像可见光那样产生镜面反射。X射线和γ射线的折射系数非常接近于1，所以折射的方向改变不明显，可以认为是直线传播。

（4）可以发生干涉和衍射现象，但只能在非常小的，例如晶体组成的光栅中才能发生这种现象。不可见，能够穿透可见光不能穿透的物质。

（5）在穿透物质过程中，会与物质发生复杂的物理和化学作用，如电离作用、荧光作用、热作用及光化学作用等。

（6）具有辐射生物效应，能够杀伤生物细胞，破坏生物组织。

二、 检测原理

X射线检测原理是用X射线穿透试件，以胶片、DR版、IP版或其他实时成像系统作为记录信息器材，判断被检测物体内部是否有缺陷或观察内部结构状态。X射线检测属于无损检测。射线在穿透物体过程中会与物质发生相互作用，因吸收和散射而使其强度减弱。强度衰减程度取决于物质的衰减系数和射线在物质中穿越的厚度。如果被透照物体（试件）的局部存在缺陷，且构成缺陷物质的衰减系数又不同于试件，该局部区域的透过射线强度就会与周围产生差异。把胶片或其他成像器件放在适当位置使其在透过射线的作用下成像。由于缺陷部位和完好部位的透射射线强度不同，底片上或成像器件相应部位就会出现黑度或灰度差异。相邻区域的黑度差定义为“对比度”，观察由不同对比度构成的不同形状的影像，即可发现设备内部的结构缺陷。

X射线检测设备主要由X射线机、成像装置、图像处理主机等部分组成。

（一）X射线机

X射线机主要由射线发生器、高压发生器、冷却系统及控制系统四部分组成。其中，射线发生器用于产生X射线，高压发生器用于提供X射线加速所必需的高压。

1. 射线发生器

单独的射线发生器主要由X射线管（分为阴极和阳极）、管壳和充填的绝缘介质构成。

（1）X射线管阴极。X射线管的阴极是发射电子和聚集电子的部件，由发射电子的灯丝和聚集电子的凹面阴极头组成。阴极形状可分为圆焦点和线焦点两大类。阴极的工作过程是在阴极通电后，灯丝被加热，发射电子，阴极头上的电场将点击聚集成一束。在X射线管两端的高压所建立的强电场下，电子飞向阳极，轰击靶面，产生X射线。

（2）X射线管阳极。X射线管的阳极是产生X射线的部分，由阳极靶、阳极体和阳极罩三部分构成。由于高速运动的电子撞击阳极靶时只有约1%的动能转换为X射线，其他部分均转化为热能，使靶面温度升高，同时X射线的强度与阳极靶材料的原子序数有关，因此X射线管的阳极靶常选用原子序数大、耐高温的钨来制造，阳极罩常用铜制作，在朝向阴极方向有一小孔，阴极发射的电子从这个小孔进入，撞击阳极靶；阳极罩的侧面也有个小孔，常用原子序数很低的薄铍板覆盖，成为窗口，阳极靶产生的X射线从此窗口射出来。

（3）管壳。X射线管的管壳封出一个高真空腔体，阳极和阴极封装在腔内。管内的真空度应达到 $1.33\times(10^{-3}\sim10^{-5})$ Pa。管壳必须具有足够高的机械强度和电绝缘强度。工业射线检测常用的X射线管的管壳主要采用玻璃与金属或陶瓷与金属制作。金属陶瓷管抗震性强、不易破碎、真空度高、性能好，现在已成为X射线管的重要类型。

2. 高压发生器

高压发生器由高压变压器、灯丝变压器、高压整流管及高压电容组成。

（1）高压变压器。其作用是将几十伏到几百伏的低电压通过变压器升到X射线管所需的高电压。特点是功率不大（约几千伏安），但输出电压却很高，达到几百千伏，因此高压变压器二次匝数多、线径细。这就要求高压变压器的绝缘性能要好，即使温升较高也不会损坏。

（2）灯丝变压器。X射线机的灯丝变压器是一个降压变压器，其作用是使工频220V电压降到X射线管灯丝所需要的十几伏电压，并提供较大的加热电流（约为十几安）。

（3）高压整流管。常用的高压整流管有玻璃外壳二级整流管和高压硅堆整流管两种，其中使用高压硅堆可节省灯丝加热变压器，使高压发生器的重量和尺寸减小。

（4）高压电容。它是一种具有金属外壳、耐高压、容量较大的纸介电容。

（二）成像装置

X射线成像装置主要分为胶片、成像板（IP板）及图像采集器，分别对应胶片照相技术、计算机X射线照相技术和X射线实时成像检测技术。

1. 胶片照相技术

胶片照相技术是X射线无损检测技术中应用最广泛和最基本的检测技术。该技术主要是将胶片作为成像器件。检测时，把射线胶片放在适当的位置，使其在透过射线的作用下感光，经暗室显影、定影、水洗、干燥处理，再将干燥的底片放在观片灯上观察，根据底片上有缺陷部位与无缺陷部位的黑度图像不一样，就可判断出缺陷的种类、数量、大小等。

2. 计算机X射线照相技术（CR技术）

计算机X射线照相技术（CR技术）是指将X射线透过工件后的信息记录在成像板（image plate，IP）上，经激光扫描装置读取，再由计算机产生出数字化图像的技术。整个系统由X射线机、成像板、激光扫描仪、数字图像处理软件和计算机组成。

3. X射线实时成像检测技术（DR技术）

X射线实时成像检测技术（DR技术）是指从X射线在曝光的同时即可观察到所产生的图像检测技术。X射线透过工件后，被图像采集器接收，图像采集器将采集到的数字信号转换为数字图像，经计算机处理后，还原在显示器屏幕上。图像采集速度要求能够达到25帧/s（PLA制式）或30帧/s（NTSC制式）。

（三）图像处理主机

图像处理主机主要用于处理成像装置接收到的图像，通过对比度调节、图像平滑、图像锐化等方式降低噪声、突出重点。X射线图像影像质量会很大程度上影响放射影像的失真度、信噪比、分辨率、清晰度、细节显示等方面，进而影响现场对电力电缆内部结构与缺陷的检测与诊断结果。

三、检测方法

（一）设备摆放

X射线机位置与被测电力电缆应处于同一水平面，距离应与射线机焦距相匹配。随着焦距 F 的增加，虽然 U_g 下降，但由于辐射场扩散面积增大，到达图像增强器输入屏的射线强度以平方反比定律下降，大大降低了图像亮度，对灵敏度产生的影响超过 U_g 的下降，促使图像灵敏度降低。但焦距过短，造成图像放大倍数增大，图像分辨率有所下降，所以焦距选择必须合适，最小不应小于 0.3m，以 0.5～1.2m 为宜。

成像装置应尽可能贴近被测电力电缆，如确实难以贴近，则必须使得射线机和电力电缆之间的距离远大于电力电缆和成像装置之间的间距。

为达到较好的检测结果，应保证射线束中心、电力电缆缺陷位置（缺陷外缘至内层外界面）连线和成像板垂直，之后分别顺时针、逆时针进行小角度微调，进行多次对比，从而得到最佳图像区间。

（二）参数调节

1. X 射线管电压

最高管电压决定了射线透照电压调节范围，而管电压本身决定了射线源产生的射线的能量。

对射线检测来说，管电压是重要的基本透照参数，它对射线照片的影像质量和射线照相灵敏度都具有重要影响。主要是随着射线能量的提高，线衰减系数将减小。推荐的选取射线能量的原则是，在保证射线具有一定穿透能力条件下选用较低的能量。

按照射线的衰减规律，不同能量的射线具有不同穿透物体的能力，即入射射线强度相同、但能量不同的射线，在穿透同样厚度物体后透射射线强度不同。透射射线强度高的穿透能力强，能量高的射线具有较强的穿透能力。在透照厚度较大的物体时，应采用能量较高的射线，否则很难在适当的时间内得到足够的曝光量。如果透照厚度较小的物体，采用较高能量的射线，尽管可以在更短的时间内得到足够的曝光量，但将因射线衰减系数的降低、不清晰度的增大等，而使影像质量降低。所以，选取的射线能量应与透照物体的材料和厚度相适应。对于直径较小的如 10kV 电压等级电力电缆，推荐管电压范围为 60～70kV。对于 110kV 电压等级电力电缆或直径较为接近的电力电缆，推荐管电压范围为 60～90kV，以 70～80kV 为宜。对于 220kV 电压等级电力电缆或直径较为接近的电力电缆，推荐管电压范围为 60～110kV，以 70～100kV 为宜，最高管电压不应超过 160kV。

2. X 射线管电流

管电流方面，管电流越大，检测灵敏度越高。但由于目前工业探伤用射线机管电流以固定在 5mA 居多，考虑射线机选择的通用性，此项目选择 5mA 管电流为宜。

（三）安全注意事项

对于工业 X 射线检测的防护而言，只需要考虑外照射的防护。时间、距离、屏蔽是外照射防护的 3 个基本要素。时间是指控制射线对人体的曝光时间；距离是指控制射线源到人体间的距离；屏蔽是指在人体和射线源之间隔一层吸收射线的物质。

1. 时间

在照射率不变的情况下，工作人员照射时间越长，所接受的剂量越大。可用下式表示：

$$剂量 = 剂量率 \times 时间 \tag{4-1}$$

为了控制剂量，对于个人来说，就要求操作数量和动作尽量简单迅速，减少不必要的照射时间。为确保每个工作人员的累积剂量在允许的剂量限值以下，有时一项工作需要几个人轮换操作，从而达到缩短照射时间的目的。

2. 距离

在辐射源一定的前提下，照射剂量或剂量率与离射线源的距离平方成反比。即

$$\frac{D_1}{D_2} = \frac{R_2^2}{R_1^2} \tag{4-2}$$

式中 D_1——距辐射源 R_1 处的剂量或剂量率；

D_2——距辐射源 R_1 处的剂量或剂量率；

R_1——辐射源到 1 点的距离；

R_2——辐射源到 2 点的距离。

从式（4-2）可以看出，距离增加一倍，照射的剂量或剂量率减少了 3/4。这也就是为什么在 X 射线检测工作中，在条件允许的情况下，一般要求使人尽量远离射线机的原因。通常而言，在没有遮挡物的情况下，建议工作人员距离 X 射线管 20m 以上。

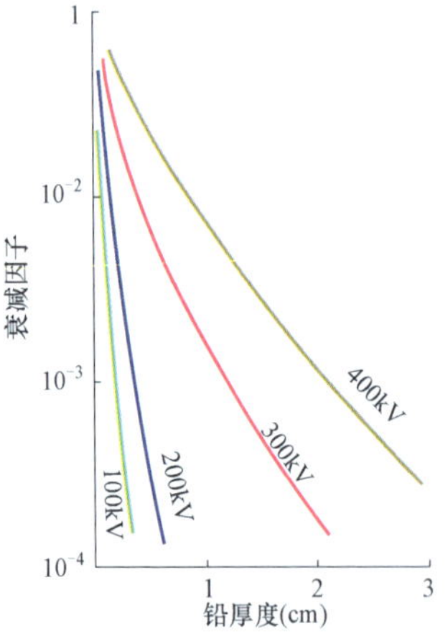

图 4-1 X 射线在铅中的衰减曲线

3. 屏蔽

按照 X 射线基础理论，X 射线在介质中传播时，其能量会逐渐衰减，且不同的材质，其衰减因子有所不同。一般而言，原子序数越大或者密度越大的材料，其衰减因子越大。宽束 X 射线在铅和混凝土中的减弱曲线分别见图 4-1 和图 4-2。

因此，在实际工作中，在面临人与辐射源之间的距离受客观条件限制，而时间受工艺条件限制难以缩短时，往往在人和辐射源之间加一层足够厚的屏蔽层或工作人员躲在某个足够厚的现有构筑物后面，

把照射剂量减少到允许剂量水平以下。

（四）诊断方法

1. 整体观察

适当调节亮度，使得电力电缆各个部分，包括电缆线芯、绝缘、阻水带、波纹铝护套、外护层等均处于可见状态。应能观察到电力电缆各部分结构完整、分界明显。

2. 观察线芯

通常而言，在电力电缆或附件的线芯部分可能出现的缺陷主要包括线芯毛刺、压接管偏移等。因此，在观察电力电缆本体时，应注意观察线芯表面是否平滑，有无毛刺、凸起、凹陷等情况；观察电力电缆附件时，应注意观察绝缘剥切面与电力电缆接管或出线杆的相对位置关系。

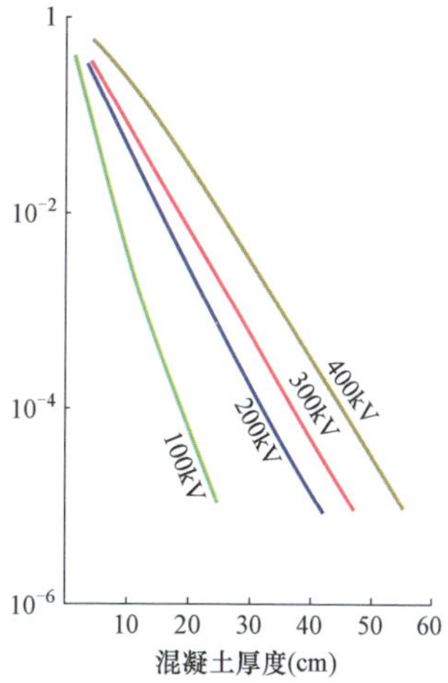

图 4-2　X 射线在混凝土中的衰减曲线

3. 观察绝缘

通常而言，在电力电缆或附件的绝缘部分及应力锥部分可能出现的问题主要包括绝缘树状碳化开裂痕迹、绝缘内部杂质（包括气泡等）、受铝护套压迫或外力破坏变形、应力锥搭接不匀及缓冲层析出等，因此，在观察电力电缆绝缘时，应先观察绝缘表面是否平滑、有无凹陷，再观察绝缘内部介质是否均匀，有无亮斑、纹路等；在观察电力电缆附件时，应观察应力锥与电力电缆绝缘结合处是否平滑，有无缝隙。

4. 观察波纹铝护套

通常而言，在电力电缆或附件的铝护套、铜外壳及搪铅部位可能出现的问题包括护套变形、搪铅开裂、搪铅脱落等，因此，在观察电缆铝护套时，应该观察波纹是否平滑、波幅大小是否接近；在观察电力电缆附件时，应该观察搪铅部位颜色是否均匀，有无裂纹，并观察铅体形状、位置是否正确。

5. 对比观察

对比观察分为同区域对比与同批次电力电缆对比两部分。同区域对比即为发现疑似缺陷后周向旋转被测电力电缆并再次拍摄，根据缺陷点旋转前后位置差估算缺陷点与线芯的相对距离，可初步定为缺陷点所在结构；同批次电力电缆对比即为对同批次电力电缆发现的缺陷进行特征对比，如发现相同特征且出现在电力电缆相同位置的缺陷即可怀疑为家族性缺陷，建议开展大规模同批次电力电缆测试甚至更换。

第二节　宽频阻抗谱检测技术

一、技术简介

宽频阻抗谱检测技术是一种对电力电缆进行无损检测和状态监测的新型电力电缆检测技术，是目前很多破坏性试验方法的最佳替代方案，适用于各电压等级和各种绝缘材料的线缆。

该技术基于传输线理论，通过各种信号频率下复杂、细微的线路阻抗来分析和评估电力电缆的整体绝缘或局部缺陷，可以检测出各种运行条件（温度、湿度、辐射等）造成的绝缘整体或局部老化、机械外力造成的绝缘变形或受损、施工工艺导致的局部缺陷及电力电缆出厂残留的绝缘内部瑕疵，提前预警可能出现故障的位置，防患于未然。系统对于绝缘材料的细小变化灵敏度非常高，选择不同的频带可以测量几十米至上百千米的电缆，应用范围非常广。

检测装置内置强大的数据处理软件，现场测试和结果分析仅需几分钟。集成的电力电缆数据库，可随时保存和查看历史数据。软件自带模拟器，可以模拟出各种负载或缺陷的测试情况。

该检测技术具有以下特性：

（1）全新的电力电缆检测手段，无损检测的技术。

（2）适用于各种绝缘类型和电压等级的电力电缆。

（3）可进行电力电缆绝缘的基准状态扫描、趋势监测或现场检测。

（4）可评估电力电缆整体绝缘的老化，类似于介质损耗 $\tan\delta$。

（5）可辅助判断一个或多个局部缺陷或故障，如局部老化、进水受潮和挤压变形等。

（6）测量范围广，电力电缆长度可从几十米至几百千米。

（7）系统硬件便携，内置可充电电池供电，便于现场使用。

（8）对被测电力电缆试验条件要求低，末端悬空、接地或负载均可测试，不影响结果。

（9）一条电力电缆的测试时间很短，仅需几分钟。

（10）实时分析软件，现场得出结果。

（11）具备模拟仿真功能，理论对比实际。

二、检测原理

宽频阻抗谱检测技术基于传输线理论。

传输线是电气回路中连接发电机和负载的部分，其组成示意图如图 4－3 所示。传输线的特性取决于它本身的长度与其中传播的电信号波长 λ 之间的关系。

$$\lambda = v/f \tag{4-3}$$

式中　λ——电信号波长；

　　v——线路中传播信号的波速；

　　f——交流信号的频率。

当传输线的长度远小于波长 λ 时，即电力电缆长度很短而传输信号频率低时，传输线对于回路的特性没有影响，回路中电源侧的阻抗 Z_{in} 在任何时候都等于负载侧的阻抗。

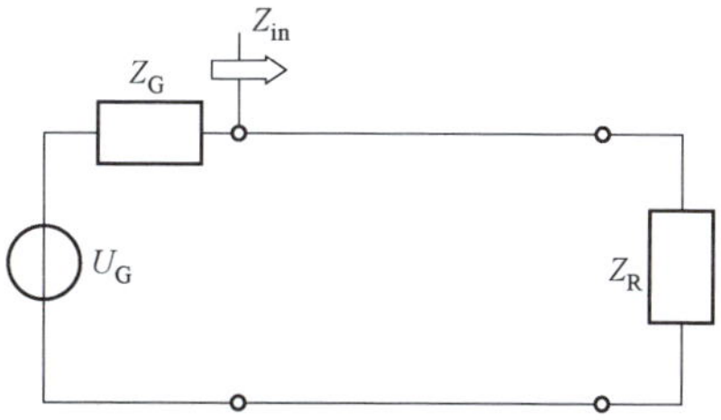

图 4-3　传输线组成示意图

但是，如果传输线的长度 l 足够大时，即 l 远大于λ，传输线的特性就会很重要，电源侧的线路阻抗将不等于负载侧的阻抗，除了个别特殊的情况。

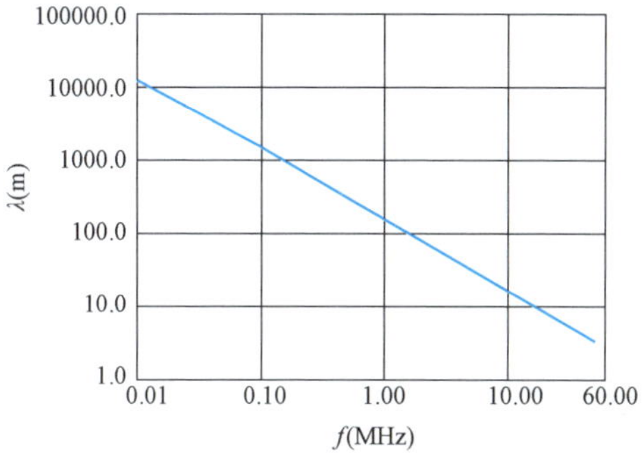

图 4-4　频率和波长的关系

为了清楚传输线中适用的信号频率，图 4-4 显示了一条典型的电力电缆中不同频率下临界的电力电缆长度（当 $l=\lambda$ 时）。

为了研究传输线在高频下的特性，可将电力电缆表示为如图 4-5 所示的等效电路图。

描述电力电缆中电压 U 和电流 I 特性的波微分方程为

$$U(z) = U^{+} e^{-\gamma z} + U^{-} e^{\gamma z}$$

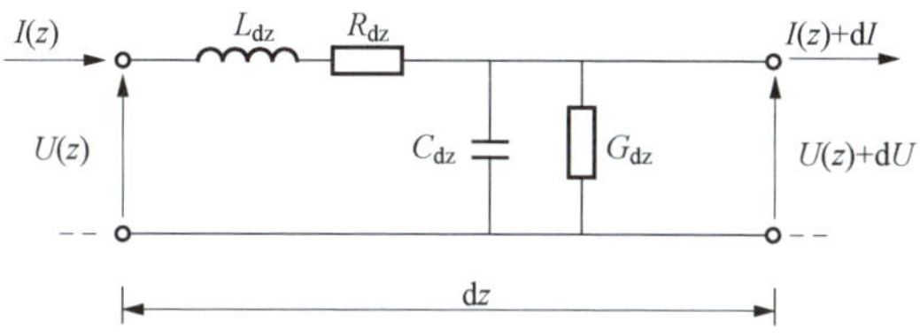

图 4-5　传输线等效电路图

L—单位长度的导体电感（H/m）；R—单位长度的导体电阻（Ω/m）；

G—单位长度的绝缘电导（S/m）；C—单位长度的绝缘电容（F/m）

$$I(z) = 1/Z_0(U^{+} e^{-\gamma z} - U^{-} e^{\gamma z}) \tag{4-4}$$

$$\Omega = \frac{U(\Omega)}{I(\Omega)}$$

式中　U^{+} 和 U^{-}——分别为正向及反射的电压；

Ω——电力电缆的阻抗，当 $Z=0$ 时为电力电缆的输入阻抗，这就是绝缘综合分析系统要评估和分析的电气参数用于评价电力电缆的状态；

γ——传播常数，$\gamma=\sqrt{(R+\mathrm{j}\omega L)(G+\mathrm{j}\omega C)}$；

Z_0——电力电缆的特征阻抗，$Z_0=\sqrt{\dfrac{R+\mathrm{j}\omega L}{G+\mathrm{j}\omega C}}$。

电力电缆输入阻抗在不同频率下的幅值和相位谱图见图 4-6。

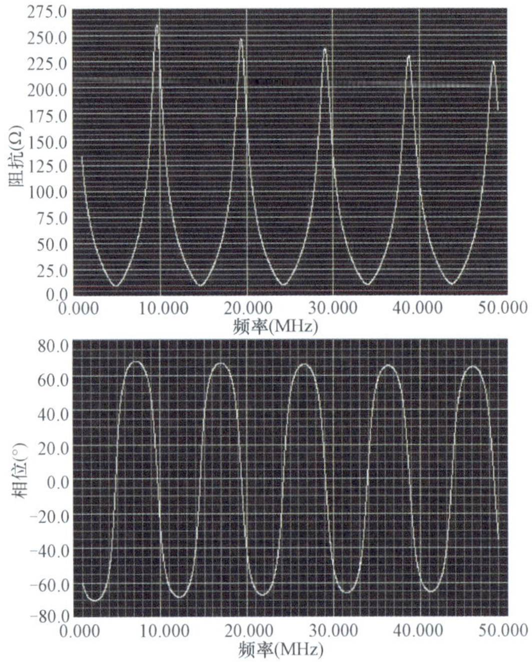

图 4-6　电力电缆输入阻抗在不同频率下的幅值和相位谱图

从图 4-6 可以看出，当阻抗相位角为零时的频率对应了最大或最小的阻抗幅值，称为谐振频率。在任意谐振点的相位角对于电力电缆电气参数的改变非常敏感，也就是说对于电力电缆绝缘的各种老化状态非常敏感。绝缘综合分析系统可以检测任何的相位角偏移并对应出实际的电力电缆绝缘状态。进一步分析输入阻抗，还可以给出关于局部缺陷确定的信息。

三、检测方法

检测系统包含一个基于传输线理论的模拟器，可以模拟出各种负载时交流激励下的电力电缆特性。电力电缆可以由不同的电缆段组成，每一段电力电缆可由 R、L、G、C 这 4 个电气分布式参数的值来确定。

图 4-7 显示了完整的绝缘综合分析系统。其核心技术为 HRP 研发模块，

其他部分为常规的商业化硬件。系统主要组成为：

（1）模拟器。此模块可用于独立使用或者连接至数据分析模块使用。在后者的情形下，此模块将可对 2 个通道的信号进行反傅里叶数学变化，即模块 HRP—TF—002 从被测电力电缆中采集到的信号。

（2）数据分析模块。此模块可以用于实际测试或者模拟器模式。在前者的情形下，从数字存储示波器中获取信号；在后者的情形下，将直接从模拟器模拟的输出获取信号类型。数据分析模块是整个阻抗频谱扫描和分析技术的核心部分，其工作模式可以是离线也可以是实时动态分析。

（3）信号发生器。向电力电缆内输出参考信号。系统提供了电力电缆阻抗相位角偏移和缺陷点探测 2 种状态监测指标，用于评估电力电缆的绝缘状态。

（4）电力电缆阻抗相位角偏移。该指标可以用于整体和局部老化评估。在整体评估时，需要结合一条基准曲线作为参考，或者电力电缆初始状态。为了进行局部缺陷探测，可以同时评估两个指标，当相位角作为缺陷发展的实时早期预警，缺陷点探测可以定量和定位电力电缆中的缺陷。

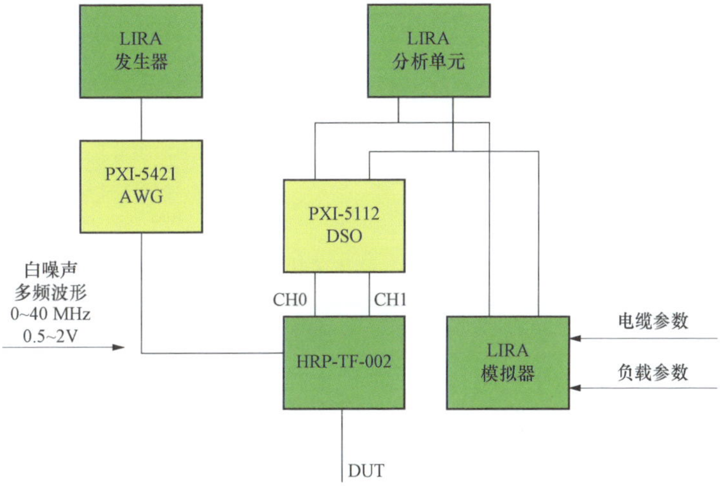

图 4-7　绝缘综合分析系统示意图

现场接线示意图如图 4-8 所示。系统在现场连接至被测电力电缆的线芯和屏蔽，向电力电缆内发射宽频范围内的连续信号，采集获得不同频率下的阻抗频谱，如图 4-9 所示。

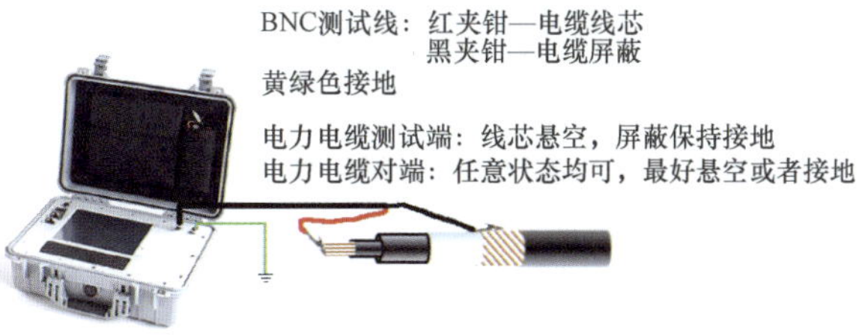

图 4-8　现场接线示意图

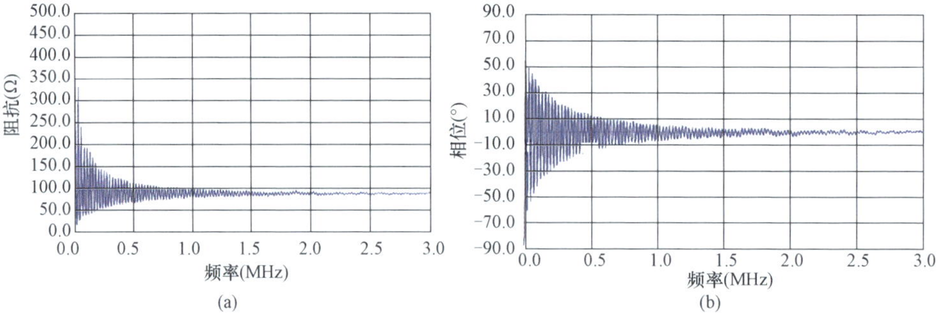

图 4 - 9　阻抗频谱

（a）阻抗幅值频谱；（b）阻抗相位角频谱

经过软件复杂的数学转换，可获得与介损 tanδ 类似的整体老化评估值，如图 4 - 10 所示。

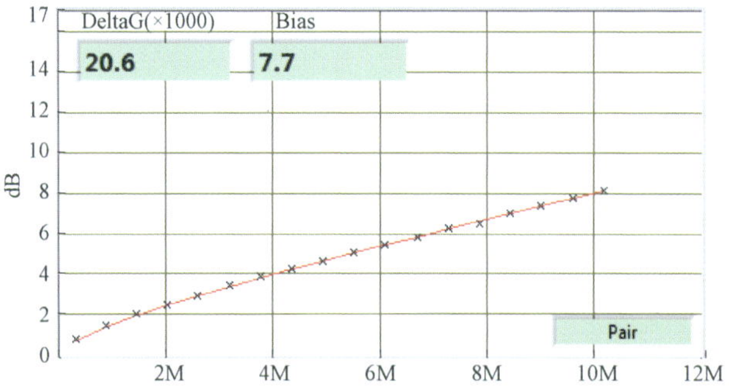

图 4 - 10　整体老化评估

（5）缺陷点探测。系统还可显示绝缘可能存在的缺陷定位图，软件会自动评估出整条线缆上超过平均阻抗变化范围的位置，如图 4 - 11 所示，红色标记位置为可能潜在的内部缺陷位置。

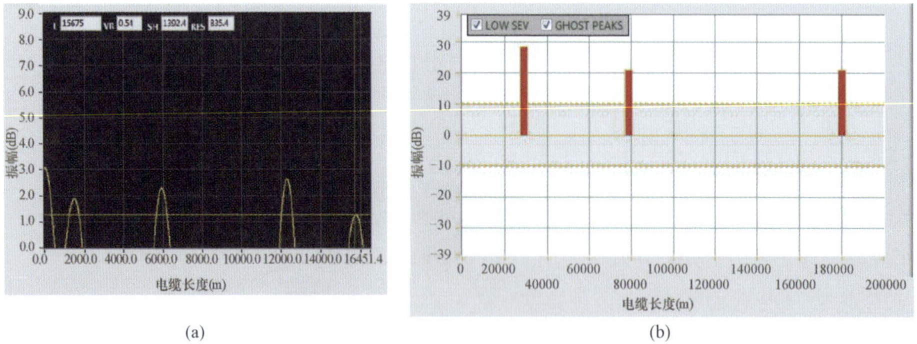

图 4 - 11　局部缺陷评估及定位

（a）缺陷评估；（b）缺陷定位

第三节　铅封涡流探伤技术

一、技术简介

高压电力电缆附件封铅技术是电力电缆连接的关键。在电力电缆制造上，封铅对金属铅护套或铝护套电缆的各种终端头、中间连接有着极重要的密封防水作用，可使电力电缆的金属外护层与其他电气设备连接成良好的接地系统。特别是高压电力电缆各种接头的施工中，封铅技术是个关键的工艺。

封铅质量做得好，可延长电力电缆的使用寿命；反之，将导致潮气侵入，绝缘程度降低，直至造成电力电缆击穿事故。高压电力电缆接头铅封在运行过程中，因地质沉降、机械振动或接头固定不当等原因，电缆接头铅封往往径向受力开裂，导致接头进气、进水等，情况严重时会造成爆炸等断电事故。

据统计，电力电缆本体及附件安装质量缺陷是导致高压电力电缆故障的主要原因；搪铅作为高压电力电缆附件现场安装的关键工艺之一，其安装工艺是否到位直接影响高压电力电缆的安全稳定运行；对于高压电力电缆铅封没有专门的检测方法，附件制作完成后无法直接检测铅封施工质量。目前，对于高压电力电缆铅封状态检测的研究较少，主要是参考护套接地电流，只有铅封完全断裂才有可能被测出，因此具有很大的局限性。

通过涡流检测技术的应用，可有效对电力电缆附件铅封进行状态评估，提高对电力电缆附件铅封状态质量、健康水平的管理。增添了一种对高压电力电缆附件封铅状态进行有效检测的技术手段，配合电缆线路局部放电检测、金属护层接地电流检测等系列技术，为高压电力电缆运维提供更有效的保证措施，从而降低封铅开裂造成断电的事故率，保障电网安全运行，提高供电可靠性。

该检测技术具有以下特性：

（1）为无损检测方法，对于表面及近表面缺陷有较高的灵敏度，涡流检测速度极快。

（2）电磁传播不需要介质，所以不需要耦合剂，有一定的提离高度可以实现检测的非接触式检测。

（3）特别适用于导体材料的表面或亚表面检测。

（4）可以适用于各种环境及狭小空间内的导体表面检测。

二、检测原理

（一）基本原理

涡流检测是涡流效应的一项重要应用。当载有交变电流的检测线圈靠近导电试件时，由于线圈磁场的作用，试件会感生出涡流。涡流的大小、相位及流动性是受到试件导电性能等的影响，而涡流的反作用又使检测线圈的阻抗发生变化。因此，通过测定检测线圈阻抗的变化（或线圈上感应电压的变化），就可以得到被检材料有无缺陷的结论。

因为线圈交变电流（又称一次电流）激励的磁场是交变的，那么涡流也是交变的。同样，这个交变的涡流会在周围空间形成交变磁场并在线圈中感应电动势。这样，线圈中的磁场就是一次电流和涡流共同感生的合成磁场。假定一次电流的振幅不变，线圈和金属工件之间的距离也保持不变，那么涡流和涡流磁场的强度和分布就由金属工件的材质所决定。也就是说，合成磁场中包含了金属工件的电导率、磁导率、裂纹缺陷等信息。因此，只要从线圈中检测出有关信息，如从电导率的差别就能得到纯金属的杂质含量、时效铝合金的热处理状态等信息，这是利用涡流方法检测金属或合金材质的基本原理。涡流检测原理示意图如图 4-12 所示。

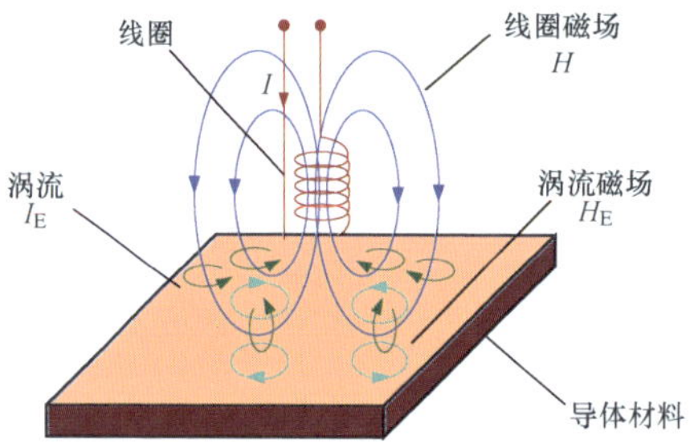

图 4-12　涡流检测原理示意图

将激励电流信号 I 加到探头线圈，当探头接近导体材料时，线圈周围的交变磁场 H 在导体材料表面产生电涡流 I_E，电涡流也会产生一个磁场 H_E。H_E的方向与 H 方向相反，在磁场 H_E的作用下，探头线圈中电流大小和相位都将发生变化，这些变化与电涡流强度，被测体的导电率、磁导率、几何尺寸，激励电流、电流频率及探头线圈与被测体之间的距离等有关。因此在探头参数不变的情况下，可用探头线圈阻抗、电压或周围磁场的变化来反映被测体的信息。

根据电涡流检测原理，被测导体可看作为短路线圈。由变压器原理，将检测线圈视为初级线圈，被检对象视为次级线圈，即可得到电涡流传感器的等效电路，如图 4-13 所示。

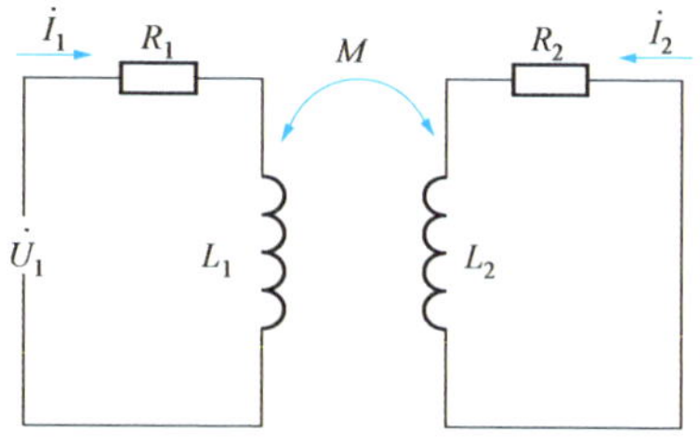

图 4-13　电涡流传感器的等效电路

计算得到检测线圈的等效电阻和等效电感。因此，涡流检测可以通过检测初级线圈（检测线圈）阻抗 Z 的变化来推断次级线圈（被测导体）的阻抗是否发生变化。

综合关系函数为：

$$Z=\sim(k,\mu,\sigma,I,f,l) \quad (4-5)$$

式中　k——金属导体非连续度；

μ——磁导率；

σ——电导率；

I——线圈的电流强度；

f——频率；

l——探头与被测导体间的距离。

当注入探头线圈电流信号、被测导体电磁特性参数及检测距离不变时，探头线圈的阻抗 Z 就成为被测导体非连续度的单值函数，导体的非连续度会影响涡流的流动，使阻抗平面图中涡流信号矢量点发生移动，故通过检测探头线圈的阻抗 Z 就可以实现对被测体非连续度的检测，发现裂纹、孔洞和划伤等缺陷。

（二）影响涡流检测的要素

（1）试件的材料。影响涡流检测的第一个要素是试件一定要能导电，非导电体就无法用涡流进行检测。电导指的是试件传导电流的能力。与之相反，电阻是试件阻碍电流流动的能力。因而，高的电导就相当于低的电阻。从上述定义可知，试件的电导率将直接影响涡流的流动。

对于相同的试件，化学成分、电导率等都是固定的，因而在一般情况下，涡流按小圆环流动；但如果在涡流流动的路径上有一条裂纹或一个凹坑等缺陷，涡流的流动就会受到影响，涡流在缺陷附近将发生畸变，这畸变的涡流将产生畸变的涡流磁场，而被检测线圈接收到，所以可用涡流来检测试件中的缺陷。

（2）检测线圈和检测仪器。如何在试件周围建立激励磁场和如何检测试件中涡流磁场的变化，这两个功能都是由检测线圈来完成的。当然，只有探头也不行，还应该同时具有涡流检测仪器。因而影响涡流检测的第二个要素是检测线圈和检测仪器。

涡流检测的线圈起到向试件输送激励磁场和接收涡流畸变信息的作用。试件中产生的涡流，起到抵消激励线圈中电流的作用，因而涡流的方向与激励电流方向相反。而涡流又会形成自己的磁场，这个磁场又会在激励线圈中产生感应电流，这个感应电流与涡流方向相反，所以与激励电流方向相同。这就是说，涡流的反作用是使激励线圈中电流增加。如果涡流发生变化，这个反作用电流也会变化，从这个变化着的反作用电流中，可以得到试件性能的信息。

（3）检测线圈与试件的间距。距离以及它们的相对运动，将会直接影响涡流检测的灵敏度。

（4）检测的机械传动。在很多场景下，涡流检测大多放在生产线上，形成流水自动检测线，所以机械传动装置的性能包括同心度、直度、振动、速度稳定性能等，都会影响涡流检测的好坏。

（5）检测标准样块。涡流检测是一种相对的检测，它的检测要求有一个标准样块（如标准伤、标准厚度等）作为比较，所以检测中的标准伤的形状和尺寸，测厚中的标准厚度的精度等都会影响涡流检测的好坏。

（三）涡流检测仪的组成

不同的涡流检测仪是根据不同的检测目的和应用不同的方法抑制干扰因素、拾取有用信息的电子仪。随着用途的不同、检测线圈的不同及提取影响检测线圈阻抗的各种因素的方法不同等，研制出了不同类型的涡流检测仪。但大多数涡流检测系统必须具有如下功能：①激励检测线圈。②用被检工件来调制检测线圈的输出信号。③在放大以前对检测线圈的信号进行处理。④将信号放大。⑤对信号做检波和解调及分析等。⑥信号的显示和记录。

涡流检测仪一般由振荡器、探头（检测线圈及其装配件）、信号输出电路、放大器、处理器、显示器、记录仪和电源等几部分组成，涡流检测仪组成示意图如图 4-14 所示。其工作原理示意图如图 4-15 所示。

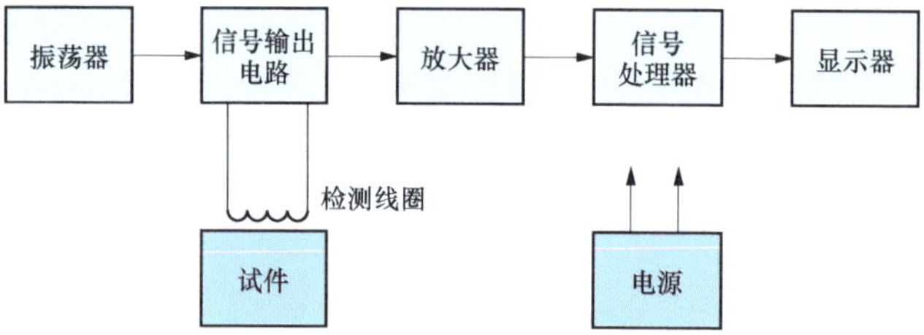

图 4-14　涡流检测仪组成示意图

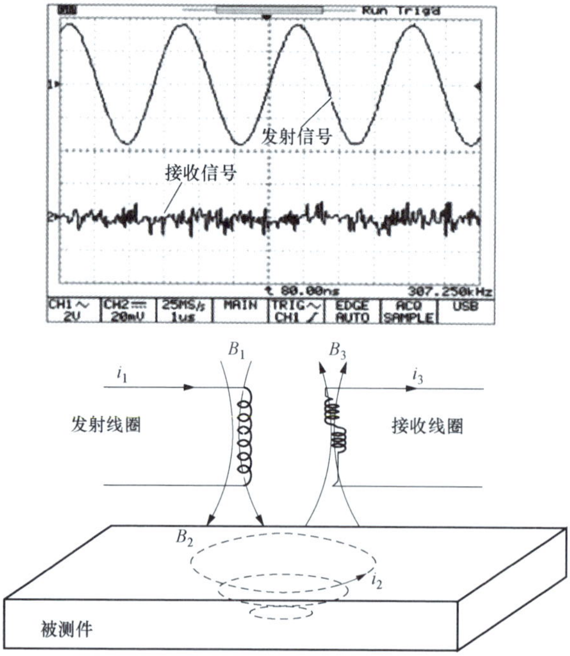

图 4-15　涡流检测仪工作原理示意图

振荡器的作用是给电桥电路提供电源，当作为电桥桥臂的检测线圈移动到有缺陷的部位时，电桥输出信号，信号经放大后输入检波器进行相位分析，再经滤波和幅度分析后，送到显示和记录装置。

当给发射线圈施加一个交变电流为 i_1 的激励信号时，在发射线圈周围会产生一个交变磁场 B_1，这个场称为一次场。如果把发射线圈靠近被测导体试件，B_1 会在导体试件内感应出一个涡流信号 i_2，同样 i_2 也会在周围产生一个交变磁场 B_2，这个场称为二次场。

根据楞次定律，B_2 会阻碍一次场 B_1 的变化并使 B_1 减弱，两个磁场在空间形成一个叠加磁场，被测试件越厚，衰减量越大。B_2 在接收线圈产生感应电压，由于接收线圈垂直安装，靠近被测试件感应最强，引起两个线圈感应电压不平衡，从而得到一个电涡流接收信号，通过对涡流信号的滤波及相位分析和放大处理后再做出判断。

三、 检测方法

不同型号涡流检测仪的操作步骤虽然各不相同，但是操作步骤大致可归纳如下。

（一）检测前的准备工作

1. 设备选型

根据试件的性质、形状、尺寸及欲检出的缺陷种类和大小选择检测方法及设备。

2. 预处理

对被探件进行预处理。

3. 对比试样制备

对比试样是按照一定要求制作的具有人工缺陷的标准试样。用来设定（或调整）检测装置的灵敏度，确定检测仪上各旋钮的位置，或者用来定时校核检测装置的灵敏度，使其维持在规定的电平上。另外，还用作判废标准。但是对比试样上人工缺陷的大小不表示检测仪可能检出的最小缺陷，所能检测到的最小缺陷能力取决于检测装置的综合灵敏度。

一般对比试样的人工缺陷为两种，即穿过管壁并垂直于钢管表面的孔和平行于钢管纵轴且侧边平行的槽口。对比试样上人工缺陷的位置、尺寸和加工要求，应满足相应的标准或其他技术文件的要求。

4. 预运行

对检测装置进行预运行。

（二）确定检测规范

1. 选择检测频率

检测频率与缺陷检出灵敏度有很大的关系，直接影响到试件上涡流的大小、分布和相位。一般是根据透入深度及缺陷的阻抗变化来选择。

2. 调整磁饱和程度

在探测铁磁性材料的试件时，由于试件磁导率的不均匀会引起噪声，影响检测结果。为了减小磁导率不均匀性的影响，应使被检部位置于直流磁场中，达到磁饱和状态的 80％左右。

3. 调整相位

装有移相器的检测仪，要调整其相位角使对比试样上的人工缺陷能够最明显地探测出来，而缺陷以外的杂乱信号应尽可能地排除掉。同时，相位的选择也应考虑到使缺陷的种类和位置尽可能地区分开。

4. 确定滤波器频率

一般说来，由试件表面缺陷产生的信号频率是高频成分，且受缺陷大小、传送速度的影响。而试件尺寸、材质变化和传送振动所产生的干扰信号是低频。外来噪声及仪器本身的频率则更高。

5. 调整幅度鉴别器

振幅小的干扰信号可以通过幅度鉴别器消除，其调整应在相位、滤波器频率调定后进行。

6. 调节平衡电路

桥路的平衡调整是指将没有缺陷的对比试样，通过检测线圈把桥路的输出调节到零。调节时仪器灵敏度应处在最低位置上，依次反复调节两个平衡旋钮直到指示器或阴极射线管的输出等于零，然后逐步提高仪器灵敏度，再依次反复地调节这两个旋钮，直至到达所规定的灵敏度为止。

7. 调节灵敏度

灵敏度调节是指将对比试样上人工缺陷信号的大小调节到所规定的电平。仪器灵敏度的选择一般是将规定的人工缺陷在记录仪上的指示高度调整到记录仪满刻度的 50％～60％，在调节灵敏度之前，必须先确定试件传送速度、磁饱和装置的磁化电流、检测频率和振荡器的输出，并且在相位、滤波器频率、幅度鉴别器的调节完成后进行。

（三）试品检测，记录数据及图像

在选定的检测规范下进行检测，应尽量保持固定的传送速度，同时使线圈与试件的距离保持不变。检测完毕后，用对比试样校验仪器，并记录数据及图像。

（四）检测结果分析

根据仪器的指示和记录器、报警器、缺陷标记器指示出来的缺陷，判断检测结果。如果对所得到的检测结果产生疑点时，则应进行重新检测或试验等方法加以验证。

（五）现场恢复

清理现场，结束工作，恢复设备到试验前状态。

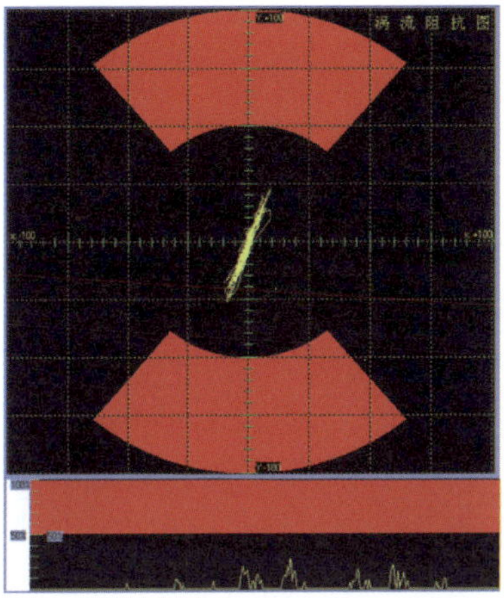

图 4-16　铅封正常的涡流阻抗波形

（六）编写检测报告

将检测条件、检测结果、人工缺陷级别和形状等编制成检测报告。

（七）典型谱图对比

（1）无缺陷状态下，信号谱图相位没有发生偏移，幅值也没有突变，幅值、相位均在一定范围内。铅封正常的涡流阻抗波形如图 4-16 所示。

（2）有缺陷状态下，幅值、相位明显突变，信号谱图呈“8”字回线。铅封开裂波形如图 4-17 所示。

（3）铅封开裂越严重时，“8”字回线越明显，信号强度越大，越易于分辨。铅封开裂严重波形如图 4-18 所示。

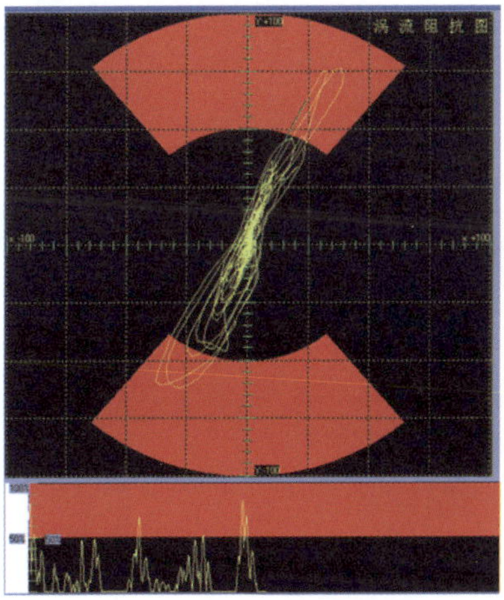

图 4-17　铅封开裂波形

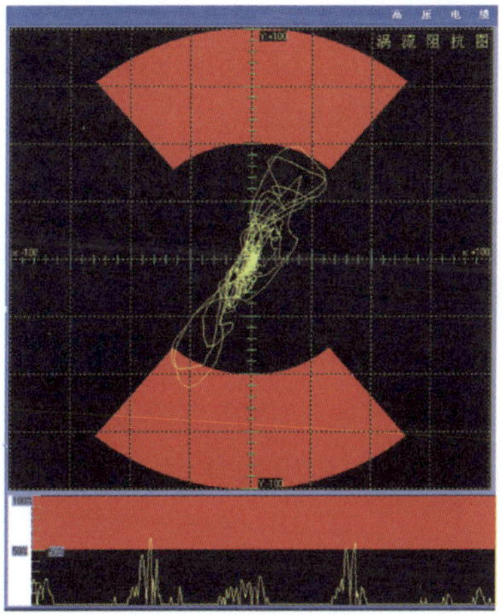

图 4-18　铅封开裂严重波形

易引起电力电缆铅封缺陷的地点主要有电缆桥架易沉降处、电缆通道施工频繁地段、沿海堤坝沉降区域及温度异常发生过检修的电缆终端等。检测中在缺陷状态下，涡流探伤谱图的幅值、相位和“8”字回线差异明显，易于识别。铅封开裂缺陷越严重，检测信号强度越大。高压电力电缆运行时，电磁干扰不会影响探伤检测结果，可以进行带电检测。涡流技术可有效检测铅封附件开裂、孔洞等缺陷。

第四节 多参量检测技术

一、技术简介

电缆设备在设计、制造、安装和运行维护过程中可能会受工艺限制、处理不当等影响而产生不同程度的缺陷或隐患，加上雷电过电压、污秽、绝缘薄弱等外部原因，容易引发设备故障，表现为外绝缘对地闪络击穿、内绝缘对地闪络击穿、相间绝缘闪络击穿、套管闪络击穿等。

多参量的电力电缆检测技术，可真正实现各类检测技术在电力电缆带电检测装备上的一体化，针对性地配置丰富的检测手段，主要包括超声波局部放电、高频局部放电、特高频局部放电、红外检测、护层接地电流和负荷检测等。同时可以关联设备信息和检测信息，比如终端模块可通过读取 RFID 电子标签或手动方式录入设备名称和检测人员等信息后，将检测结果与设备基本信息相关联，能够通过安全网络通信，实现与综合管理平台和现场移动作业终端实时通信，完成检测数据传输、巡检任务命令下达等功能。电力电缆多参量智能诊断系统能实现使用同一检测装置对电力电缆开展多参量的综合检测，可减少现场检测人员的负担，不同的检测结果在同一套检测装置内互相支撑，综合分析，能够进行设备健康状况的初步判断。

二、检测原理

（1）CPU 主频为 1GHz，具有足够的数据处理性能。

（2）使用 Linux 开放式操作系统，开发丰富检测装备应用程序，实现现场局部放电检测设备的云终端和现场智能辅助功能。

（3）屏幕 4.3 寸大屏显示，具有 480×854 分辨率，可提供优质的使用体验。

（4）自动记录检测位置卫星定位信息（隧道内无信号时记录位置进、出井位置信息），并与检测数据关联。

（5）开发电力电缆多状态量检测数据分析模块，具备多状态量检测数据的综合分析处理、智能诊断，辅助决策。

（6）装置通过 4G/5G 与电网企业安全网络通信，将检测数据送至电网企业现有电力电缆精益化管理系统。能够与电网企业现有电力电缆巡检 App 终端通信，将数据送至电力电缆巡检 App，辅助完成 App 内下发的巡检任务。

（7）自动化引导式巡检任务，手持终端选入相关检测选项时，显示测试导引界面。如指示提示需要测试的类型、具体测试部位等，按导引完成测试类型和测试部位的选择后，开始进行检测。

（8）各检测模块和主机之间采用 2.4GHz 无线射频及 Wi - Fi 等方式进行通信，降低主机体积、质量，方便现场移动作业。

(9) 检测数据就地分析模块，检测后自动在手持终端内进行多参量的综合初步分析判断。

(10) 采用通用 Type—C 充电接口，高耗能的红外检测模块的电池可更换。

(11) 采用操作便捷的检测传感器，模块化设计，即取即用，零技术门槛。

电力电缆多参量智能诊断系统工作原理示意图见图 4-19。

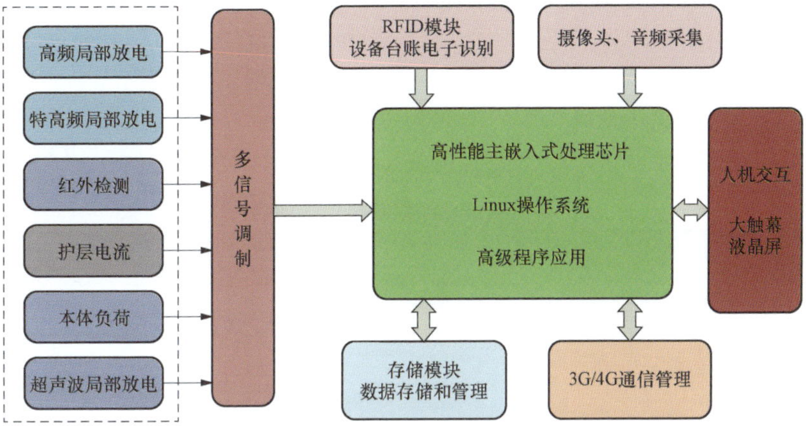

图 4-19 电缆多参量智能诊断系统工作原理示意图

三、 检测方法

电力电缆多参量智能诊断装置根据检测得到的高频局部放电、特高频局部放电、超声波局部放电、护层环流、负荷电流、红外测温和外观等，结合电力电缆设备的基础信息，如投运时间、结构型号、运行环境等，在现有电缆设备运行状态异常的判别标准基础上，综合多项检测结果，对电缆设备的运行工况进行全面评价。

(一) 温度检测

电力电缆的主绝缘性能受运行温度影响很大，如果电力电缆长期运行在允许温度以上将会导致其寿命降低。电力电缆的温度可能是故障或者绝缘劣化的前兆，局部温度极大值下，电力电缆载流能力下降，绝缘损坏可能性增加，甚至会导致火灾，因此电缆线芯温度是电力电缆运行状态的重要指标。

(二) 局部放电检测

局部放电是发生在局部的放电，主要参数是局部放电量，单位是库仑，它是评价 XLPE 电缆绝缘状况的重要方法之一。当电力电缆绝缘老化由杂质、毛刺等缺陷引起时，在电场、热、化学、机械等作用下形成局部放电，依据局部放电量的大小对绝缘进行评价。当树枝引发初期，局部放电量很小，大约为 0.1pC，当发展到击穿临界状态时，局部放电量可到 1000pC。

（三）护层接地电流检测

高压电力电缆投入运行后，其金属护层中存在接地电流。接地电流主要包括电容电流、电导电流和感应接地电流。电导电流幅值非常小，可以忽略不计，而一般情况下电容电流很小。当电力电缆金属护层受损、存在接地缺陷或故障发生等情况时，金属护层的接地回路中将产生感应接地电流，可作为高压电力电缆护层及接地等故障的状态依据。

（四）负荷电流检测

电缆线路不允许过载运行，负荷情况直接影响着电力电缆本体运行温度，而绝缘材料温度升高会加速电力电缆绝缘老化并最终造成绝缘击穿，所以及时掌握电缆线路的实际现场负荷情况尤为重要。

电力电缆及通道缺陷评价内容见表 4 - 1。

表 4 - 1　　电力电缆及通道缺陷评价内容

序号	评价内容
1	接地电流绝对值不小于 100A，且不大于 200A
2	接地电流与负荷比值不小于 20%，且不大于 50%
3	单相接地电流最大值/最小值不小于 3，且不大于 5
4	接地电流绝对值大于 200A
5	接地电流与负荷比值大于 50%
6	单相接地电流最大值/最小值大于 5
7	外部金属连接部位，相间温差超过 6～10K
8	外部金属连接部位，相间超过 10K
9	终端本体相间温差超过 2K，小于 4K
10	终端本体相间温差超过 4K
11	超声波检测，存在放电信号
12	高频局部放电检测，存在典型局部放电谱图
13	特高频局部放电检测，存在典型局部放电谱图
14	电力电缆外护套破损
15	电力电缆连接金具断裂、锈蚀
16	电力电缆环氧套破损、尾管内进潮、开裂等
17	投运年限
18	敷设方式：隧道、管井、直埋

第五节　装备校验和实训平台

一、 平台简介

高压电力电缆局部放电检测装备校验和实训平台，可实现高压电缆线路六类局部放电信号及五类典型电磁干扰信号的模拟及混合，通过电容耦合或电磁耦合方式注入模拟试验电缆线路，信号组成类型、输出模式及幅值均可远程控制及自主调整，可实现在电缆系统不带电运行条件下的局部放电及干扰信号模拟，降低高电压激励人工缺陷产生局部放电的不可控性与危险性，大幅优化了该类试验的经济性及执行效率。

二、 平台搭建

（一）局部放电与干扰信号模拟装置

高压电力电缆局部放电信号模拟装置系统由高压电力电缆局部放电信号模拟装置（含局部放电模拟考评设置端、干扰模拟考评设置端）、大容量供电单元、手持式终端、培训软件、辅助配件（含注入单元、注入组件、信号缆、供电缆、连接夹具）等组成。其中局部放电信号采用精密电子设备来输出，单次放电量幅值稳定、重复率好，且放电频度、放电相位、放电时间间隔、放电量挡位皆可灵活调整。外部干扰模拟信号也采用精密电子设备输出，可模拟旋转电机、接触不良、电力电子器件、电网白噪声和表面电晕五类现场典型干扰信号。通过灵活变换局部放电信号注入位置，可模拟发生在电力电缆本体、电缆接头或电缆终端的局部放电活动，同时可根据需要叠加注入外部干扰信号，最终实现在不施加高压电的条件下等效模拟实际在运电缆线路的内部、表面及外部放电/干扰信号的产生及传播现象，并支持手持式终端远程控制、查看和实操训练题目设置及管理。局部放电与干扰信号模拟装置及其接线图如图 4 - 20 所示。其主要性能参数见表 4 - 2。该模拟装置可以分别模拟出六种典型局部放电信号（绝缘内部气隙放电、接触高压导体的绝缘气隙放电、绝缘内部金属杂质放电、高压导体表面金属颗粒跳动放电、绝缘外半导电层开裂放电、绝缘内部电树枝放电）和五种脉冲干扰信号（电力电子器件随机干扰、高电位尖端电晕放电、地电位尖端电晕放电、接触不良随机干扰、旋转电机随机干扰）。因此，利用该模拟装置可以向电力电缆中注入 30 种不同类型的局部放电与脉冲干扰的混合信号，见表 4 - 3。

表 4 - 2　　局部放电与干扰信号模拟装置主要性能参数

序号	参数类别	参数
1	放电量输出范围	1～5000pC

续表

序号	参数类别	参数
2	放电脉冲输出密度	0～200pps
3	放电脉冲簇团初始相位	0°～360°
4	参考相位信号频率	50Hz
5	典型内部放电谱图类型	11 种
6	典型外部干扰类型	5 种
7	操作方式	本地面板操控/远程无线操控
8	训练题库管理容量	不小于 100 题
9	无线通信方式	Wi - Fi
10	有效通信距离	空旷时 300m；有障碍时 30～50m
11	供电方式	内置电池不小于 12V DC@40Ah
12	连续工作时长	连续使用不小于 4h
13	环境适应性	符合 GB/T 16935《低压系统内设备的绝缘配合》系列标准
14	电磁兼容性	符合 GB/T 17626《电磁兼容　试验和测量技术》系列标准
15	外壳防护性能	满足 IP 65

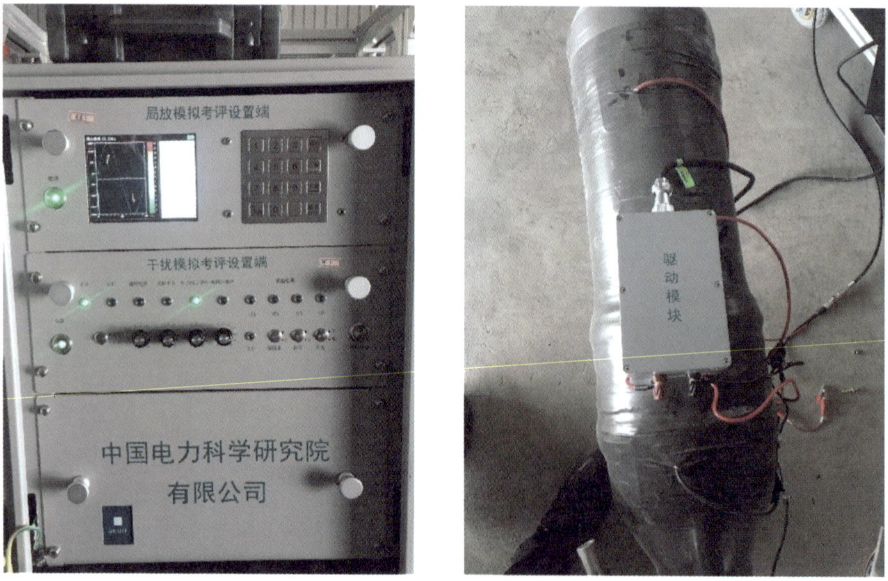

(a)　　(b)

图 4 - 20　局部放电与干扰信号模拟装置及其接线图

(a) 局部放电与干扰信号模拟装置；(b) 信号模拟装置接线图

表 4-3　　模拟装置局部放电与脉冲干扰混合信号

局部放电类型	脉冲干扰类型
绝缘内部气隙放电	电力电子器件随机干扰
	高电位尖端电晕放电
	地电位尖端电晕放电
	接触不良随机干扰
	旋转电机随机干扰
接触高压导体的绝缘气隙放电	电力电子器件随机干扰
	高电位尖端电晕放电
	地电位尖端电晕放电
	接触不良随机干扰
	旋转电机随机干扰
绝缘内部金属杂质放电	电力电子器件随机干扰
	高电位尖端电晕放电
	地电位尖端电晕放电
	接触不良随机干扰
	旋转电机随机干扰
高压导体表面金属颗粒跳动放电	电力电子器件随机干扰
	高电位尖端电晕放电
	地电位尖端电晕放电
	接触不良随机干扰
	旋转电机随机干扰
绝缘外半导电层开裂放电	电力电子器件随机干扰
	高电位尖端电晕放电
	地电位尖端电晕放电
	接触不良随机干扰
	旋转电机随机干扰
绝缘内部电树枝放电	电力电子器件随机干扰
	高电位尖端电晕放电
	地电位尖端电晕放电
	接触不良随机干扰
	旋转电机随机干扰

该模拟装置分为以下几个部件：①局部放电模拟考评设置端。②干扰模拟考评设置端。③供电单元。④其他辅助部件等。

该模拟装置相关部件外观及界面如图 4-21～图 4-24 所示；局部放电模拟信号典型谱图如表 4-4 所示；有关软件界面分别如图 4-25、图 4-26 所示。

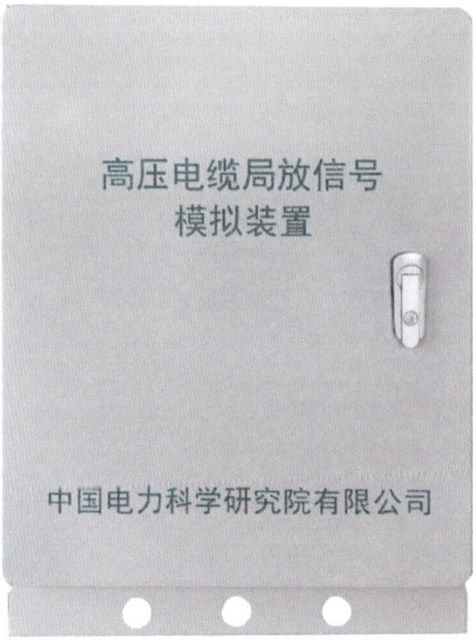

图 4 - 21　高压电缆局部放电信号模拟装置外观

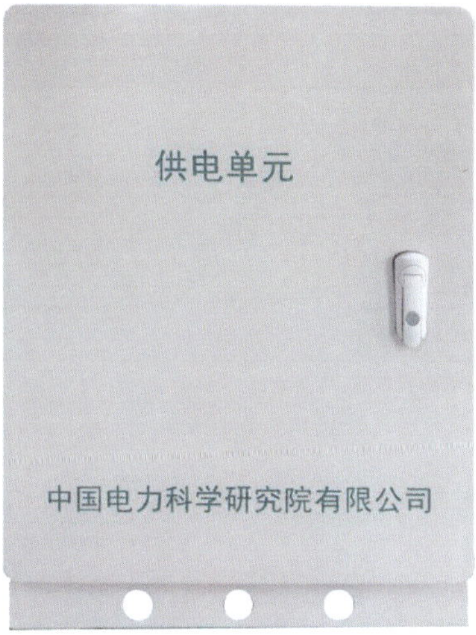

图 4 - 22　供电单元外观

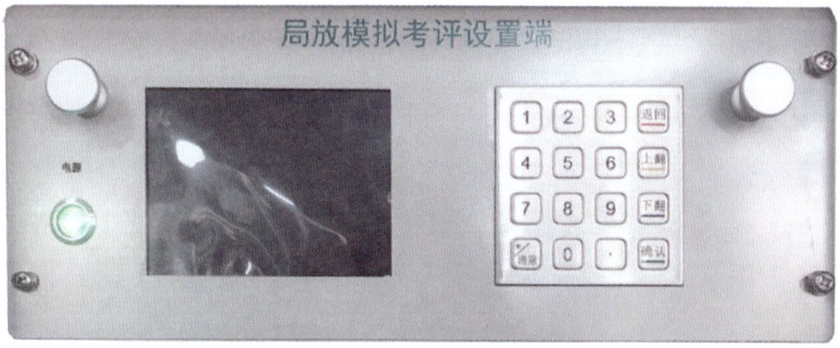

(a)

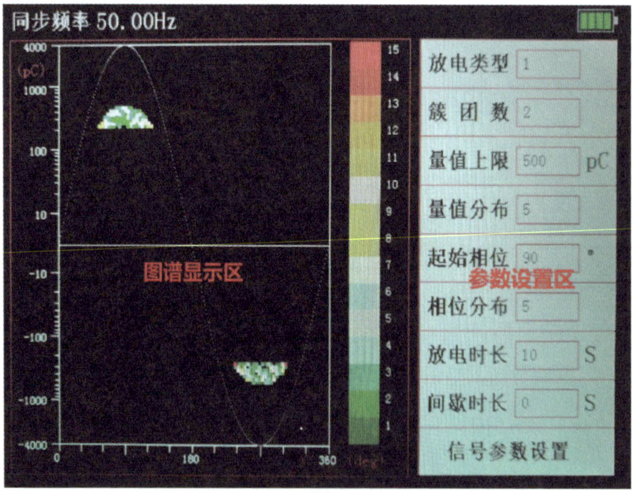

(b)

图 4 - 23　局部放电模拟考评设置端

(a) 外观；(b) 界面

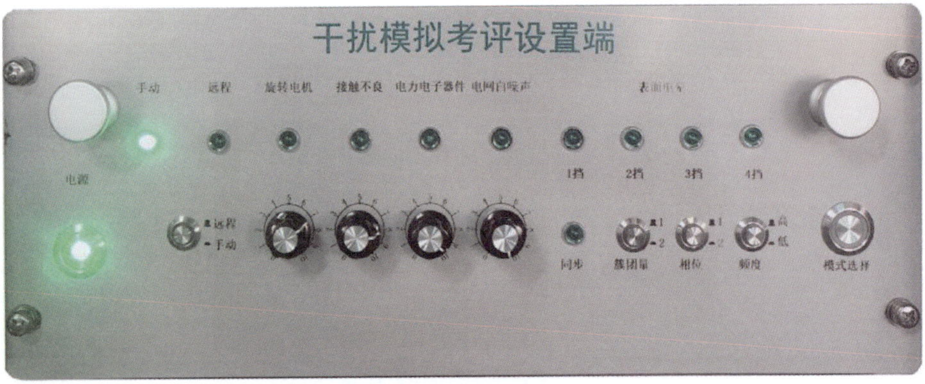

图 4-24　干扰模拟考评设置端外观

表 4-4　　　　　　　　局部放电模拟信号典型谱图

序号	放电类型	典型谱图
1	类型 1	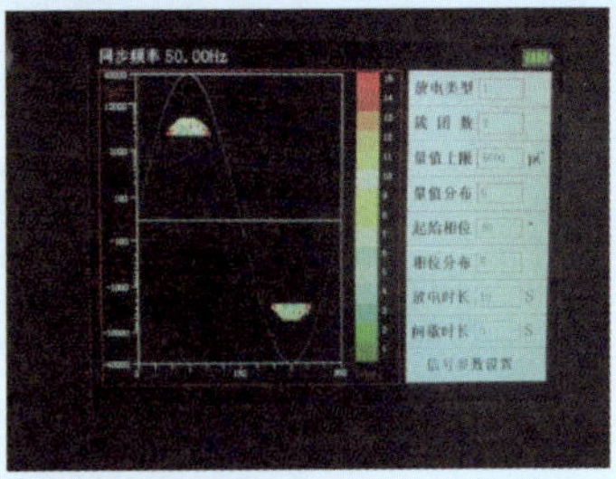
2	类型 2	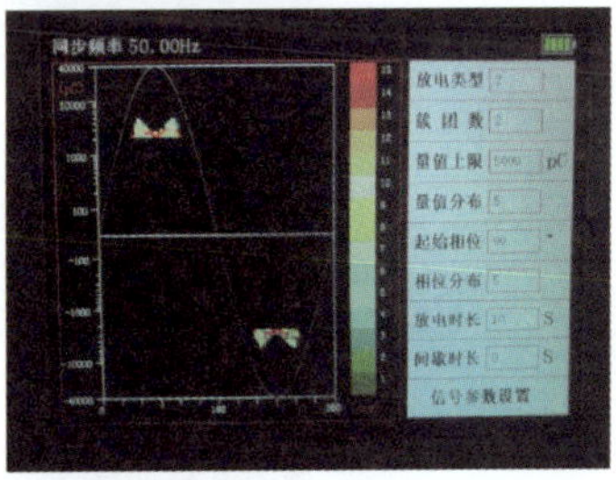
3	类型 3	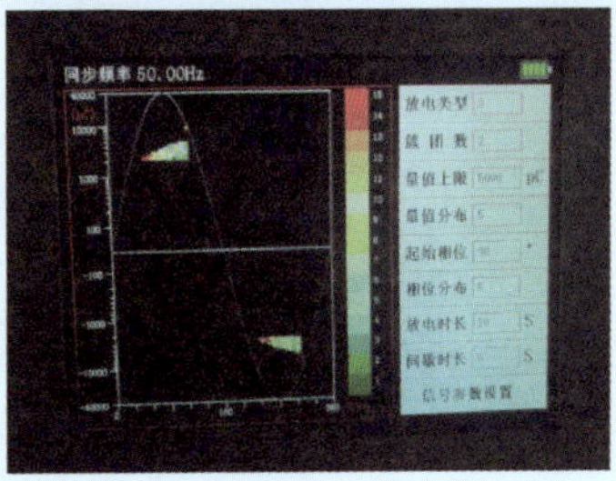

序号	放电类型	典型谱图
4	类型 4	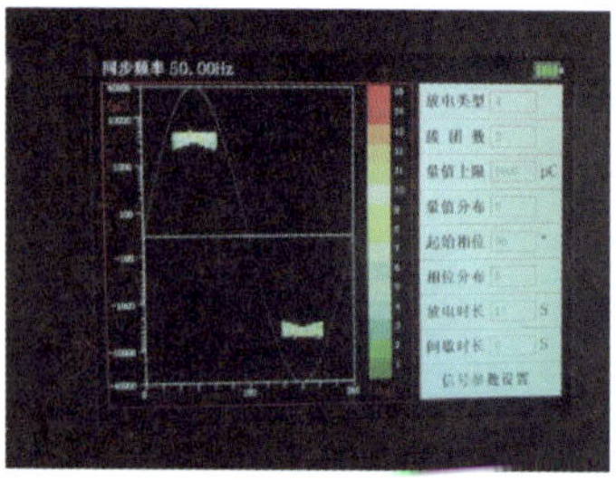
5	类型 5	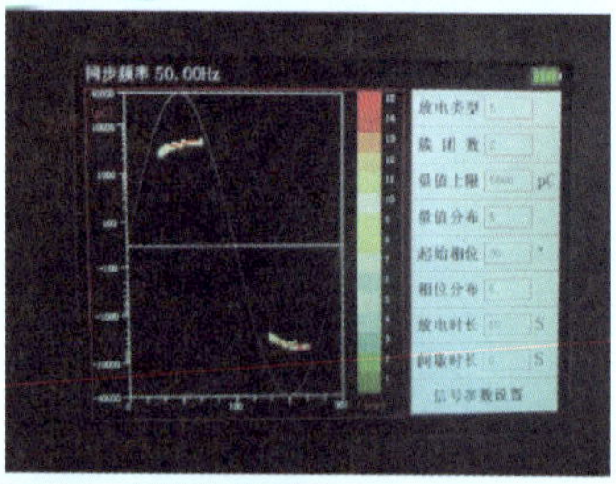
6	类型 6	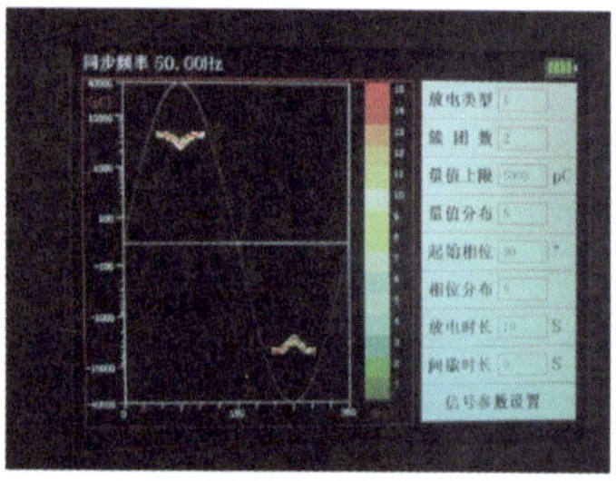
7	类型 7	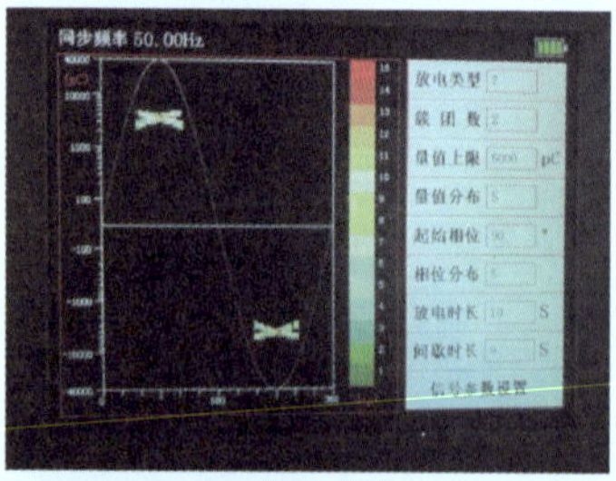
8	类型 8	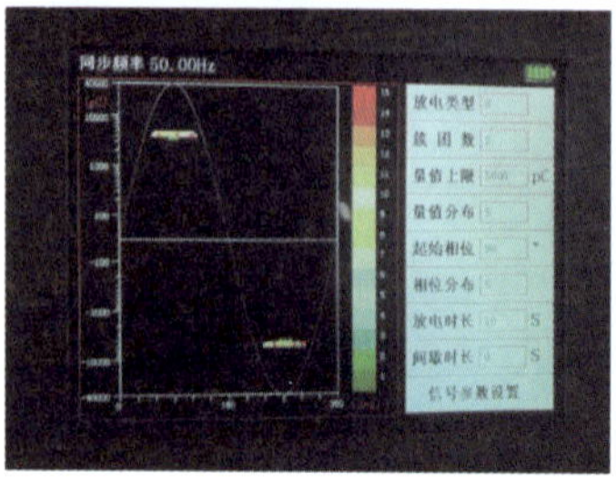

序号	放电类型	典型谱图
9	类型 9	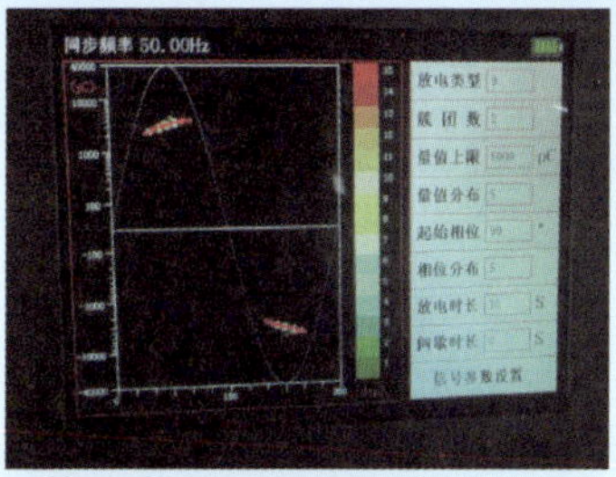
10	类型 10	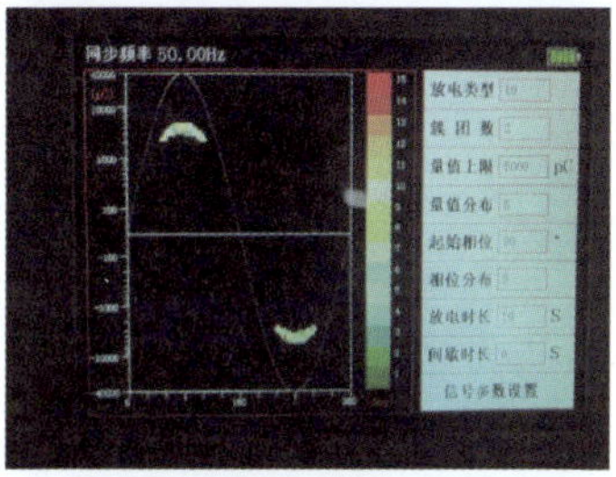
11	类型 11	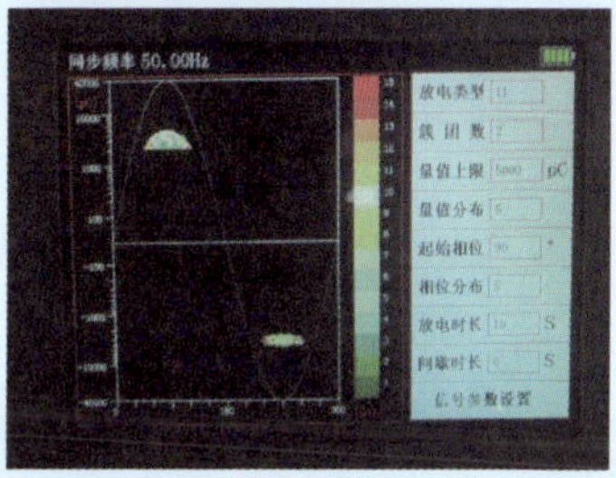

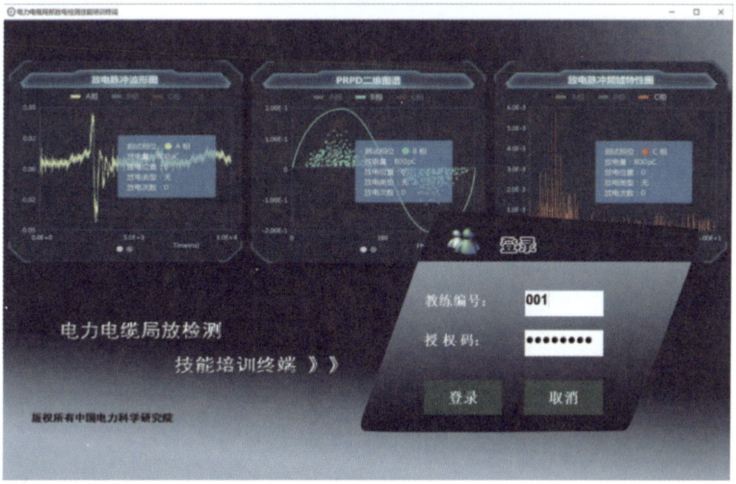

(a)

图 4-25　局部放电模拟装置远程控制系统界面（一）

(a) 界面一

（b）

图 4-25　局部放电模拟装置远程控制系统界面（二）

（b）界面二

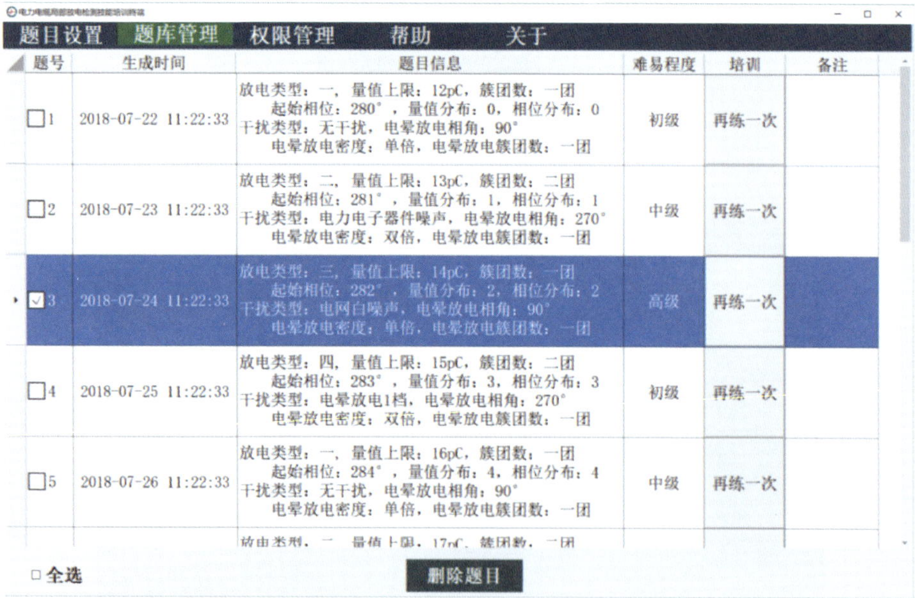

（a）

图 4-26　培训题库界面（一）

（a）界面一

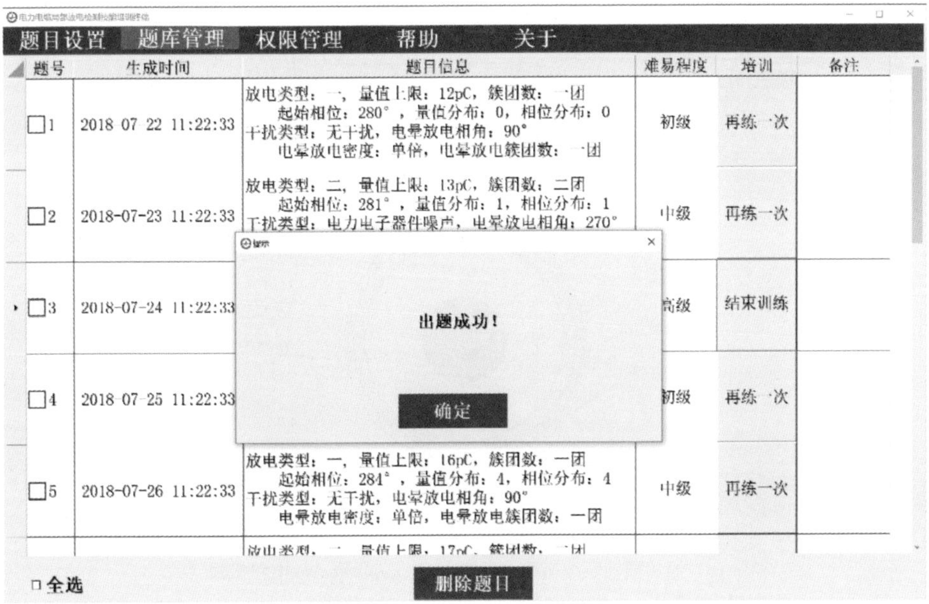

(b)

图 4-26　培训题库界面（二）

(b) 界面二

（二）模拟试验平台构建方案

研究局部放电检测校验模拟平台的主要目的就是为了在低成本、小体积模型上能够灵活、精确地模拟实际运行电缆线路的局部放电现象，并以此实现对各类局部放电检测方法和校验方法的评估与分析。因此，本节重点讨论分析有关模型对于电缆线路局部放电现象与过程模拟的有效性。

1. 电缆线路模型

根据高压、超高压交联聚乙烯电缆的一般结构特点，为了便于实验室内的安装、调试与试验需求，本节采用波阻抗为 75Ω 的通信用同轴电缆对交联聚乙烯电缆进行模拟。通信电缆与交联聚乙烯电缆结构示意图分别如图 4-27 所示。

根据对通信电缆的调研，交联聚乙烯电缆的模拟拟采用 RG-59 通信同轴电缆。选用该型号电缆的最基本也是最重要的理由是，这种同轴电缆大量应用于现场局部放电检测，如局部放电传感器至信号处理器之间的信号连接线、示波器和频谱仪的信号输入线等。大量的局部放电检测成功案例都证明了这类同轴电缆能够较好地传输局部放电信号。

就局部放电测试技术领域而言，局部放电是极低电压的行波，可以在通信电缆上进行传播移动。电缆线路中的局部放电脉冲上升沿时间普遍为十几纳秒

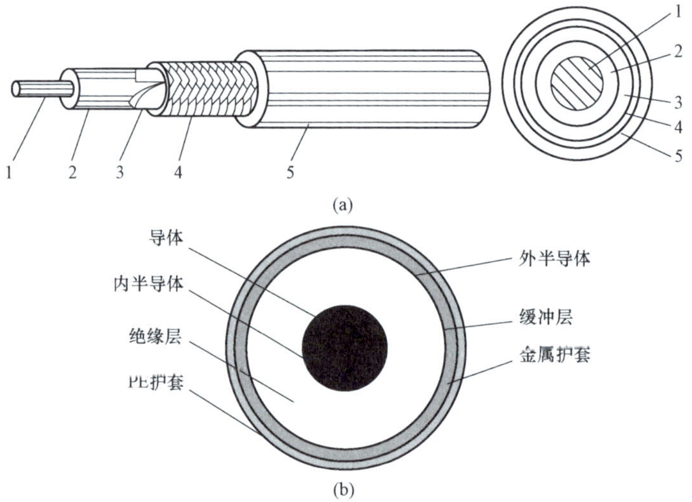

图 4-27 通信电缆与交联聚乙烯电缆结构示意图

(a) 通信同轴电缆结构及截面；(b) 交联聚乙烯电缆截面

1—导体；2—绝缘层；3—屏蔽；4—编织屏蔽；5—护套

至几十纳秒，波宽为几十纳秒至几百纳秒，频率分布上限可达50MHz。对于兆赫兹级频段的局部放电信号，通信同轴电缆和电力电缆都属于同轴长线传输线，两者的特性阻抗均是常数，两者的波速也是常数。通信同轴电缆为75Ω（本平台用），电力电缆（包括充油电缆和交联聚乙烯电缆）为10～40Ω。通信同轴电缆的波速为200m/μs（本平台用），充油电缆的波速约为160m/μs，交联聚乙烯电缆则约为170m/μs。特性阻抗和波速均与电力电缆本身的导体截面积、主绝缘的形状和厚度、绝缘介质有关，而与工作频率和电力电缆长短无关。

图 4-27 所示的通信同轴电缆和交联聚乙烯电缆参数对比见表 4-5。

表 4-5 通信同轴电缆与交联聚乙烯电缆参数对比

电缆类型参数	通信同轴电缆	交联聚乙烯电缆
基本结构	同轴	同轴
行波波速（m/μs）	200	170
特性阻抗（Ω）	75	10～40
导体电阻（Ω/km）	75	0.007～0.05
金属套电阻（Ω/km）	45	0.01～0.1
分布电容（pF/m）	30	150～300
截面	较小	大

由此可见，通过通信同轴电缆与交联聚乙烯电缆的主要差别是特性阻抗和

波速。而对局部放电信号而言，作为长线传输线的两种电缆，在行波频率特性、传播衰减特性和端末反射特性的变化规律是相同的，因此采用通信同轴电缆模拟交联聚乙烯电缆是具备可能性的。

2. 电缆终端模型

如图 4-28 所示，实际线路的电缆终端大致可分为空气终端、SF_6 气体绝缘终端、绝缘油终端 3 类。电缆终端模型由一根 10kV 单芯电缆和一个金属桶及一个金属支架构成。金属桶与电缆金属套之间配有绝缘垫（模拟实际电缆终端的绝缘环）而不直接短路。电缆终端模型电气等效回路如图 4-29 所示。试验时可以通过改变金属桶与缆芯导体之间所配置的电阻或电容的大小以模拟不同类型的终端构造及其端末状况。

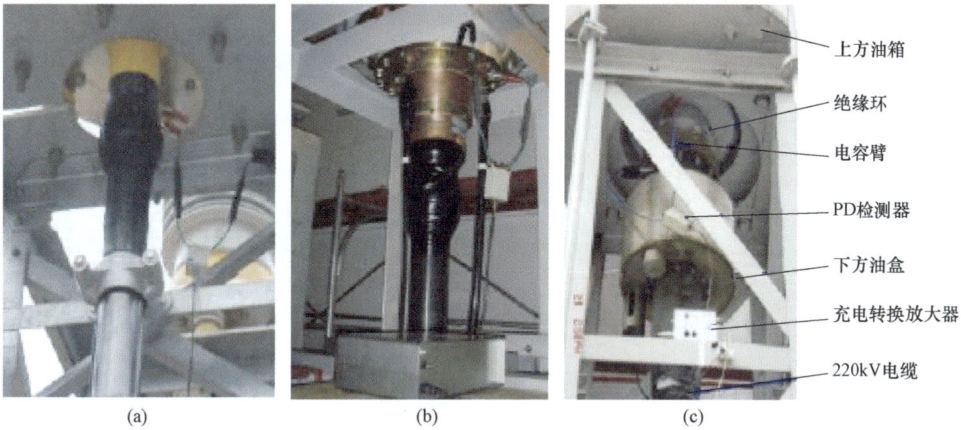

图 4-28 电缆终端

(a) 空气终端；(b) SF_6 气体绝缘终端；(c) 绝缘油终端

3. 电缆接头模型

本节讨论的电缆接头主要分为接头两侧金属套连通的直通接头和接头两侧不连通的绝缘接头。模拟电缆接头是用一段 10kV 单芯交联聚乙烯电缆将其中间部位的金属套及主绝缘切割分离，形成一个金属套绝缘接头，见图 4-30；如果将接头两侧的金属套用金属线短接，便可以形成金属套直通接头，见图 4-31。在绝缘接头上安装电容耦合局部放电检测器进行局部放电检测；在直通接头金属套短路线上安装 HFCT 传感器进行局部放

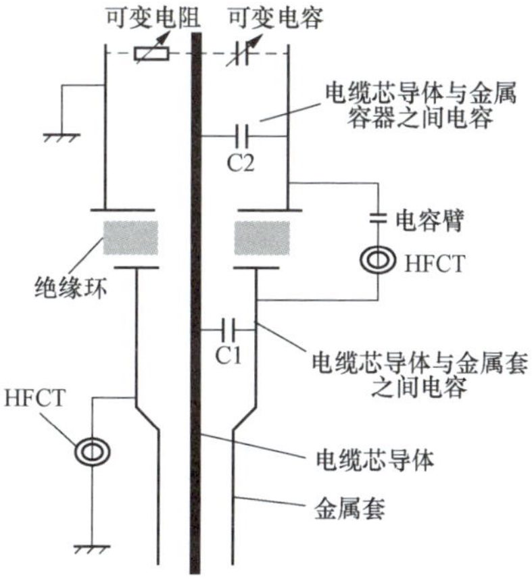

图 4-29 电缆终端模型电气等效回路

电检测，检测示意图见图 4 - 32。这是模拟在电缆接头上进行局部放电检测的基本方法。这些方法已多次在现场成功地检测到局部放电。

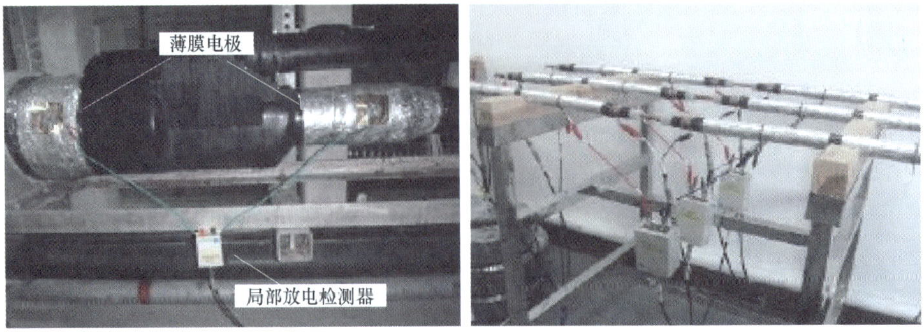

(a) (b)

图 4 - 30　绝缘接头

(a) 实际线路上的电缆绝缘接头；(b) 模拟绝缘接头

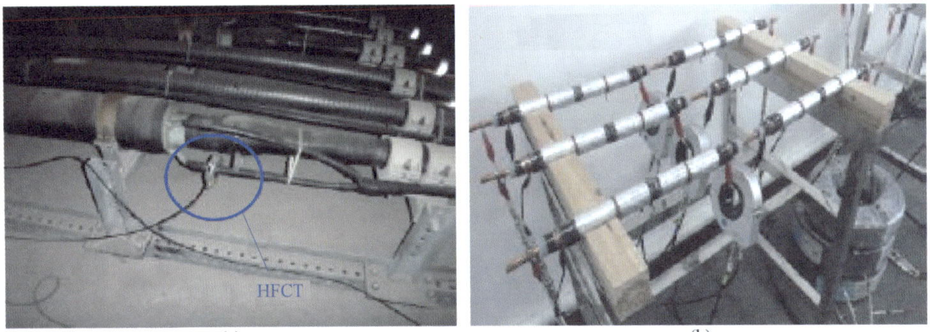

(a) (b)

图 4 - 31　直通接头

(a) 实际线路上的电缆直通接头；(b) 模拟直通接头

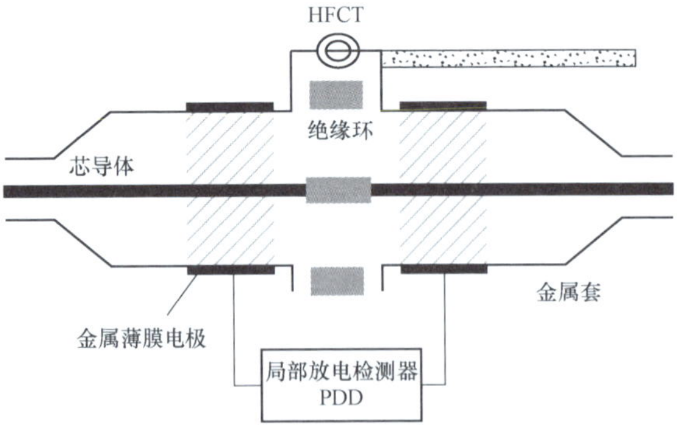

图 4 - 32　电缆直通接头局部放电检测示意图

4. 直接接地箱模型

实际线路上的直接接地箱如图 4 - 33 所示。用通信同轴电缆模拟电力电缆，将（A、B、C 相每相一条）同轴电缆一端的缆芯导体连接到接地箱的上端水平铝条端子上，将通信同轴电缆的金属屏蔽层连接到接地箱的下端端子上，同时上端水平铝条与下端端子分别与 3 条垂直铝条连接接地，这样就构成了直接接地箱模型。三相同轴电缆的另一端分别用 BNC 分叉线与电缆直通接头两侧的金属套连接。如此，安装在接地箱内 3 条垂直铝条上的 HFCT 传感器可以分别独立地检测来自各相电缆接头或电缆本体的局部放电信号。接地箱模型及其电气等效回路如图 4 - 34 所示。

图 4 - 33　直接接地箱

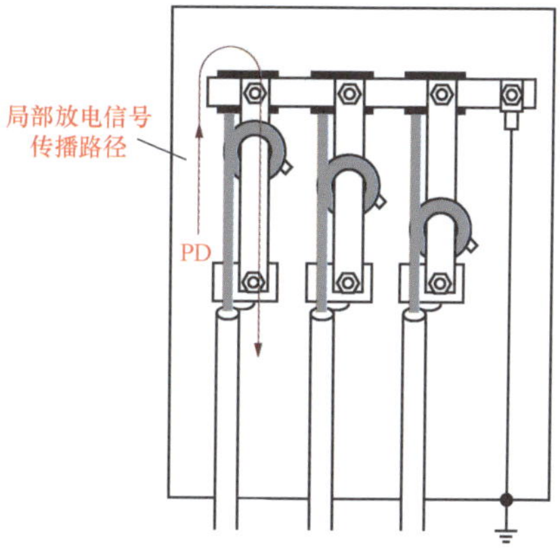

图 4 - 34　接地箱模型及其电气等效回路

5. 交叉互联箱模型

实际线路上交叉互联箱如图 4 - 35 所示，各相芯导体与金属套通过铜条交叉互联。用通信同轴电缆模拟电力电缆，同轴电缆各相缆芯导体与金属屏蔽层通过铝条交叉互联，这样就构成了交叉互联箱模型。为了模拟交叉互联箱内的金属套电压限制器（sheath voltage limiter，SVL），在箱内上端三相端子与地之间分别安装一只数百皮法的电容器。三相同轴电缆的另一端分别用 BNC 分叉线与电缆绝缘接头两侧的金属套连接。可在 A、B、C 三相上下端子间分别安装一个电容臂和 HFCT 传感器，可以分别独立地检测来自各相电缆接头或电缆本体的局部放电信号，并可根据

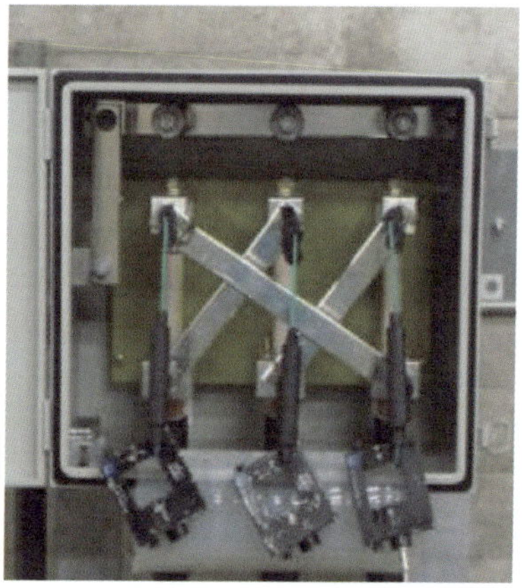

图 4 - 35　交叉互联接地箱

三相同步检测的信号极性简单地判断局部放电信号来自哪一相。

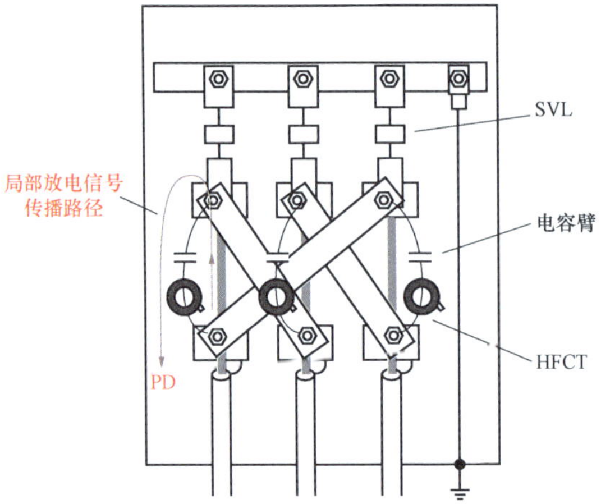

图 4-36　交叉互联箱模型及其电气等效回路

交叉互联箱模型及其电气等效回路见图 4-36。

6. 典型接地方式模型

长距离 110kV 及以上电压等级电缆线路电缆接头接地方式如图 4-37 所示。一般用金属套绝缘接头和金属套直通接头把线路划分成若干小段，通过交叉互联箱和接地箱对金属套进行交叉互联，构成电缆线路的交叉互联系统，使金属套内的循环电缆降低至最小，以确保电缆线路安全可靠地运行。

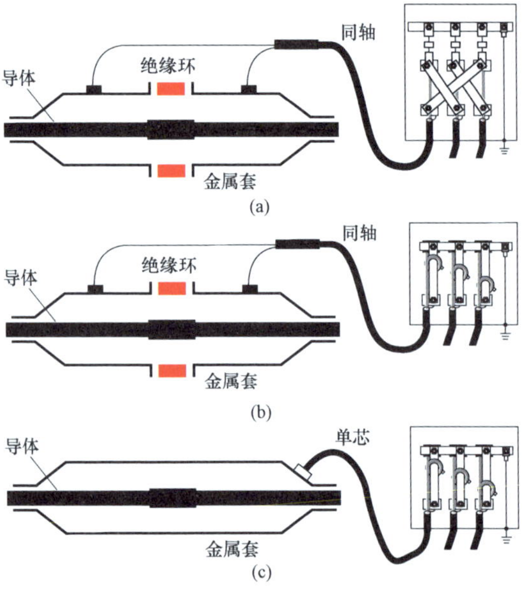

图 4-37　110kV 及以上电压等级电缆线路电缆接头接地方式

(a) 方式一；(b) 方式二；(c) 方式三

为了模拟电缆接头的接地方式，用一段 10kV 单芯电缆将其中间部分的金属套和主绝缘切割分离形成断口，如果断口两侧的金属套与交叉互联箱连接就模拟成金属套绝缘接头；如果断口两侧的金属套与接地箱连接就模拟成金属套接地接头；如果断口两侧的金属套直接短接再与接地箱连接则模拟成直通接头（如图 4 - 38 所示）。

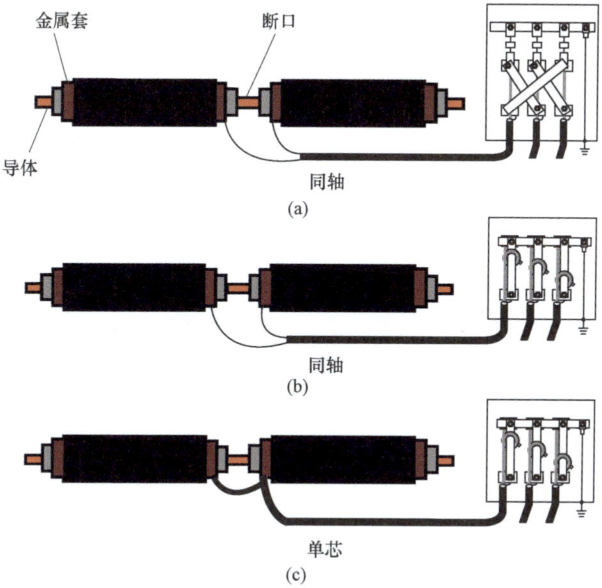

图 4 - 38　模拟电缆接头接地方式模型

（a）方式一；（b）方式二；（c）方式三

（三）真型试验平台构建

电力电缆试验平台为一个包含 A、B、C 三相的 220kV 实体电力电缆系统，平台完全按照实际运行电力电缆系统模式进行建设，采用交叉互联的接地方式。平台电力电缆选用规格型号为 YJLW02—128/220kV—400mm^2 的交联聚乙烯电缆。每相电力电缆长约 300m，电力电缆中间安装 2 组接头将电缆均匀分成 3 段，并做交叉互联接地。电力电缆试验平台整体结构示意图如图 4 - 39 所示。电力电缆试验平台分为室内、室外两部分，其中电力电缆终端安装在输变电设备实验室大厅，电力电缆在室外桥架上进行垂直敷设。

电力电缆试验平台包含 6 支整体预制式中间接头、6 支复合套管式户外终端、2 套交叉互联系统和 2 套接地箱。其中：

（1）如图 4 - 39 中的接头 1 为整体预制式绝缘接头。该接头由生产厂家按照项目设计要求在生产过程中预先埋置缺陷，用以模拟生产环节产生的气隙缺陷。

（2）接头 2 为插入式装配型绝缘中间接头。在接头安装过程中即设置了半导电尖端缺陷。插入式装配型接头具有如下特点：接头主体绝缘为环氧树脂，采用真空浇注成型工艺与金属保护壳成型为一个整体，连接金具为插拔式免模压结构，方便调整缺陷的大小及不同缺陷类型的设置等。

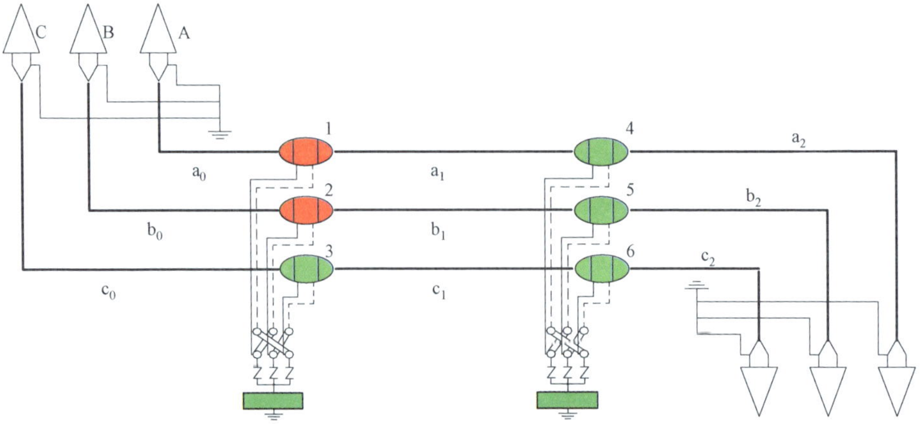

图 4-39 电力电缆试验平台整体结构示意图

(3) 安装接头 1 过程中，在接头 1 两端加装内置式传感器。

(4) 电力电缆本体及除上述接头（接头 1 和接头 2）之外均不含缺陷。

电力电缆试验平台所含主要部件的型号、数量见表 4-6。

表 4-6　电力电缆试验平台所含主要部件型号、数量

部件	型号	数量	备注
电力电缆	ZR—YJLW02—128/220kV—1×400mm²	约 900m	新
中间接头	YJJTI2	6 支	新
终端接头	YJZW	6 支	新
交叉互联箱	FCD	2 个	新
接地箱	ZJD	2 个	新

三、典型缺陷设计与复现

大量电缆线路运行故障情况的统计结果表明，在非外力破坏的情况下，电力电缆接头在电缆线路运行故障中占有相当大的比例。电力电缆接头作为电缆线路绝缘最薄弱环节，容易发生运行故障的主要原因有：①产品制造质量存在瑕疵，如接头主体在生产中混入杂质或产生气隙。②接头安装质量未达标，不符合安装工艺要求。如在切削电缆外半导电层时处理粗糙，产生半导电层尖端缺陷；处理电缆绝缘表面时，力度掌控不到位在绝缘表面留有划痕，且未进行再次打磨；预制橡胶应力锥安装时，造成应力锥安装错位缺陷等。

根据电缆接头的故障特点，选取易出现问题的中间接头作为研究对象，共设计与构造了 4 种典型缺陷，分别为半导电层尖端缺陷、主绝缘划痕缺陷、应力锥错位缺陷和气隙缺陷。缺陷部位选取在真实的 220kV 交联聚乙烯电缆接头内部，制作过程中要求能够真实地反映电缆接头在生产环节与安装环节产生的典型缺陷模式。

（一）外半导电层尖端缺陷构造

在电力电缆接头施工过程中若外半导电层断口处处理不当，可能会有半导电突起产生局部电场集中而引发放电，或者沿主电缆绝缘表面向导体压接管方向爬电。该缺陷模型用于模拟电力电缆接头内部复合绝缘界面间由于电场力集中而产生放电，在缺陷处理时外半导电层断口处的尖端，为了使局部放电信号更加稳定易于检测，半导电尖端长度设计为 25mm，在套入应力锥后尖端缺陷可以伸出应力锥半导电部分 0.5mm，即由于尖端的存在，使应力锥在半导电尖端附近失去均衡电场分布的作用。外半导电层断口尖端缺陷模型示意图和模型制作图分别如图 4 - 40 和图 4 - 41 所示。

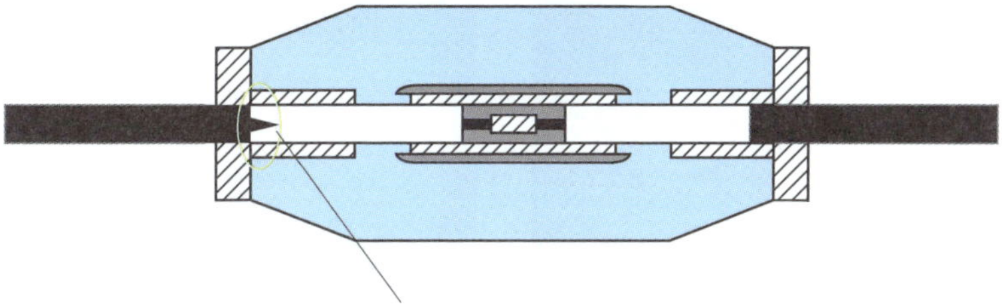

图 4 - 40 外半导电层尖端缺陷模型示意图

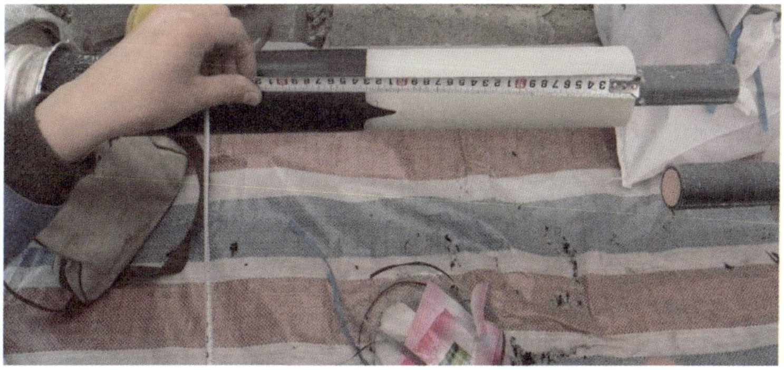

图 4 - 41 外半导电尖端缺陷模型制作

（二）主绝缘划痕缺陷构造

主绝缘划痕缺陷模型用于产生接头内部电缆本体主绝缘存在划痕所引发的放电。该缺陷电力电缆接头施工时，在剥削电力电缆的外半导电层时若力度掌握不好，会伤及电力电缆主绝缘，可能产生局部放电。制作该缺陷模型是在外半导电层断口处径向一周和电力电缆主绝缘表面轴向使用壁纸刀制作划痕，划痕深度约 2mm。主绝缘划痕缺陷模型示意图如图 4 - 42 所示，模型制作图如图

4 - 43 所示。

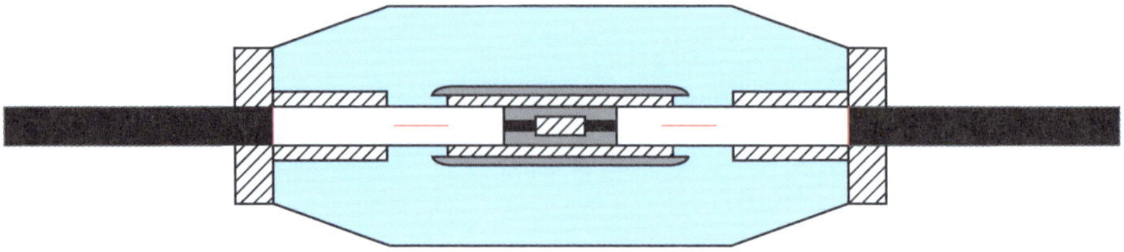

图 4 - 42　主绝缘划痕缺陷模型示意图

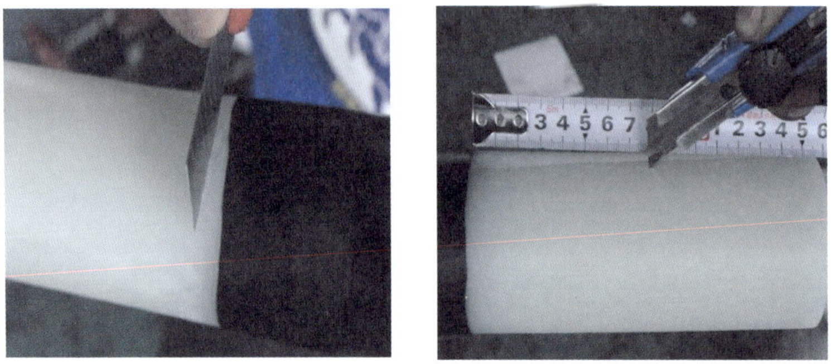

(a)　　(b)

图 4 - 43　电力电缆主绝缘划痕缺陷模型制作图

（a）外半导电断口处径向划痕；（b）电缆主绝缘表面划痕轴向划痕

（三）应力锥错位缺陷构造

应力锥错位缺陷模型用于产生因接头应力锥与外半导电层断口间错位脱离引起的电场集中所造成的界面爬电。预制式接头安装时，其应力锥端部应与电力电缆外半导电层断口紧密压接，为保证安装质量，应力锥相对位置都留有一定的余量，但若不注意使一端外半导电层断口伸出应力锥尾部就会产生电场集中，在界面处产生爬电。该缺陷是在接头预制件安装时有意使一端外半导电层断口伸出应力锥一定距离形成错位。应力锥错位缺陷模型示意图如图 4 - 44 所示，模型制作图如图 4 - 45 所示。

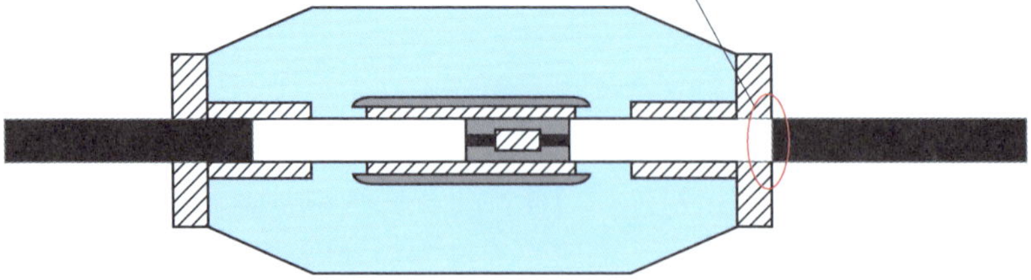

图 4 - 44　应力锥错位缺陷模型示意图

图 4 - 45　应力锥错位缺陷模型制作图

（四）气隙缺陷构造

气隙缺陷模型用于模拟电力电缆接头整体预制橡胶件在生产环节由于工艺控制不到位，导致在预制橡胶件中含有气隙，橡胶件中气隙的存在可能会诱发放电现象。制作气隙缺陷模型过程是在预制橡胶件外表面处切开一个小口，然后用绝缘液态胶对切口处进行不完全填充，液态胶完全固化后，在原切口处内部将留有一定的气隙。气隙缺陷模型示意图如图 4 - 46 所示。

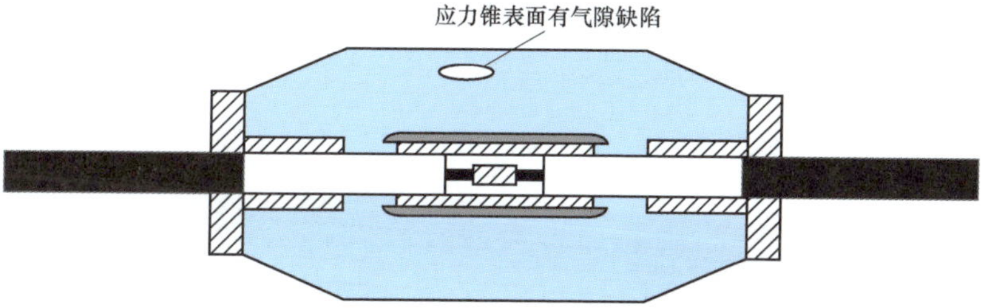

图 4 - 46　气隙缺陷模型示意图

第五章

高压电力电缆健康诊断典型案例

第一节 红外测温诊断典型案例

一、220kV 电缆线路箱体固定螺丝发热案例

（一）案例简介

2016 年 11 月 21 日，在对北京某 220kV 电缆线路进行特巡工作时，运检人员巡视到线路第 27 组中间接头时，发现接地箱体与支架连接部位的右下方固定螺栓处有明显的红光，且持续发热。红外热成像仪显示温度为 355℃。现场温度检测情况如图 5-1 所示。

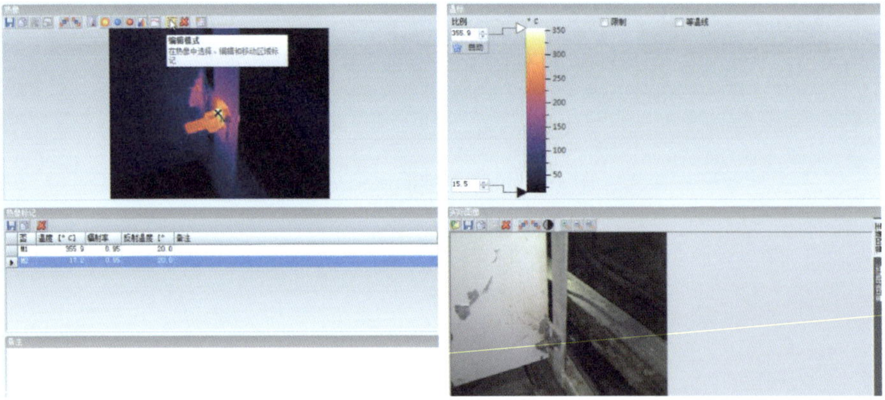

(a) (b)

图 5-1 现场温度检测情况

（a）情况一；（b）情况二

运检人员迅速对电力电缆及附件进行外观检查和测试，通过与双回路另一回电力电缆的对比发现，当天两路电力电缆的负荷均在 500A 左右；分相接地电流均在 25～35A；不同的是总接地电流：未发热的回路为 80A，而发热的回路只有 2A；发现支架上固定接地线的铁质螺栓锈蚀严重，如图 5-2 所示。

（二）案例分析

开箱检查，内部有积水但外观未见异常（如图 5 - 3 所示）。

开箱后，用短接线将箱体内接地排直接接地，测试总接地电流为 69.3A，与未发热电力电缆回路总接地电流接近（如图 5 - 4 所示）。

对接地极进行除锈和紧固连接处理（如图 5 - 5 所示）。处理后拆除临时接地线，重新测量总接地电流为 69.3A，证明接地线功能恢复正常（如图 5 - 6 所示）。

图 5 - 2　铁质螺栓锈蚀严重

图 5 - 3　开箱检查

图 5 - 4　接地电流检测

图 5 - 5　对接地极进行处理

图 5 - 6　接地线功能恢复

处理后进行温度检测，箱体固定螺栓温度恢复正常（如图 5 - 7 所示）。

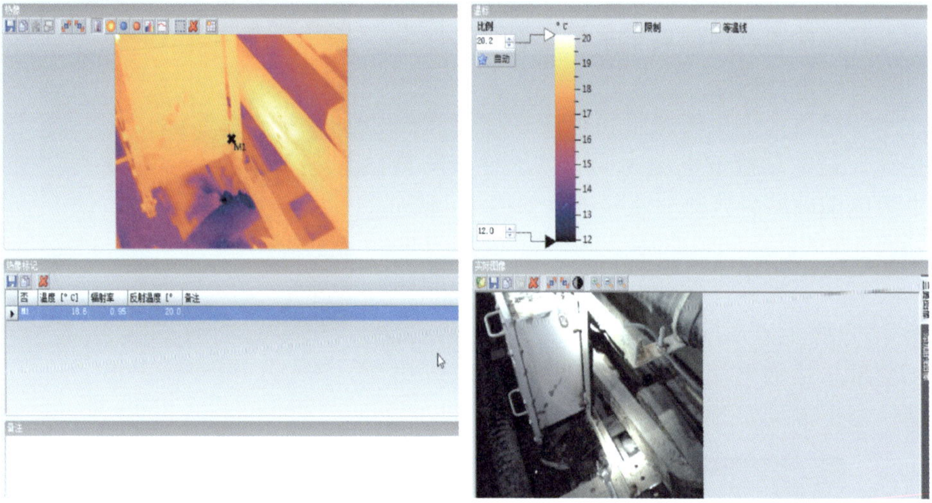

(a) (b)

图 5-7 处理后温度检测情况

(a) 情况一；(b) 情况二

总结：接地线功能失效导致接地箱损坏，外护层泄漏电流未经过接地线，而是通过箱体接地导致接地不良发热，箱体烧毁后将影响整条线路的接地系统，甚至造成停电。通过对接地极进行临时处理后，恢复正常，列入缺陷，后续安排更换接地箱。

（三）结论

（1）接地箱体与支架连接部位处严重发热，总接地电流只有 2A，而用短接线将箱体内接地排直接接地后，发热现象消失，总接地电流为 69.3A，与双回电力电缆另外一回路接近，说明该连接部位存在缺陷。

（2）支架上固定接地线的铁质螺栓锈蚀严重，对接地极进行除锈和紧固连接处理后，温度和接地电流均恢复正常，说明造成缺陷的原因是该螺栓处连接不良。

二、 35kV 电缆终端连接金具发热案例

（一）案例简介

2017 年 1 月 23 日，在对某 35kV 电缆线路开展巡视时，发现该电缆线路空气终端 B 相连接金具处发热，温度达 42℃，A、C 两相温度为 0℃。

1h 后班组再次进行复测，B 相终端连接金具处温度已升至 71℃。班组随即申请停电进行处置。

（二）案例分析

经现场停电检查，发现架空线与电力电缆终端连接搭接处，其过渡搭接铜

板开裂导致其接触电阻增大并发热。随后立即申请停电并于当晚完成缺陷处理。缺陷处理过程如图 5-8 所示。

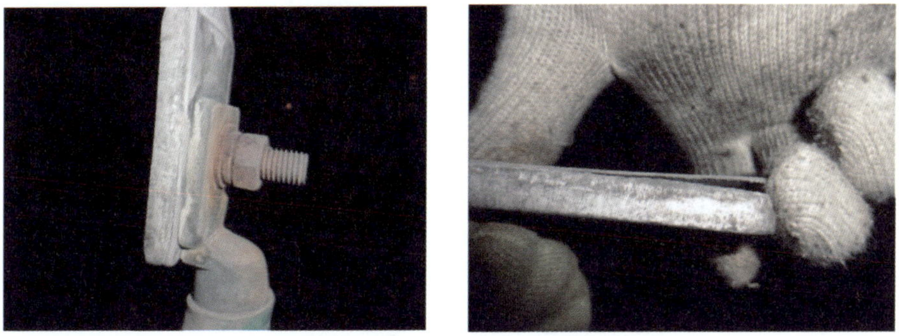

(a) (b)

图 5-8 缺陷处理过程

(a) 过程一；(b) 过程二

(三) 结论

该电力电缆终端 B 相架空线与电缆连接搭接处的过渡搭接铜板开裂，导致其接触电阻增大，在电流作用下导致发热。

三、 110kV 电力电缆终端连接金具发热案例

(一) 案例简介

2017 年 8 月 8 日，在对某终端塔电力电缆终端进行巡视时，发现某 110kV 电力电缆终端 B 相连接金具处发热温度已达到 300℃。进一步确认该电力电缆终端连接金具有放电现象，已构成危急缺陷，班组随即上报申请进行危急缺陷处缺工作。

(二) 案例分析

经停电检查后确认，造成此次缺陷的主要原因是电力电缆终端与架空线引线连接处存在施工质量问题。问题如下：

(1) 铜、铝导体搭接错误。该条线路三相均存在电力电缆终端连接金具与架空线引线连接金具搭接位置错误，现场照片如图 5-9 所示，应该在铜铝过渡连接导体处进行搭接。

电力电缆终端连接金具为铜导体，架空线引线连接金具为铝导体。由于铜、铝导体标准电极不同，因此这两种金具直接接触时，随着设备运行将造成连接接触面氧化，使其接触电阻增加造成发热并烧蚀。因此在进行连接固定时需要在两种连接金具之间增加过渡连接导体。该搭接处缺陷情况如图 5-10、图 5-11 所示。

(2) 固定连接金具的螺栓型号错误。用于固定金具的螺栓、螺丝型号与导体孔洞尺寸不符，见图 5-12。应使用 12mm×50mm 的螺栓，现场实际使用的

是 10mm×50mm 螺栓，导致金具搭接受力不足。

图 5-9　现场照片

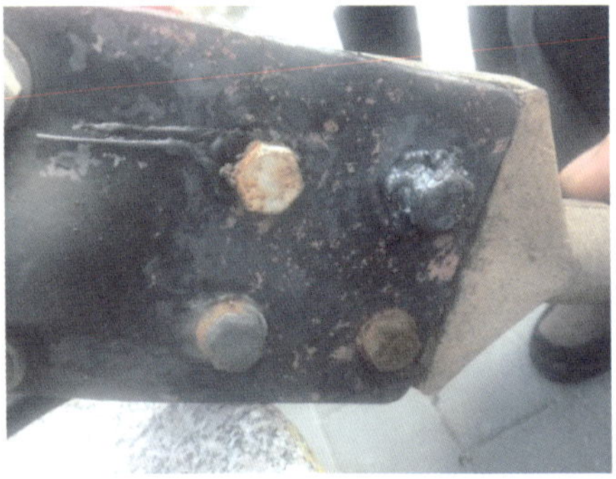

图 5-10　缺陷情况一

图 5-11　缺陷情况二

（3）螺丝未拧紧。现场个别螺丝未拧紧，连接金具受力不均，如图 5-13 所示。

图 5-12　螺栓型号与导体孔洞尺寸不符

图 5-13　个别螺丝存在松动

（三）结论

（1）该电力电缆终端发热的主要原因是：铜、铝导体搭接错误，铜、铝导体间未安装铜铝过渡板，铜、铝导体标准电极不同，因此这两种金具直接接触时，随着设备运行将造成连接接触面氧化，使其接触电阻增加造成发热并烧蚀。

（2）该电力电缆终端发热的其他原因有用于固定连接金具的螺栓、螺丝型号不对，导致金具搭接受力不足；现场个别螺丝未拧紧，连接金具受力不均。

四、110kV 电缆线路交叉互联箱发热案例

（一）案例简介

2018 年 7 月 27 日，在对某 110kV 电缆线路的巡视过程中，运行人员发现 2 号接头 A 相交叉互联线温度异常（如图 5－14 所示），A 相交叉互联线温度达到 43℃，总接地连接处温度 37℃（如图 5－15 所示），明显高于其余两相互联线温度及电缆本体温度（32℃左右）。

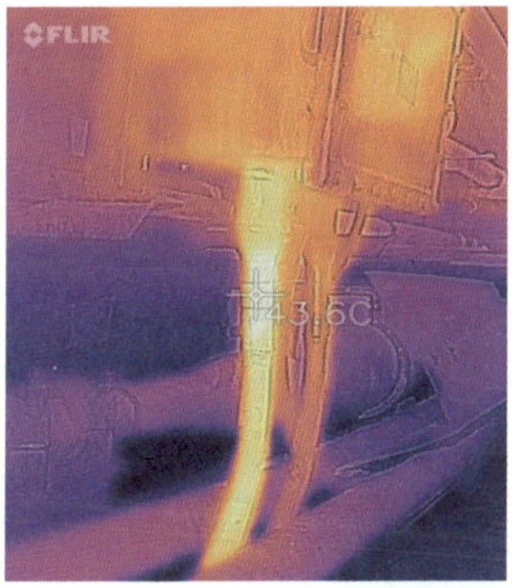

图 5－14　A 相交叉互联线处

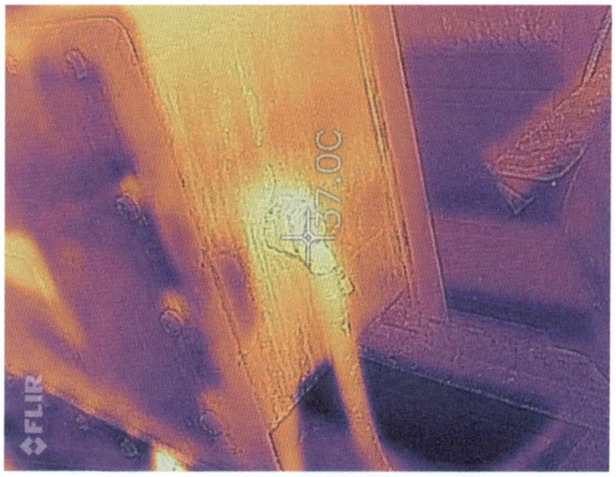

图 5－15　总接地连接处

发现 2 号接头单相最大接地电流/最小接地电流接近 2 倍，接地电流/负荷比例 24%。现场检测数据如表 5－1 所示。

表 5－1　现场检测数据

负荷电流（A）	接地电流（A）				环境温度（℃）	本体温度（℃）	A 相互联线温度（℃）	接地鼻子温度（℃）
	A	B	C	D				
291	39.6	38	71	2.7	31	32	43	37

（二）案例分析

1. 开箱检查

针对该问题，工作人员对该线路互联系统进行了全面排查，并对 2 号接头交叉互联箱进行开箱检查，发现以下问题：

（1）互联箱整体受潮严重，如图 5－16 所示。

（2）A 相互联线屏蔽卡具处螺栓明显松动，互联线与连接板接触不紧密；B、C 相屏蔽卡具处存在变形、断裂现象，如图 5-17 所示。

图 5-16　互联箱受潮严重

图 5-17　箱体内螺栓松动、变形

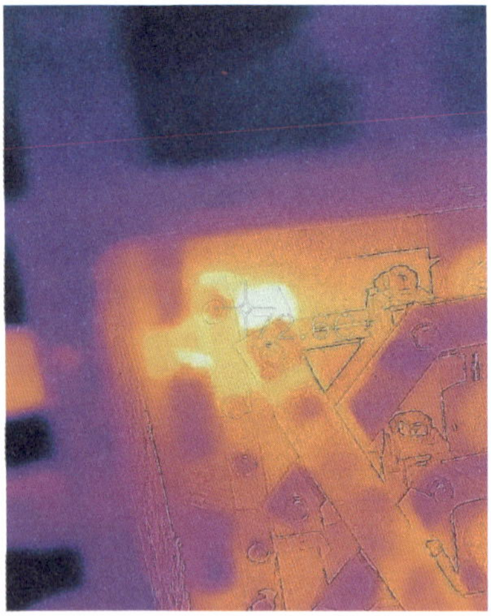

图 5-18　开箱测温

（3）开箱后测温，发现 A 相屏蔽与 C 相线芯连接处达到 70℃以上高温，如图 5-18 所示。

2. 处理结果

对该 110kV 电缆线路 2 号接头交叉互联箱发热缺陷开展停电缺陷处理工作，缺陷处理方案为整体更换交叉互联箱，拆箱过程中发现三相屏蔽线各股并非均匀分布在卡具上，且都存在不同程度的氧化腐蚀现象，各相屏蔽与线芯连接处卡具全部断裂。缺陷处理完成恢复送电后，测温发现温度恢复正常。

（三）结论

该电缆线路交叉互联箱发热的原因有三相屏蔽线锈蚀、三相屏蔽线各股在卡具上分布不均、屏蔽与线芯连接处卡具断裂导致屏蔽与线芯连接不实等，导致接触电阻增大造成发热严重。

五、220kV 电缆线路接地箱发热案例

（一）案例简介

2018 年 11 月 19 日，在对某 220kV 电缆线路巡视检测过程中，发现电缆线路 12 号接地箱总接地线电流均在 100A 以上；总接地线与扁铁相接处温度比环境温度高出 6℃（环境温度平均在 27℃左右，接头温度在 27～29℃），如图 5-19 所示。

（二）案例分析

班组随后进行了带电处理，重新焊接了新的接地扁铁，接地扁铁发热现象

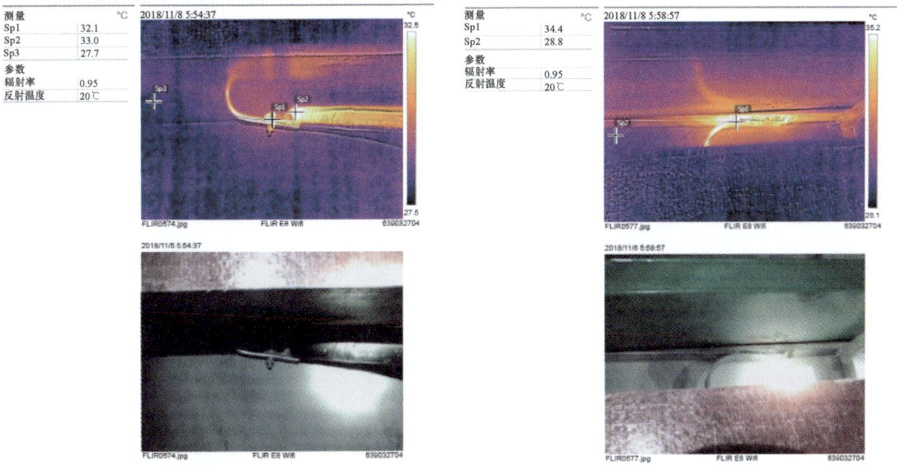

图 5-19　现场测温结果

消失。

（三）结论

该电缆线路接地线与扁铁相接处接触不良，电阻增大，导致了发热。

第二节　局部放电检测诊断案例

一、110kV 电缆 GIS 终端局部放电案例一

（一）案例简介

自 2001 年以来，某电网公司使用的美国 G&W 公司金属应力锥式的终端共发生 4 次故障，都发生了强烈的爆炸，甚至引燃外泄的变压器油，造成了较大的损失。为排查电网中电缆运行的安全隐患，2010 年，对该电网公司在运的 G&W 电缆终端进行了局部放电普测。

在总结分析该电网公司电缆终端故障的基础上，于 2009 年 3～4 月，结合某变电站 2 号变压器变联电缆终端击穿故障，对击穿及部分退出运行的该电缆终端进行了实验室测试、解剖，研究分析了局部放电、结构尺寸、绝缘材料特性等，联系国内历次故障情况，综合气温、油压等相关因素深入查找发生故障的根本原因。

故障统计分析表明，安装在我国北方地区、受气候影响大的环境中的 G&W 公司金属应力锥终端较易发生故障，且故障一般发生在冬季。我国南方四川、广西、贵州、广东等地也运行有部分该结构终端，但未见有故障记录。国内其他北方城市发生的 16 次故障都在 12 月至次年 3 月，且 1、2 月是高危时段。

根据故障统计规律，可以判定：安装在我国北方地区、受气候影响大的环境中的G&W公司金属应力锥终端较易发生故障；故障线路多是较小截面电缆；且故障一般发生在冬季、初春的低负载率时段；故障点都位于半导电管的上端口；故障伴随有强烈的爆炸。

2010年1月11日，使用TechImp局部放电测试仪对110kV某变电站3号变压器变联GIS侧110kV终端接头进行状态监测时发现，A相接地线上发现异常信号，幅值为680mV，具有放电衰减特征，12日进行PDCheck局部放电测试仪等多种设备联合复测，复测结果显示，该变电站3号变压器变联GIS侧110kV终端存在较大局部放电。随后对该接头安排更换。

2010年1月，该电网公司组织成立G&W公司终端后续分析小组，对退下的共计18只G&W公司终端进行跟踪研究。在电缆厂屏蔽实验室用IEC标准精确地进行定性和定量分析。之后将电力电缆终端解体分析，对终端内的各个组成部分如绝缘油、带材等进行检查和分析试验，找到产生局部放电的部位，研究局部放电发生的机理，观察不同放电量下电缆终端内材质的表现，总结其运行特点和局部放电在该终端内的发展过程，为下一步制订G&W公司终端检修方案打下基础。

（二）案例分析

2010年1月12日，检测人员综合应用TechImp PDCheck局部放电检测仪、特高频局部放电诊断装置、频谱分析仪、超声波局部放电探测仪，对110kV某变电站3号变压器变联GIS侧110kV终端进行局部放电检测，A相发现较大幅值异常信号，且各种检测设备的测试结果基本一致。

1. PDCheck局部放电检测

检测结果如表5-2所示。

表5-2　PDCheck局部放电检测结果

信号采集处	检测结果	特征描述
A相接地线	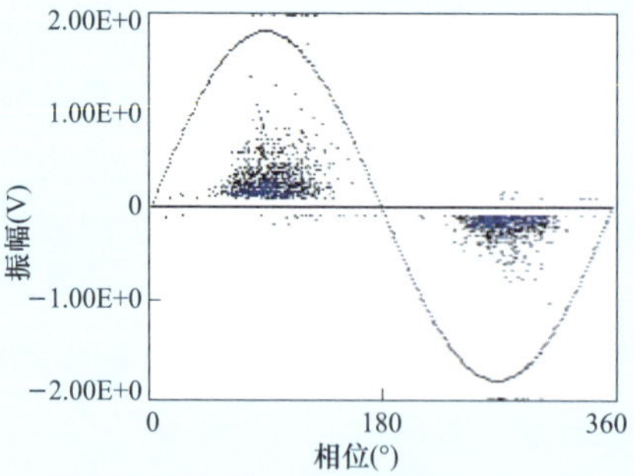 相位谱图	异常：信号具有180°相位关系。具有脉冲衰减特征。等效频率在2～5MHz，单个脉冲在0～10MHz具有宽频段分布特征。平均放电量680mV，最大放电量超过2V

<table>
<tr><th>信号采集处</th><th>检测结果</th><th>特征描述</th></tr>
<tr><td>A 相接地线</td><td>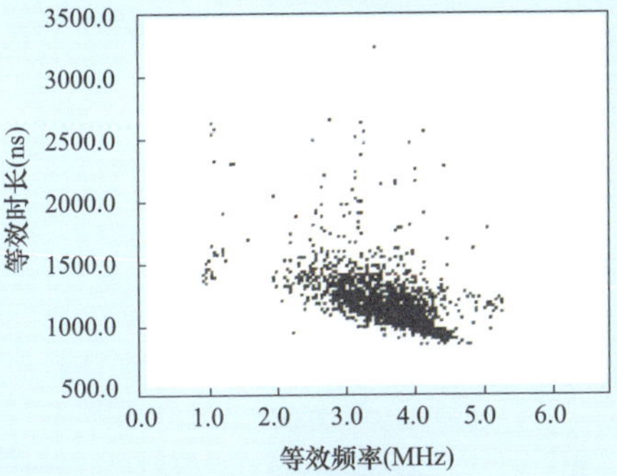

分类谱图
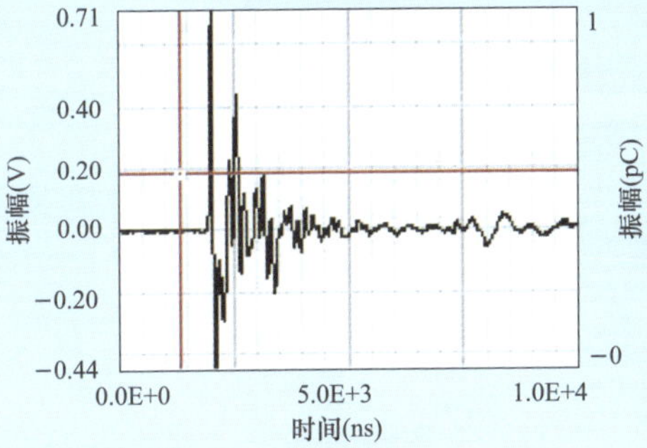

脉冲波形
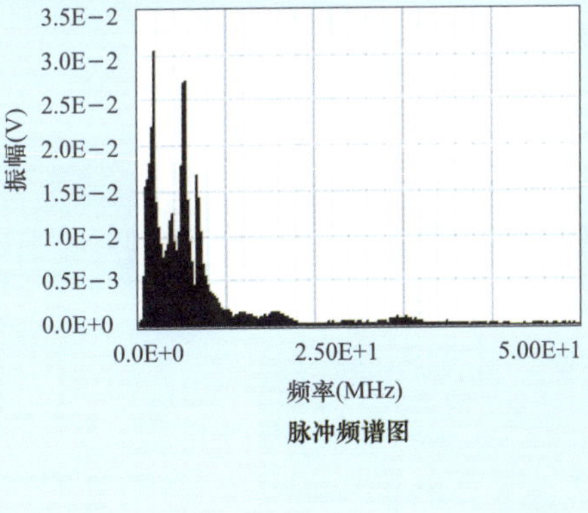

脉冲频谱图</td><td>异常：信号具有 180°相位关系。具有脉冲衰减特征。等效频率在 2～5MHz，单个脉冲在 0～10MHz 具有宽频段分布特征。平均放电量 680mV，最大放电量超过 2V</td></tr>
<tr><td>小结</td><td colspan="2">A 相幅值最大，平均放电量 680mV，最大放电量超过 2V，波形具有脉冲衰减特征</td></tr>
</table>

2. 特高频局部放电检测

检测结果如表 5 - 3 所示。

表 5-3 特高频局部放电检测结果

信号采集处	检测结果	特征描述
A 相	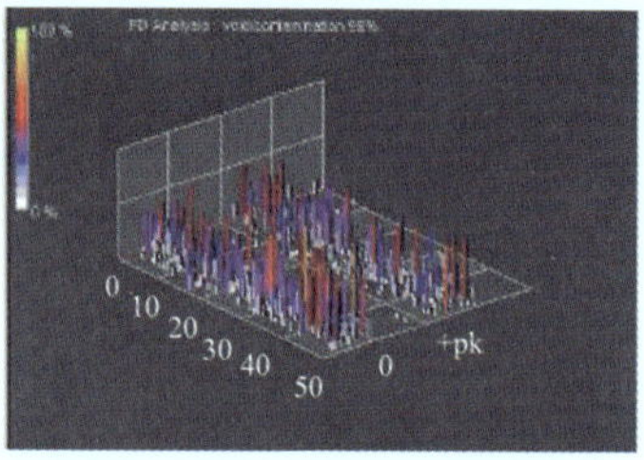 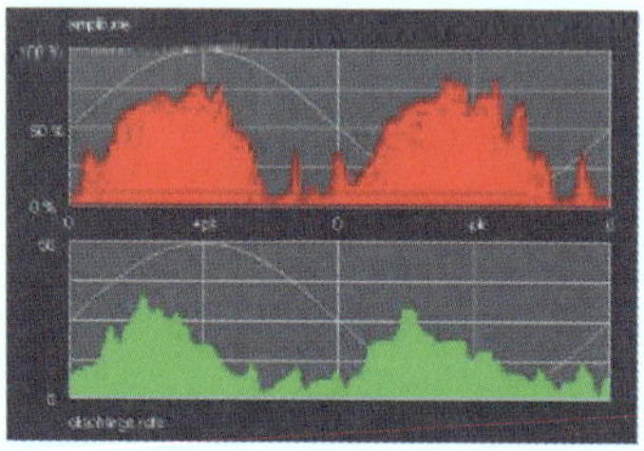 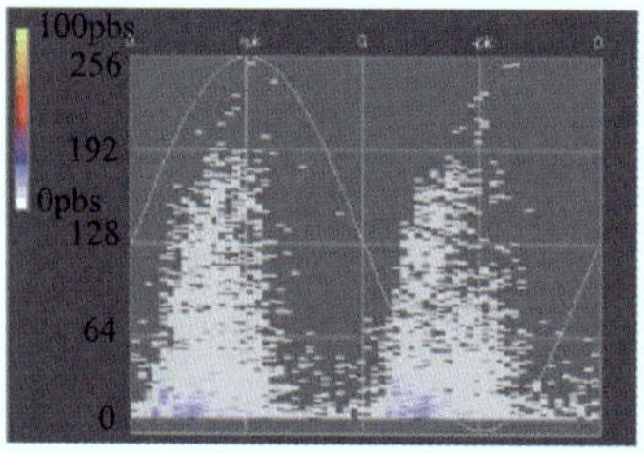	具有明显放电特征

3. 频谱分析仪检测

频谱分析仪检测结果如表 5-4 所示。

表 5-4 频谱分析仪检测结果

信号采集处	检测结果	特征描述
A 相	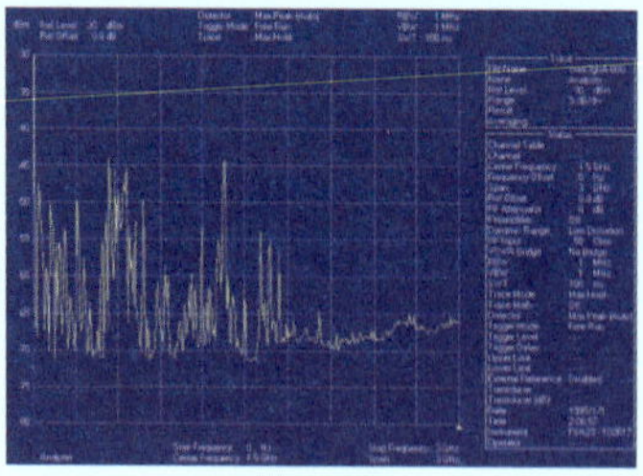 频域信号	在 0～1.5GHz 频段存在高频信号成分，且有时域特征

续表

信号采集处	检测结果	特征描述
A 相	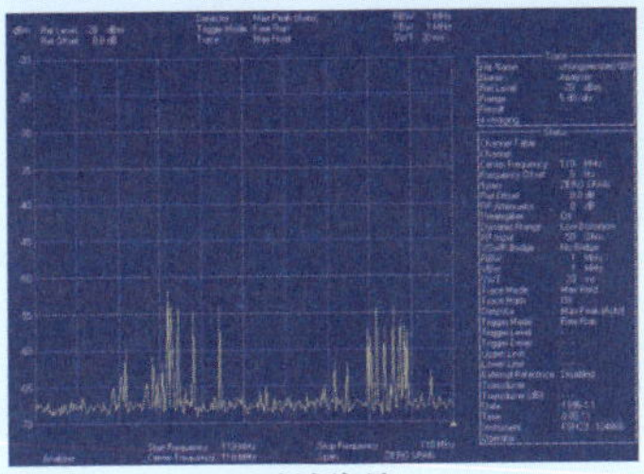 时域信号	在 0～1.5GHz 频段存在高频信号成分，且有时域特征

4. 超声波局部放电检测

超声波局部放电检测结果如表 5-5 所示。

表 5-5　　超声波局部放电检测结果

现象	位置（示意图）
在终端法兰盘与护层保护器的连接螺栓上听到 A 相有明显的噼啪声，幅值 17dB。B、C 相无明显异常	

2010 年 1 月 12 日，对发现局部放电的终端接头进行切改，并将此接头在某实验室进行检测。该实验室配置 PE 屏蔽大厅、HAEFFLY 耐压和局部放电试验设备，背景噪声 0.1pC。对 A 相电缆终端加压，从零逐步升压至 $1.0U_0$（64kV），出现局部放电现象，PD 大于 800pC。

在实验室无干扰的环境下，验证终端头本体存在较大的局部放电现象，随后对该电力电缆终端进行解剖分析，检查终端内油压、密封性、螺栓的紧固度、终端尺寸及各部件安装位置、内部带材等方面，发现的主要缺陷如图 5-20 所示。

经实验室验证和解剖分析，确认该终端存在局部放电性质缺陷，也充分说明采用 PDCheck 等多种手段对电力电缆进行检测，可以多方验证局部放电测试结果，有效掌握设备运行状况，进一步指导电网公司的状态检修。

（三）结论

（1）局部放电检测能有效排查运行中电力电缆附件缺陷，并进一步指导生

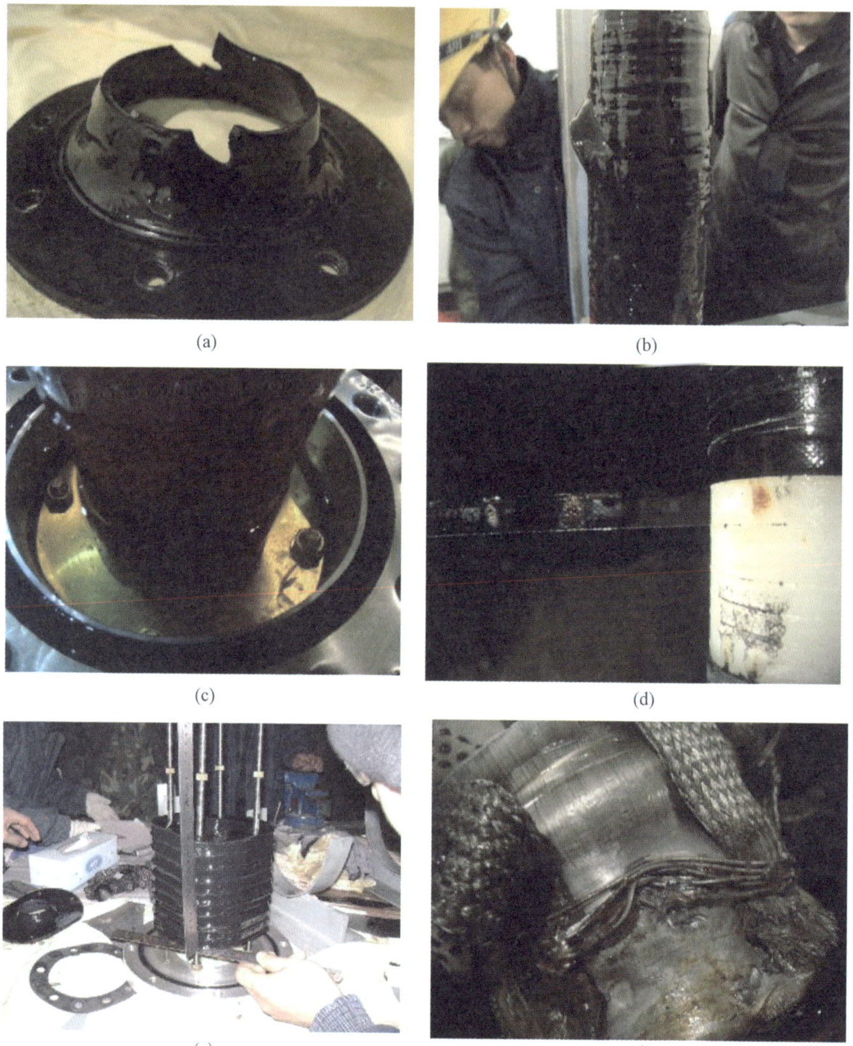

(a) (b) (c) (d) (e) (f)

图 5-20　缺陷情况

(a) 密封横膈膜存在两处明显缺口；(b) PVC 带脱落；(c) 油中有白色絮状物质；(d) 应力锥区段内绝缘有明显放电点；(e) 补偿海绵情况；(f) 金属护套被禁锢螺栓顶变形

产，确保电缆网运行安全，提升设备检修效益。

(2) 多元化、多手段检测技术配合使用，可综合诊断多种特征参数，正确判断异常信号，提升状态检修工作的可行性、可靠性。

二、110kV 电缆 GIS 终端局部放电案例二

(一) 案例简介

2012 年 1 月 12 日，在 220kV 某变电站进行状态监测时，检测人员使用高

频局部放电检测仪发现 111 间隔电缆检测数据异常，结合之前的工作认为该间隔 GIS 电缆终端存在空穴。随后对 111 间隔设备进行了停电检查，发现该间隔 GIS 电缆终端内部存在空穴。

（二）案例分析

1. 高频局部放电检测

高频局部放电检测结果如图 5 - 21 所示。

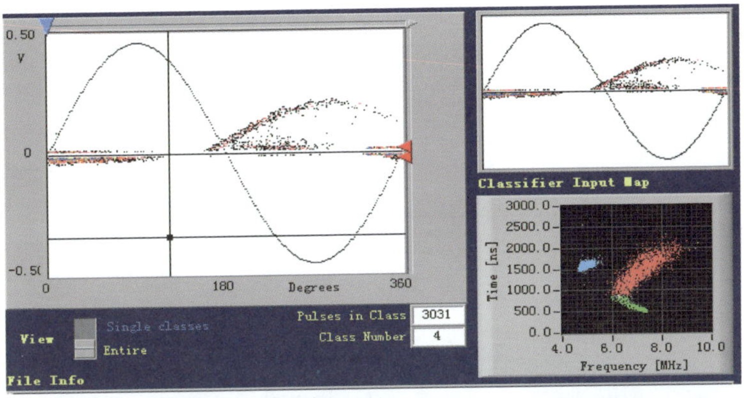

(a)

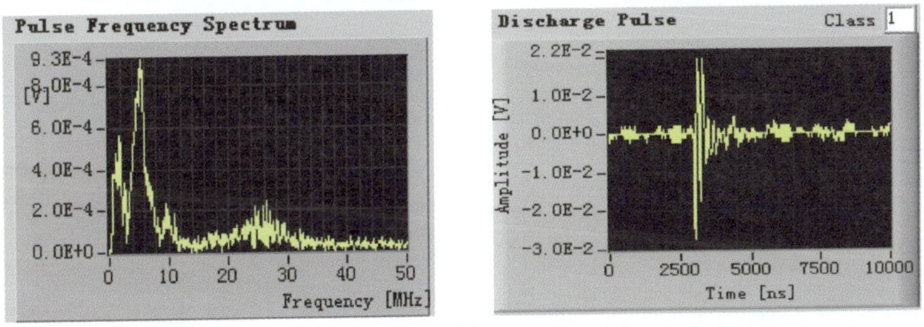

(b)

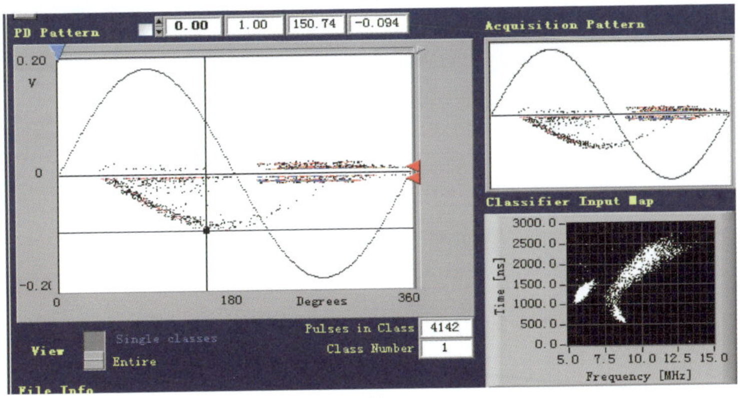

(c)

图 5 - 21　高频局部放电检测结果（一）

（a）A 相电缆终端 PRPD 图；（b）A 相电缆终端局部放电单脉冲图；（c）B 相电缆终端 PRPD 图

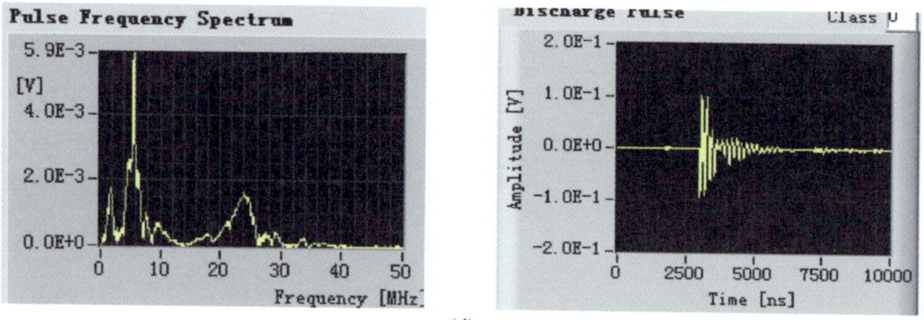

(d)

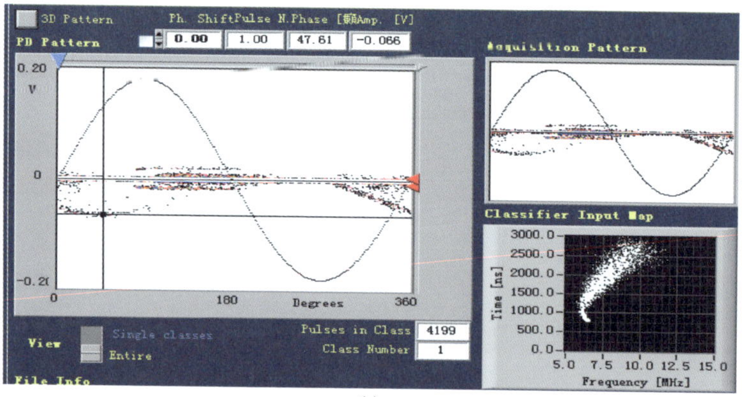

(e)

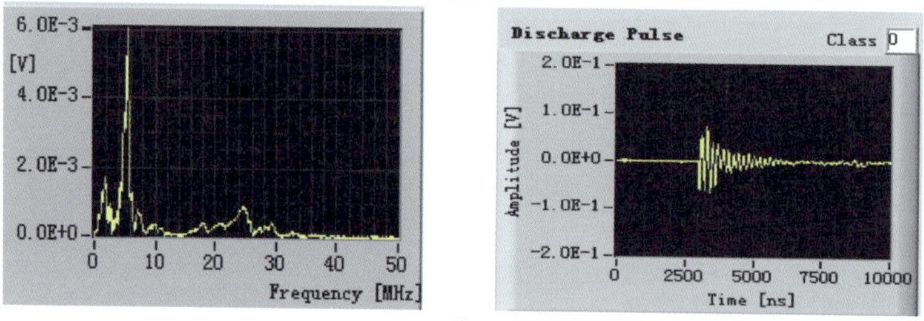

(f)

图 5 - 21　高频局部放电检测结果（二）

（d）B 相电缆终端局部放电单脉冲图；

（e）C 相电缆终端 PRPD 图；（f）C 相电缆终端局部放电单脉冲图

2. 特高频局部放电检测

特高频局部放电检测结果如图 5 - 22 所示。

3. 数据分析

（1）该局部放电谱图为比较典型的空穴放电。

（2）A 相电缆终端检测谱图与其余两相存在明显的反向关系，因此可以判断缺陷位于 111 间隔 A 相电缆终端。

4. 处理情况

确定原因后，对存在缺陷的设备进行了更换，通过检查发现环氧套管的高

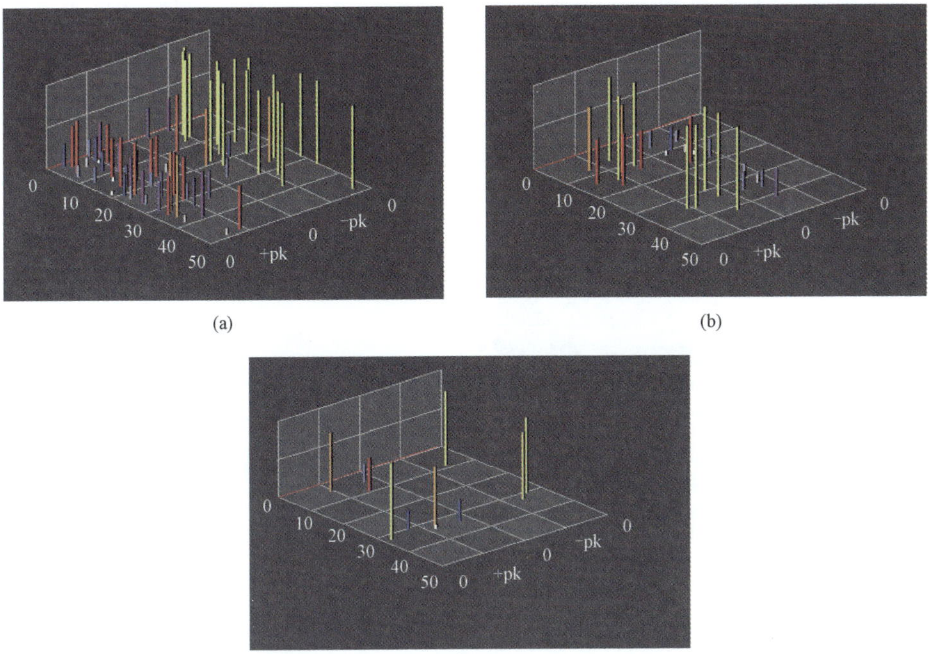

(a)　　(b)

(c)

图 5 - 22　特高频局部放电检测结果

（a）A 相电缆终端；（b）B 相电缆终端；（c）C 相电缆终端

压金属电极与环氧树脂之间有明显气腔，随后使用 X 射线透视仪对该环氧套管进行了检测，扫描结果如图 5 - 23 所示。

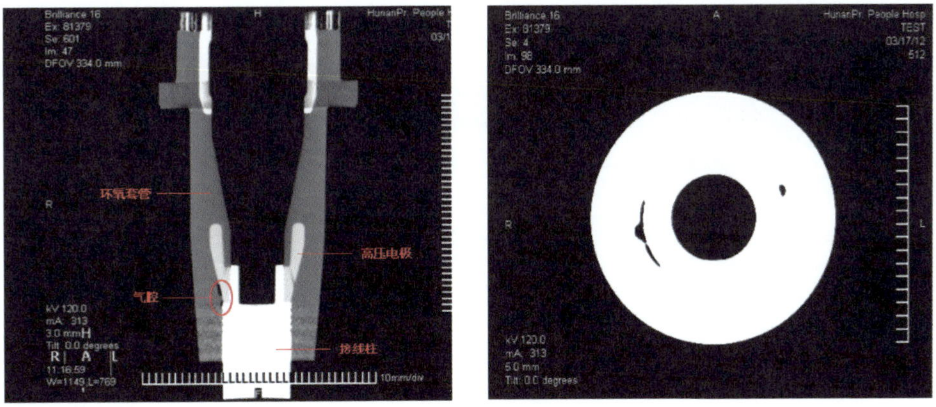

(a)　　(b)

图 5 - 23　扫描结果

（a）环氧套管整体扫描；（b）环氧套管缺陷点断面扫描

切开环氧套管查找缺陷点，在环氧套管高压电极与环氧树脂之间发现气腔，气腔位置与X射线扫描结果一致，气腔缺陷所在位置如图5-24所示。

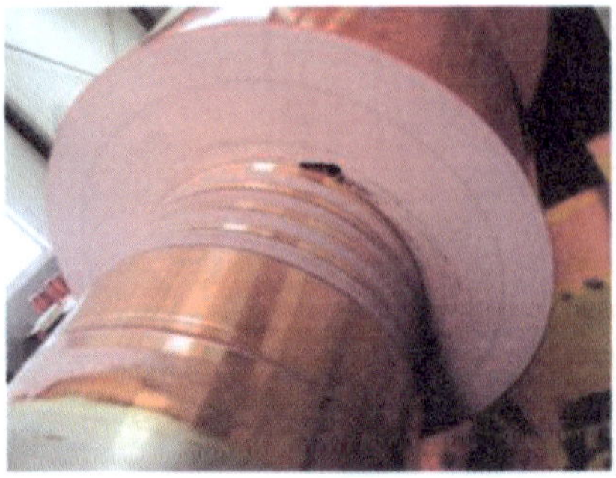

图5-24 气腔缺陷所在位置

对存在缺陷的设备进行更换后，再次检测未见异常信号。

（三）结论

（1）通过该案例，证明高频局部放电检测能够有效检测出GIS绝缘内部放电（即空穴放电）。

（2）三相共体式结构的GIS，如能够检测到高频信号，可以确定缺陷所在的相别。

（3）多种手段联合检测能够取得很好的检测效果。

三、110kV电缆GIS终端局部放电案例三

（一）案例简介

2013年1月29日，对220kV某变电站巡视过程中，检测人员发现1号主变压器存在异常信号，通过复测判断该主变压器110kV B相电缆终端存在放电。更换该电缆终端后复测局部放电信号消失，对更换下来的电缆终端进行检查，发现应力锥存在沿面放电痕迹。

（二）案例分析

1. 高频局部放电检测

1号主变压器高频局部放电检测结果如图5-25所示。

2. 特高频局部放电检测

对1号变压器110kV电缆B相进行特高频局部放电检测（使用DMS在110kV B相电缆处信号最大），特高频局部放电检测结果如图5-26所示。

3. 多通道超声定位

1号主变压器超声检测结果如图5-27所示。

通过超声定位，可确定放电源位于电缆终端，排除了与变压器连接线的放电，进一步定位放电点位于电缆终端尾管处，实际设备位置见图5-27（c）红圈处。

4. 数据分析

通过对放电谱图分析，该放电类似绝缘内部缺陷或沿面放电，同时该放电能够检测到超声信号，初步判断该信号为沿面放电。

110kV B相电缆终端与其余两相存在明显反相关系，可以确定该放电位于110kV B相电缆终端，同时通过超声定位可以确定该放电位于110kV B相电缆终端尾管处。

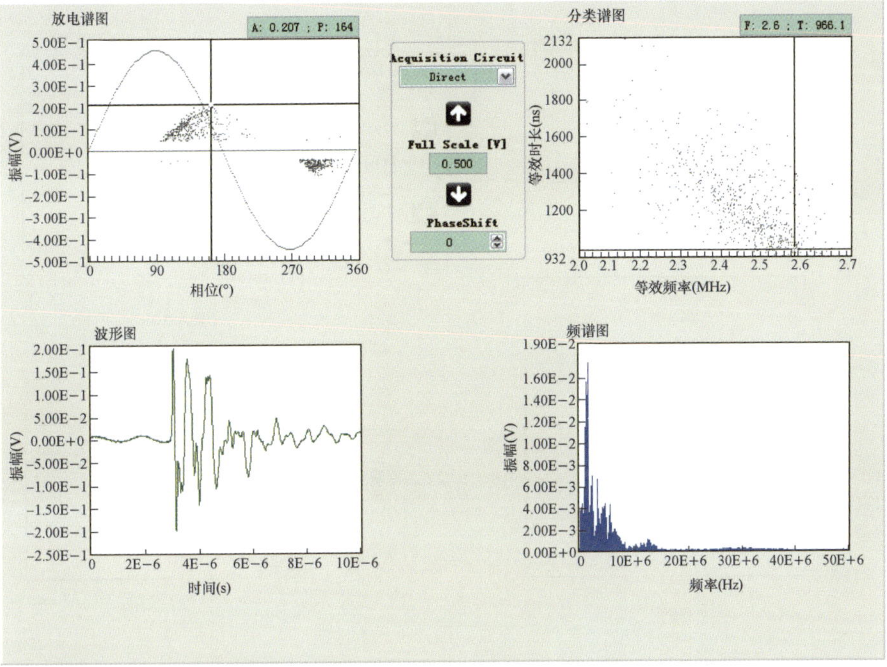

(a)

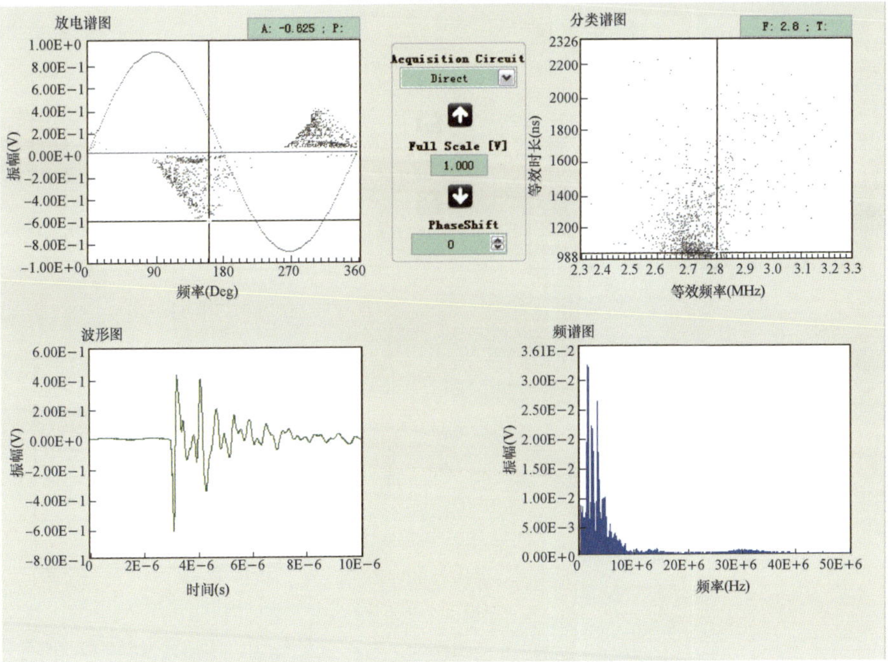

(b)

图 5-25　1号主变压器高频局部放电检测结果（一）

(a) 110kV A相电缆终端PRPD图；(b) 110kV B相电缆终端PRPD图

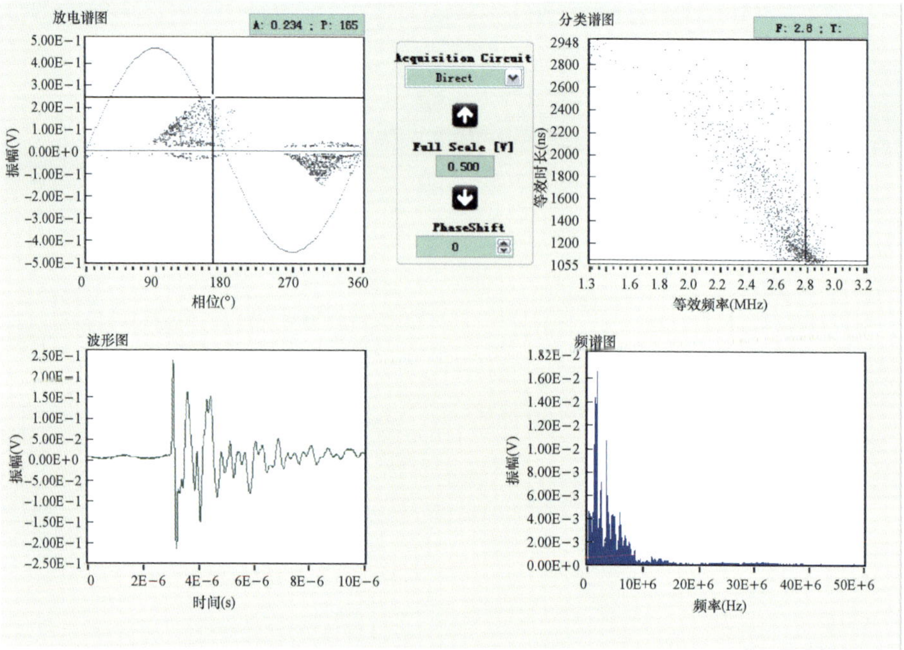

(c)

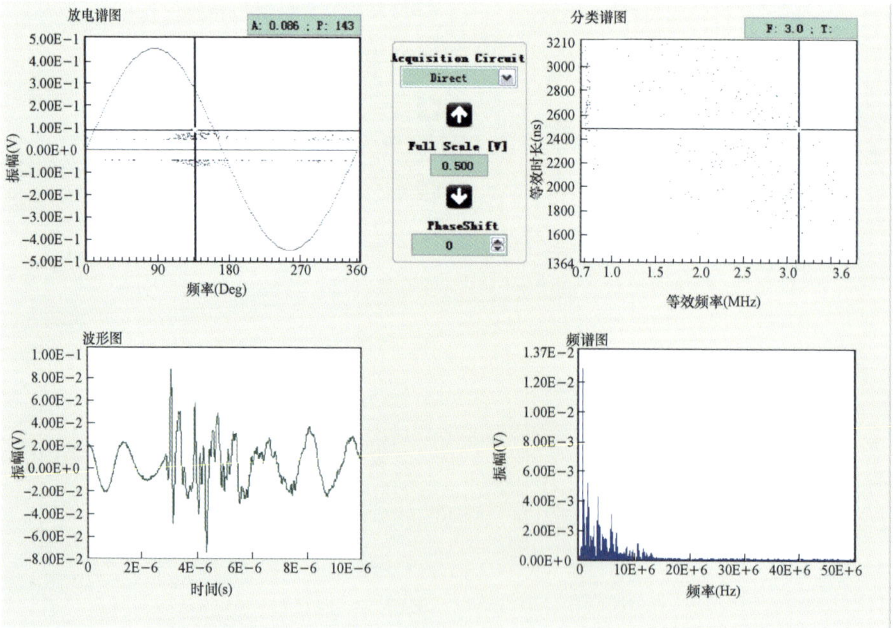

(d)

图 5-25　1 号主变压器高频局部放电检测结果（二）

（c）110kV C 相电缆终端 PRPD 图；（d）220kV A 相电缆终端 PRPD 图

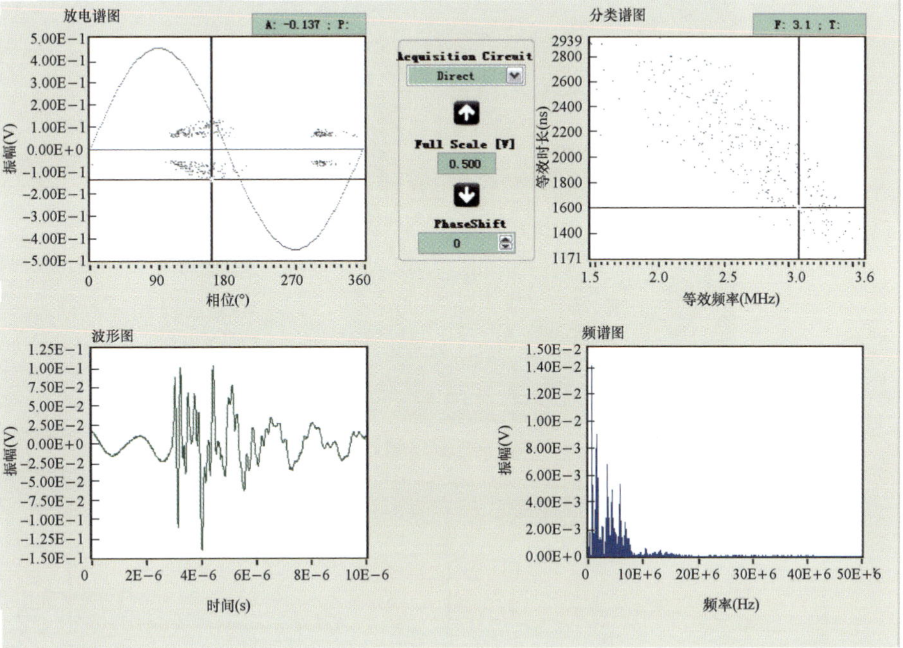

(e)

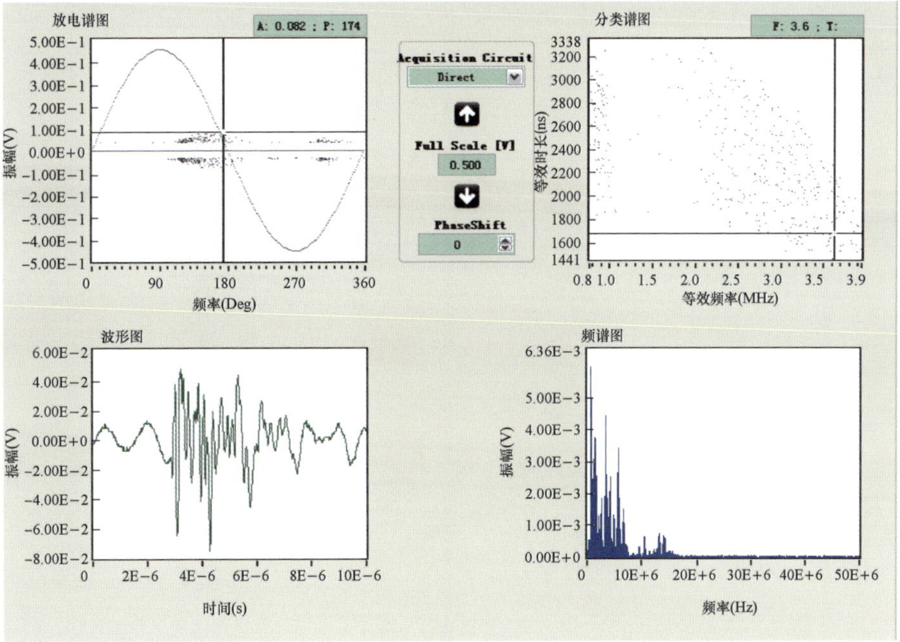

(f)

图 5-25　1号主变压器高频局部放电检测结果（三）

（e）220kV B相电缆终端PRPD图；（f）220kV C相电缆终端PRPD图

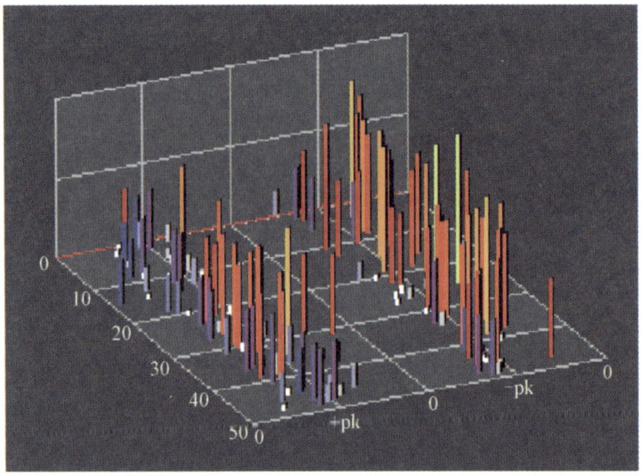

图 5-26　1 号主变压器特高频局部放电检测结果

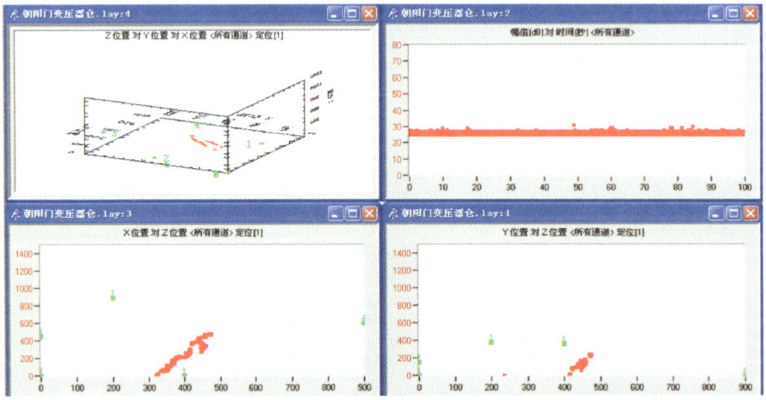

(a)

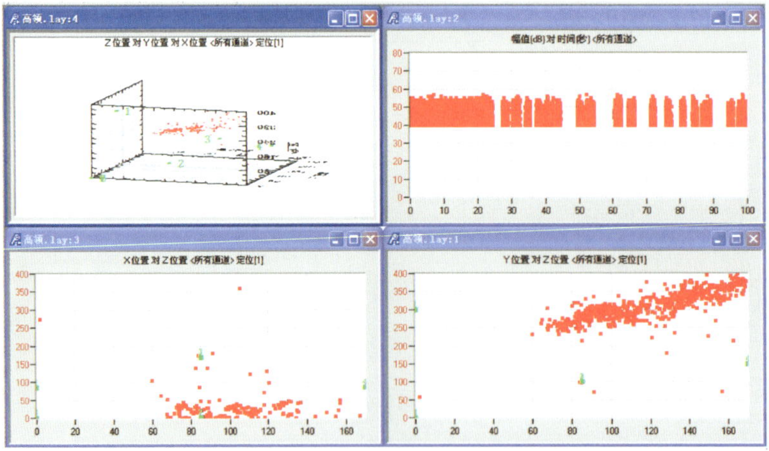

(b)

图 5-27　1 号主变压器超声检测结果（一）

（a）1 号主变压器电缆终端超声；（b）1 号主变压器 110kV 侧 B 相电缆桶

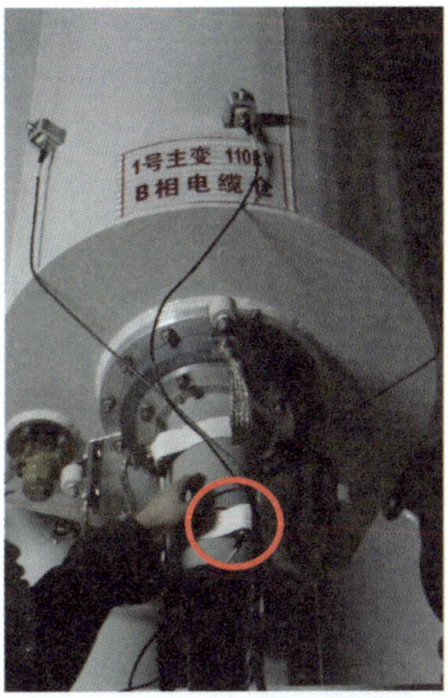

(c)

图 5 - 27　1 号主变压器超声检测结果（二）

（c）1 号主变压器 110kV 侧 B 相电缆尾管

5. 处理情况

对 110kV B 相电缆终端进行了更换，发现尾管处存在多处沿面放电痕迹，分析认为由于渗漏油原因在电力电缆外半导电层与应力锥内半导电层间形成油膜，破坏了应力锥内半导电喇叭口均压结构，应力锥半导体结构在较强电场作用下形成悬浮电位，分别造成应力锥外表面与接地小辫之间放电，应力锥内侧半导电与电力电缆外半导电层之间爬电，110kV B 相电缆终端解体情况如图 5 - 28 所示。

(a)　(b)

图 5 - 28　110kV B 相电缆终端解体情况

（a）接地线与内绝缘放电痕迹；（b）主绝缘管内部放电痕迹

对存在缺陷的电缆终端进行更换后，再次检测未见异常信号。

（三）结论

（1）通过该案例，证明高频局部放电检测能够有效检测出电缆终端沿面放电。

（2）采取多通道超声定位的方式能够得到比较精确的定位结果。

四、 110kV 电缆 GIS 终端局部放电案例四

（一）案例简介

2013 年 9 月 12 日，在 220kV 某变电站进行状态监测工作时，检测人员发

现 110kV GIS 112 间隔存在特高频异常信号。复测后确定 112 间隔 GIS 电缆仓内 B 相电缆终端存在空穴放电，经过检查发现其环氧套管内部存在空穴。该 GIS 绝缘盆子采取金属全封闭结构。

（二）案例分析

2013 年 8 月 26 日、9 月 12 日，分别对 GIS 112 间隔及其他部分间隔进行了检测。

1. 特高频局部放电检测

特高频局部放电检测结果如图 5-29 所示。

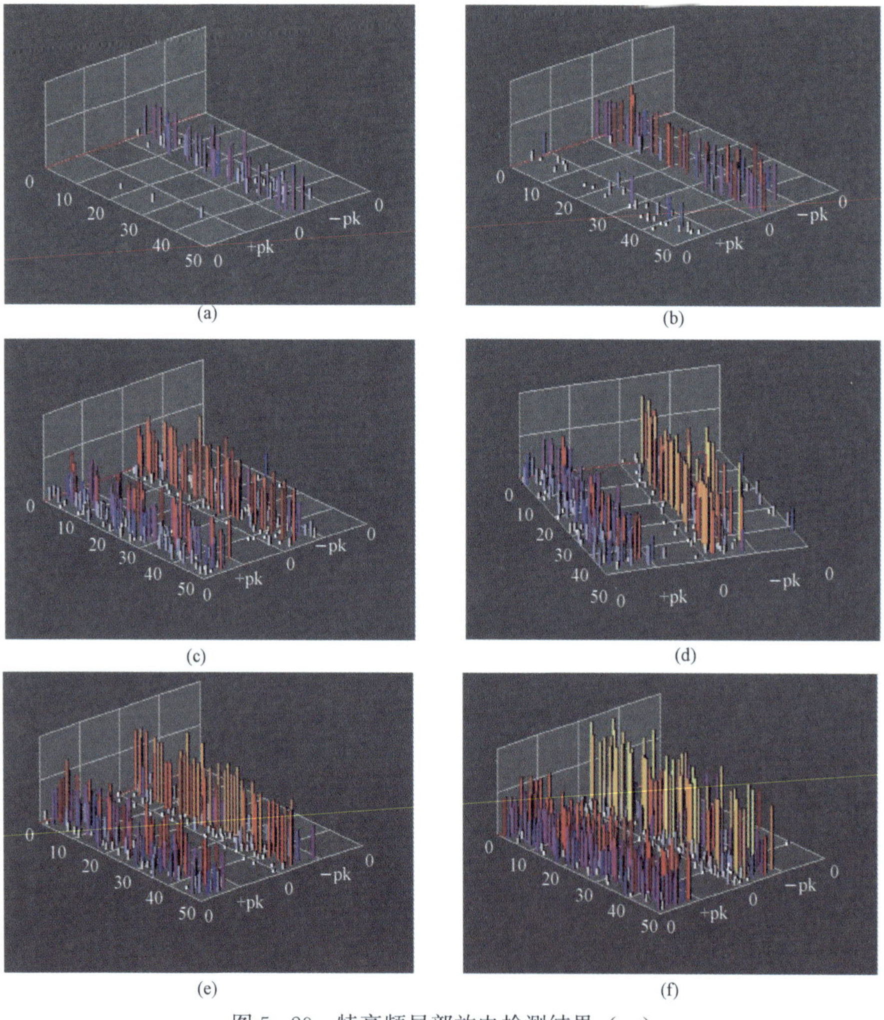

图 5-29　特高频局部放电检测结果（一）

（a）8 月 26 日 111 间隔电缆终端；（b）9 月 12 日 111 间隔电缆终端；
（c）8 月 26 日 112 间隔 A 相电缆终端；（d）9 月 12 日 112 间隔 A 相电缆终端；
（e）8 月 26 日 112 间隔 B 相电缆终端；（f）9 月 12 日 112 间隔 B 相电缆终端

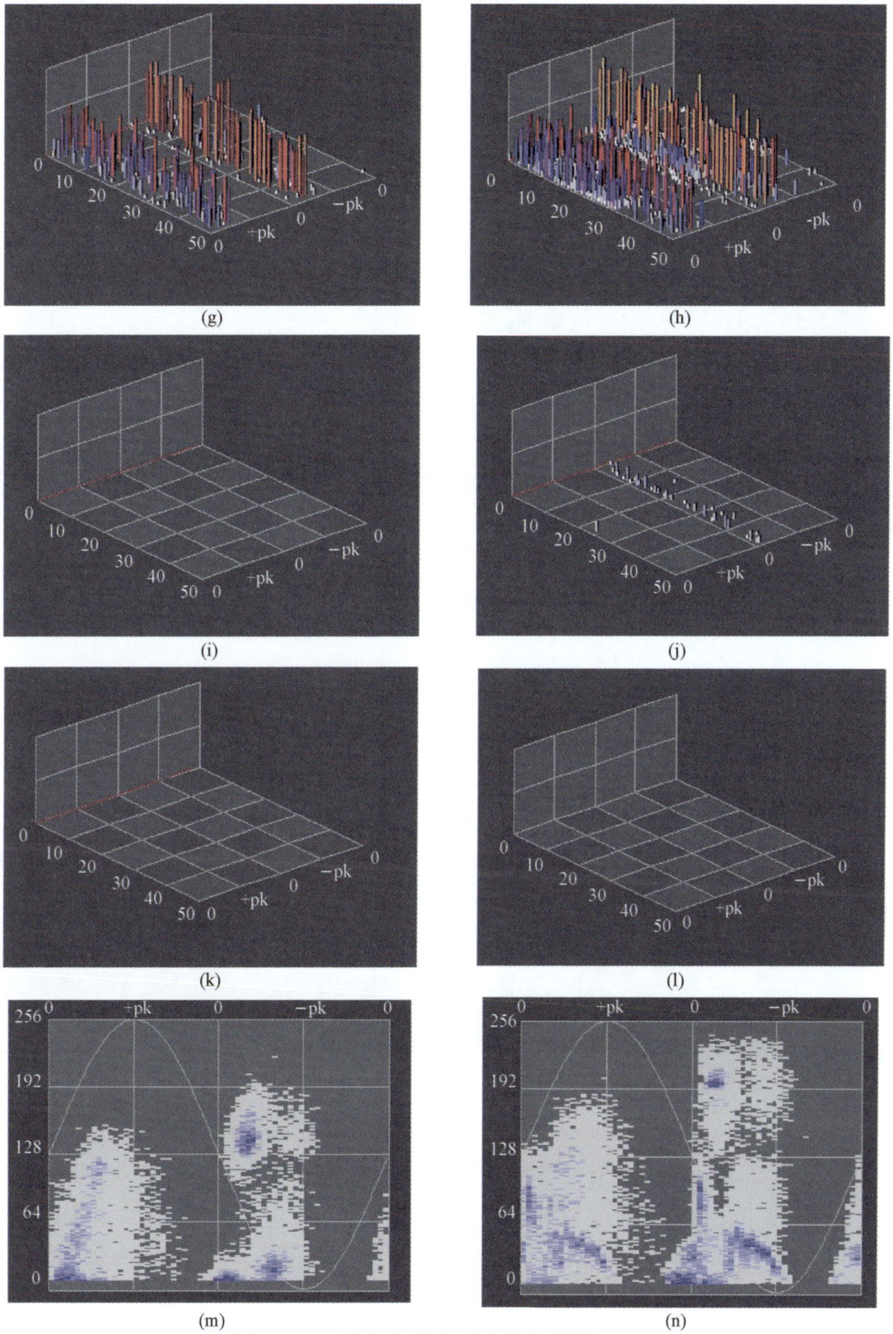

图 5-29　特高频局部放电检测结果（二）

（g）8 月 26 日 112 间隔 C 相电缆终端；（h）9 月 12 日 112 间隔 C 相电缆终端；

（i）8 月 26 日 114 间隔电缆终端；（j）9 月 12 日 114 间隔电缆终端；

（k）8 月 26 日 115 间隔电缆终端；（l）9 月 12 日 115 间隔电缆终端；

（m）8 月 26 日 112 间隔 B 相电缆终端 PRPD 图；（n）9 月 12 日 112 间隔 B 相电缆终端 PRPD 图

2. 超声波检测

未见异常。

3. 气体检测

未见异常。

4. 示波器定位

示波器定位及通道信号灯光位置如图 5-30 所示。

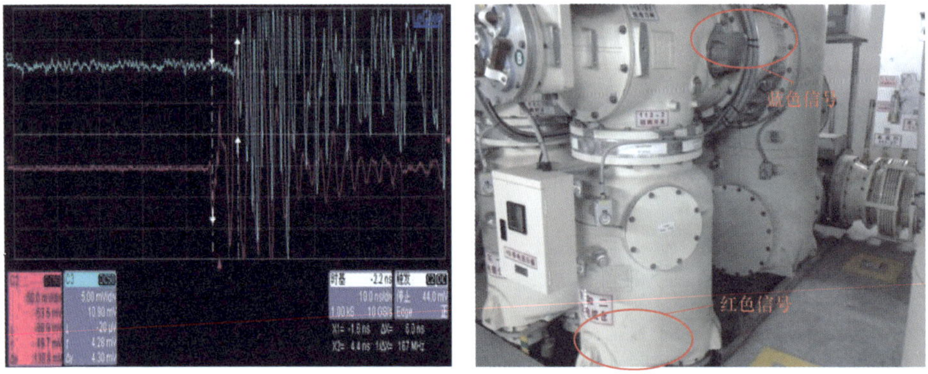

(a)

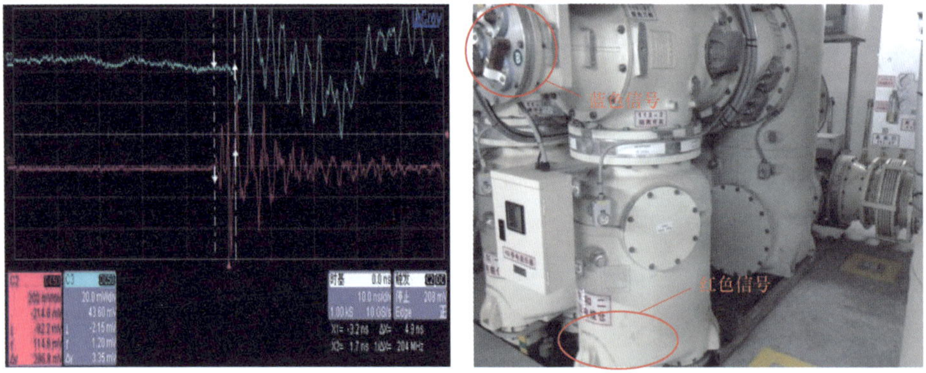

(b)

图 5-30　示波器定位及通道信号灯光位置

(a) 定位一；(b) 定位二

图 5-30（a）中，112-27 与电缆终端信号时延为 6ns；图 5-30（b）中，112-17 与电缆终端信号时延为 5ns。

对 112 电缆采取高频结合示波器，检测结果如图 5-31、图 5-32 所示。

将特高频与高频信号同时接入示波器，检测结果如图 5-33 所示。

5. 数据分析

（1）通过对比各间隔检测谱图，可以确定缺陷位于 GIS 112 间隔。

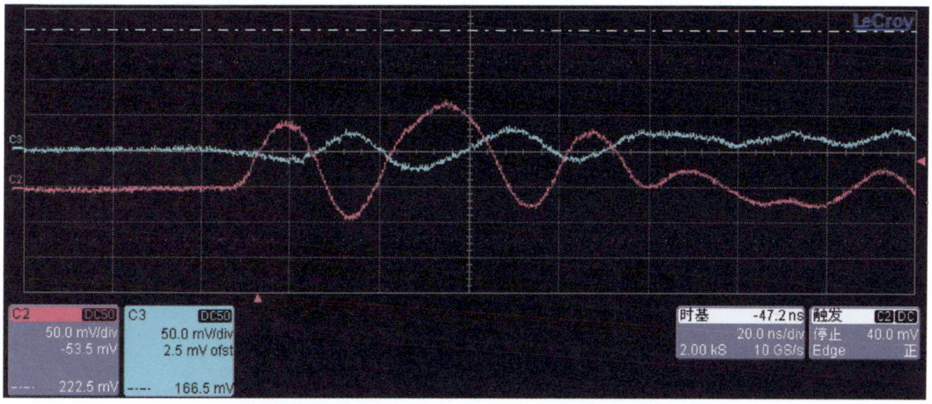

图 5 - 31　红色信号为 B 相所检测到的高频信号，蓝色信号为 A 相所检测到的高频信号

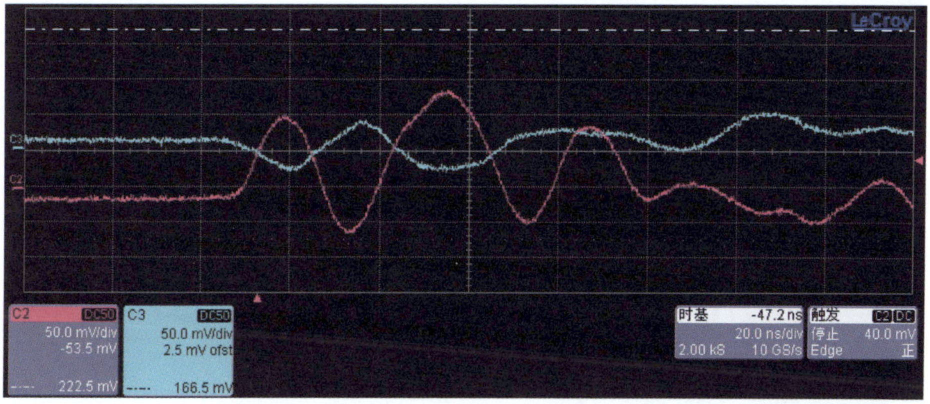

图 5 - 32　红色信号为 B 相所检测到的高频信号，蓝色信号为 C 相所检测到的高频信号

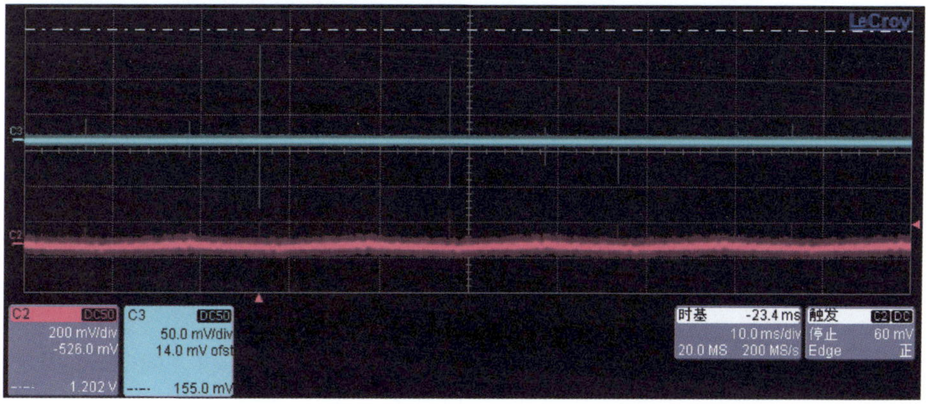

图 5 - 33　红色信号为高频信号，蓝色信号为特高频信号

（2）通过观察检测谱图可以确定该缺陷为绝缘内部缺陷，即空穴类缺陷。

（3）通过使用示波器进行定位，可以确定该缺陷位于 GIS 112 电缆仓下部，即实际设备图红圈处。

（4）对三相高频检测谱图进行对比，可以发现 B 相检测信号与 A、C 两相反相，因此缺陷位于 B 相。

（5）将特高频信号与高频信号进行对比，可以确定检测到的为同一信号。

（6）将上述检测结果结合设备的实际内部结构，最终确定 112 电缆终端绝缘部分存在空穴放电。

6. 处理情况

确定原因后，对存在缺陷的设备进行了更换，通过实验发现该电缆终端环氧套管存在缺陷，随后使用 CT 对该环氧套管进行了检测，结果如图 5-34、图 5-35 所示。

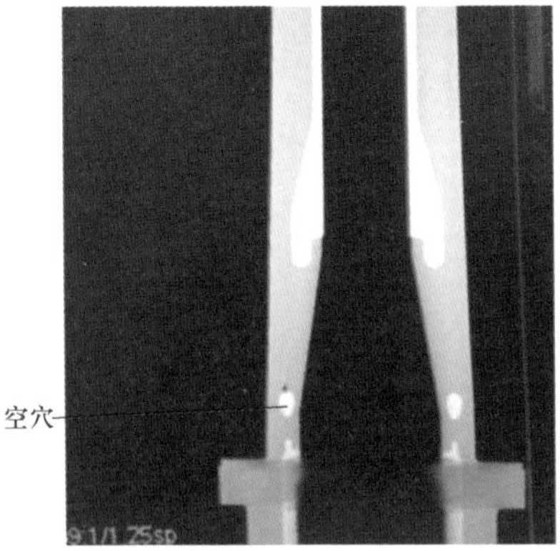

图 5-34　环氧套管 CT 扫描轴向重建图

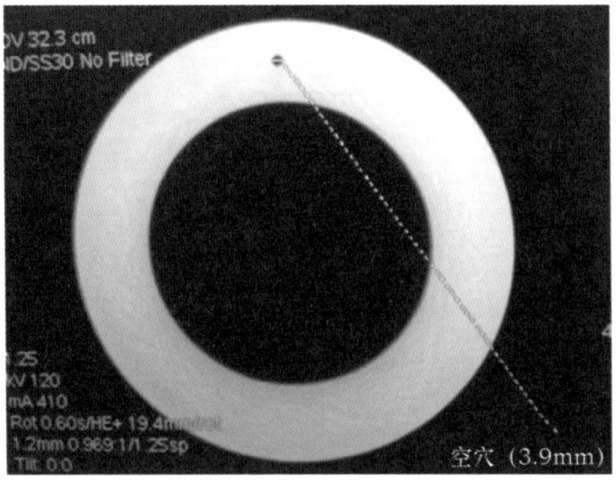

图 5-35　环氧套管 CT 扫描断面图

通过扫描，发现该套管底部内衬件端部存在 3.9mm 不规则空腔。对存在缺陷的设备进行更换后，再次检测未见异常信号。

（三）结论

（1）通过该案例，证明特高频局部放电检测能够有效检测出 GIS 绝缘内部放电（即空穴放电）。

（2）对于采取金属全封闭结构绝缘盆子的 GIS，使用特高频局部放电检测法在电缆终端及接地开关的绝缘位置能够发现 GIS 内部缺陷。

（3）使用示波器能够比较准确地对缺陷进行定位。

（4）三相共体式结构的 GIS，如能够检测到高频信号，可以确定缺陷所在的相。

（5）多种手段联合检测能够取得很好的检测效果。

五、110kV 电缆 GIS 终端局部放电案例五

（一）案例简介

2018 年 12 月 18 日，在对 220kV 某变电站进行全站检测时，发现某 110kV 电缆线路 GIS 终端 A 相存在放电信号，放电类型为悬浮放电。之后开仓检查，发现放电痕迹。

（二）案例分析

1. 高频局部放电检测

高频局部放电检测结果如图 5 - 36 所示。A 相信号取尾管与外护套连接线。

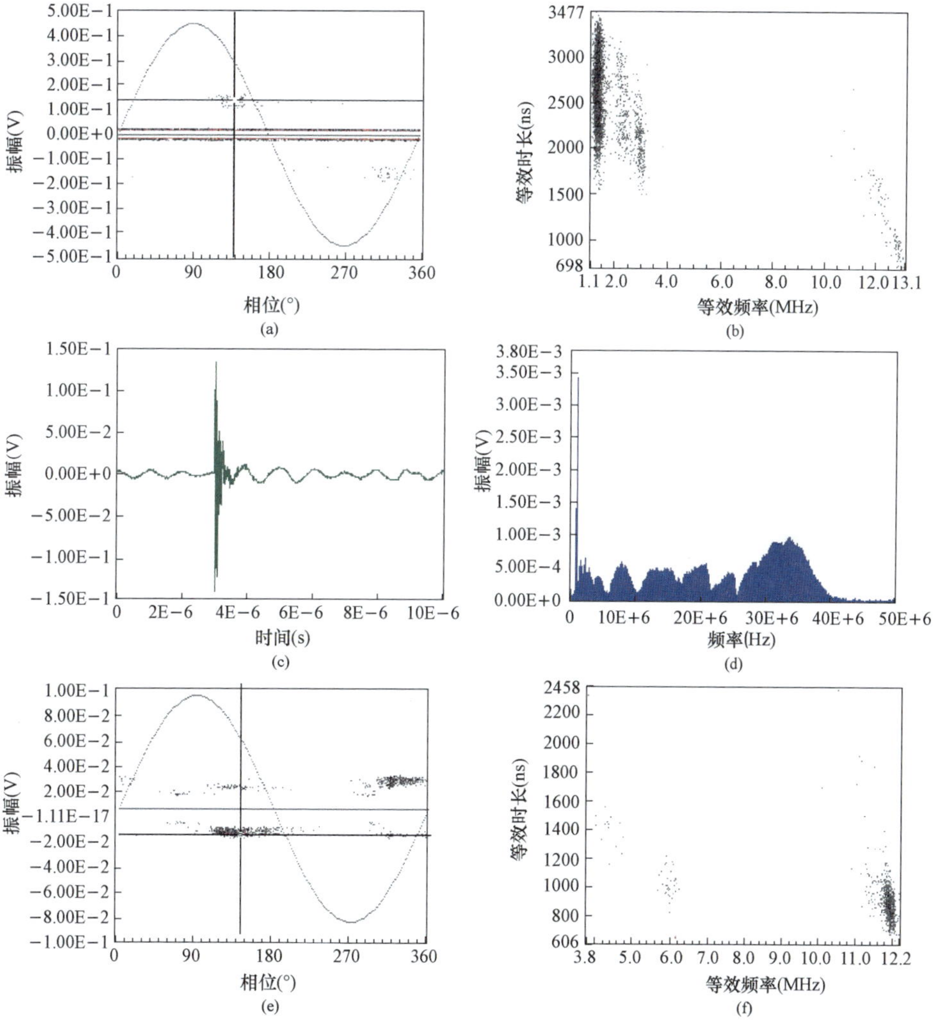

图 5 - 36　高频局部放电检测结果（一）

（a）A 相放电谱图；（b）A 相分类谱图；（c）A 相脉冲波形；

（d）A 相频谱图；（e）B 相放电谱图；（f）B 相分类谱图

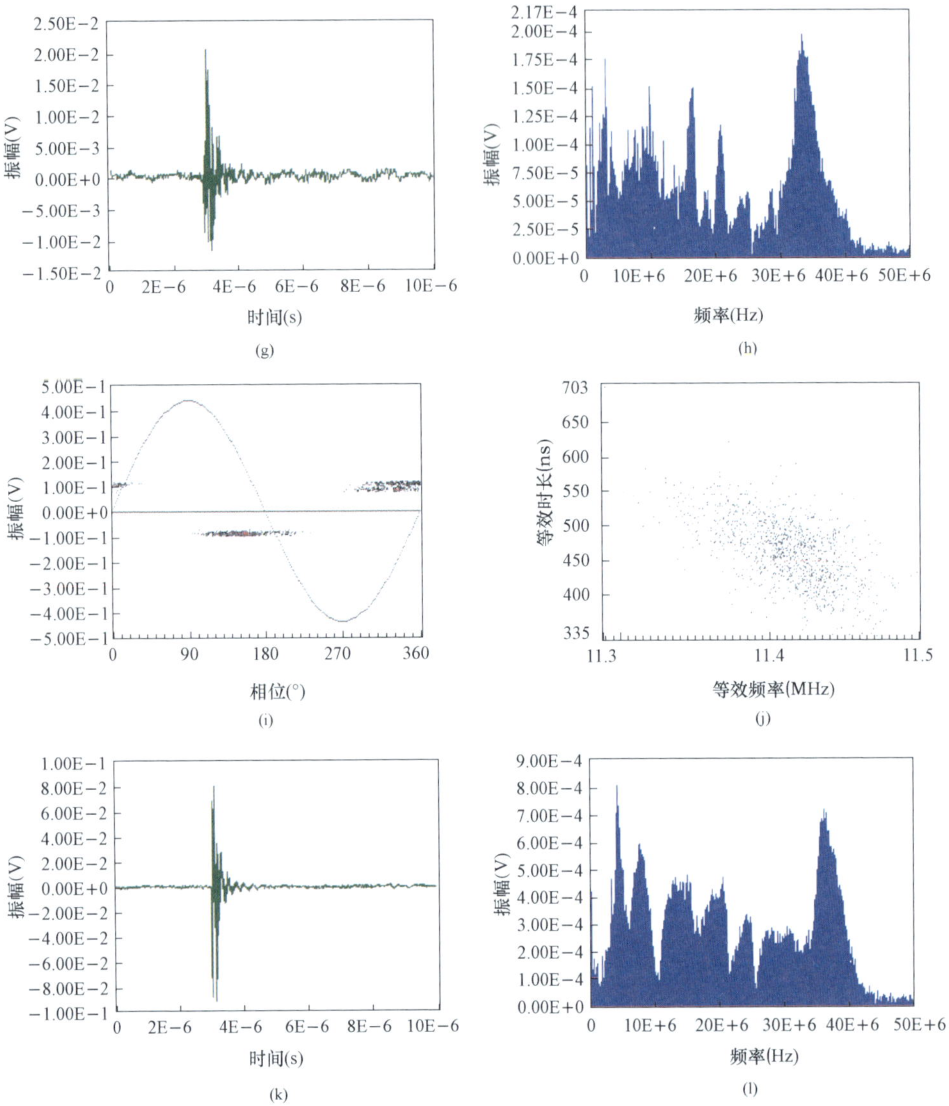

图 5-36　高频局部放电检测结果（二）

（g）B 相脉冲波形；（h）B 相频谱图；（i）C 相放电谱图；

（j）C 相分类谱图；（k）C 相脉冲波形；（l）C 相频谱图

使用 TechImp 对 GIS 终端进行局部放电检测，发现 A 相 200mV、B 相 40mV、C 相 150mV 异常信号。A、B、C 三相频谱分布 0～40MHz。

2. 频谱仪检测

频谱仪检测结果如图 5-37 所示。

使用频谱仪对 A、B、C 接头环氧进行全频（0～3GHz）扫描，存在超高

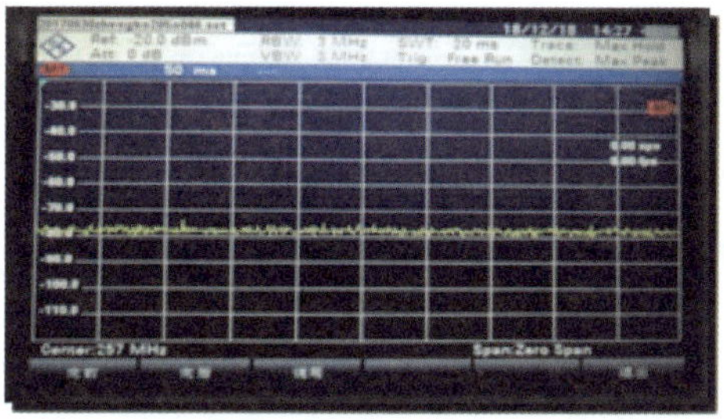

(a)

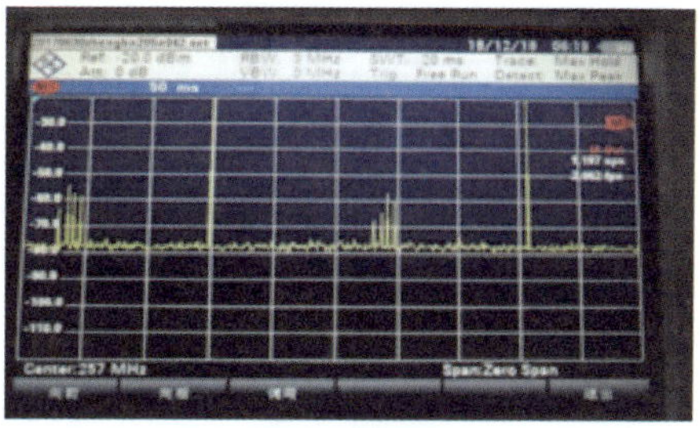

(b)

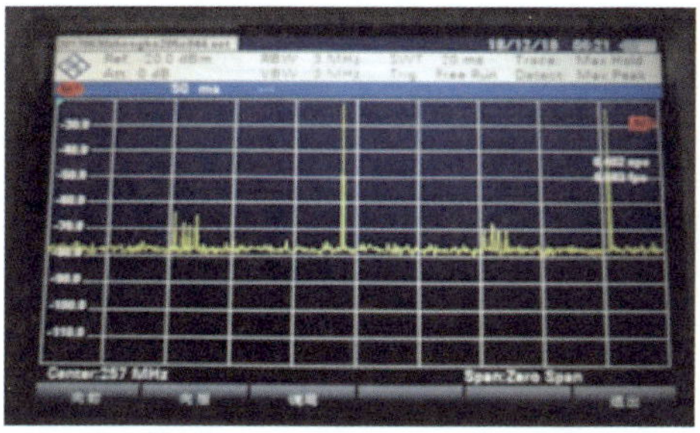

(c)

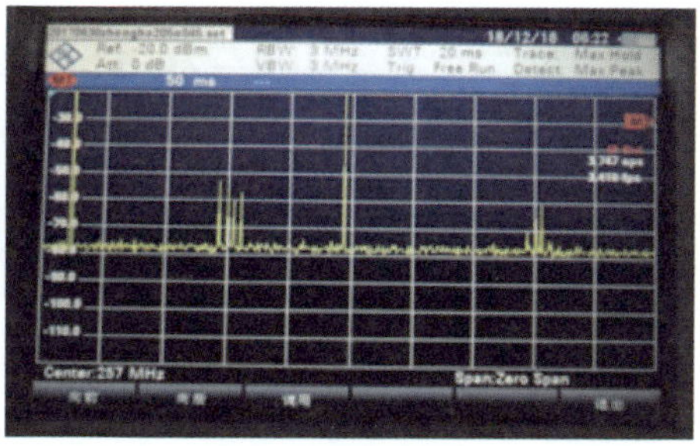

(d)

图 5-37　频谱仪检测结果（MHz，一个周期谱图）

（a）空气背景噪声；（b）A 相；（c）B 相；（d）C 相

频信号，定频（257MHz）对超高频信号进行一周期（20ms）扫描，发现信号具有放电信号的典型特征。

3. 特高频局部放电检测

检测结果如图 5-38 所示。

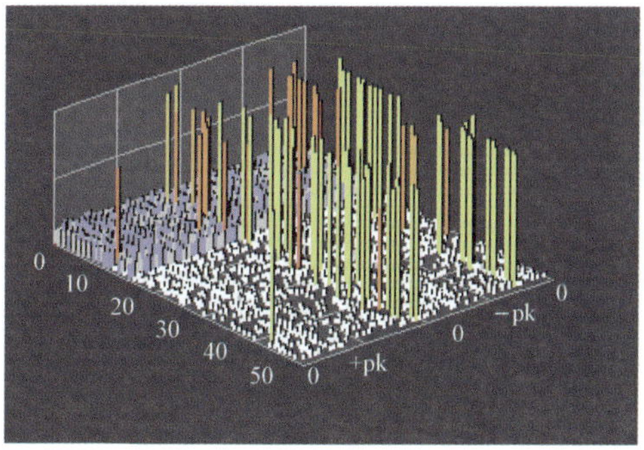

(a)

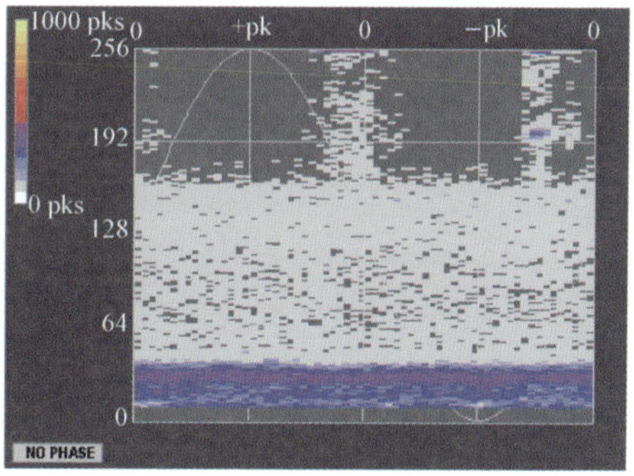

(b)

图 5-38　特高频局部放电检测结果（一）

（a）A 相；（b）A 相 PRPD

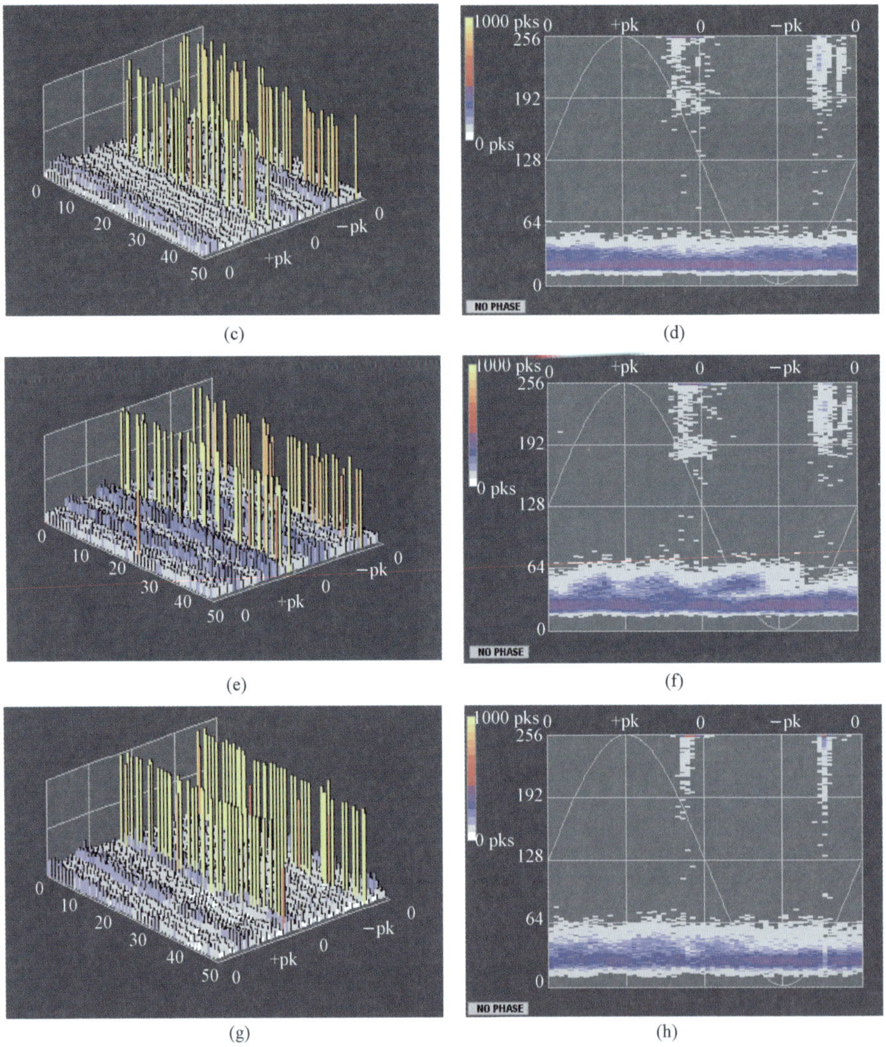

图 5-38　特高频局部放电检测结果（二）

（c）B 相；（d）B 相 PRPD；（e）C 相；（f）C 相 PRPD；

（g）电缆仓上方第一个接地开关绝缘件；（h）电缆仓上方积累 1min PRPD

除该电缆仓间隔外，其余间隔及周围空间的信号幅值都显著变小，因此初步推断信号位于该间隔内。放电类型判断为悬浮放电。

4. 超声波检测

未见异常信号。

5. 示波器定位

示波器现场定位位置如图 5-39 所示。

图 5-39　示波器现场定位位置

（1）将探头 1（黄色）放在电缆终端 A 相封堵地面位置，探头 2（绿色）放在电缆终端 A 相环氧位置，两者的时间差为 1.8ns，先到达探头 2。此时时差对应的距离差（54cm）正好与探头的距离相等，说明信号是从环氧传出，再到达封堵地面，信号可能位于电缆终端尾管内或位于 GIS 内部。示波器定位分析图如图 5-40 所示。

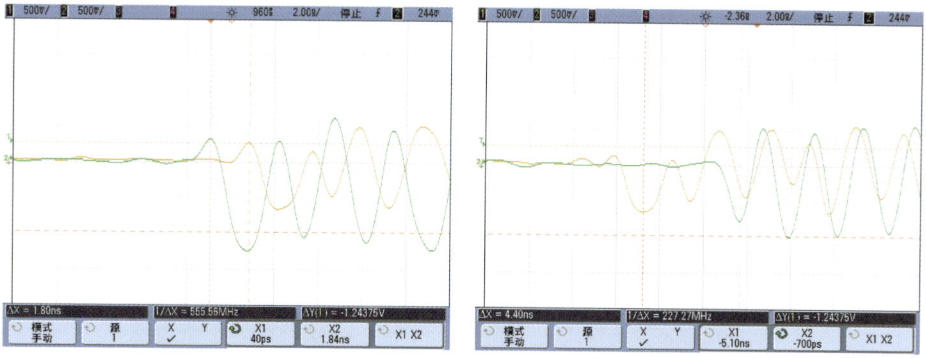

(a)　(b)

图 5-40　示波器定位分析图

(a) 分析图一；(b) 分析图二

（2）将探头 1 放置于 A 相终端封堵地面位置，探头 2 放置在电缆仓接接地开关绝缘件位置，两者的时间差为 4.4ns，探头的距离差为 2.7m，经过计算放电源位置位于电缆仓底筒附近（实物图中已标出）。

（3）为确定信号是哪相发出的，将探头放在 A、B 电缆终端，信号优先到达 A 相，时差 0.28ns；放在 A、C 电缆终端，优先到达 A 电缆终端，时差 1.45ns。所以放电点位于 A 相附近。时间差测量如图 5 - 41 所示。

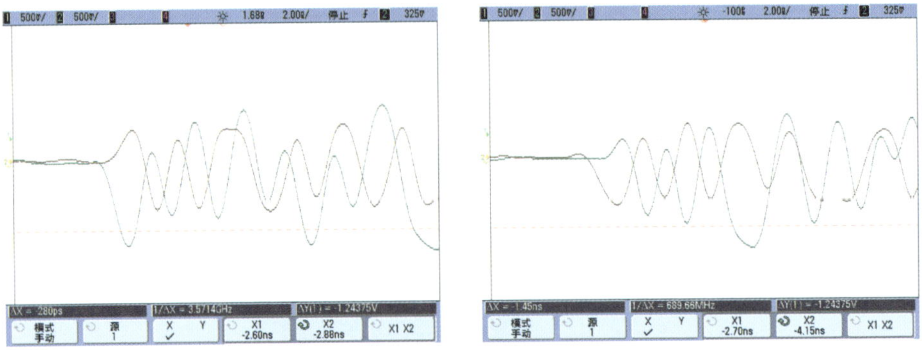

(a)　　(b)

图 5 - 41　时间差测量

（a）A、B 相示波器测距结果；（b）A、C 相示波器测距结果

6. 数据分析

综合上述检测数据，局部放电信号是从该电缆仓 A 相电缆终端位置附近发出，放电类型为悬浮电位放电。

7. 处理情况

通过开仓检查，发现：

（1）A 相电缆终端动触头有轻微放电痕迹，如图 5 - 42 所示。

(a)　　(b)

图 5 - 42　电缆终端动触头放电痕迹

（a）情况一；（b）情况二

（2）A 相电缆终端静触头发现疑似放电痕迹存在，其他两相导体无异常，电缆仓内清洁（如图 5-43 所示）。

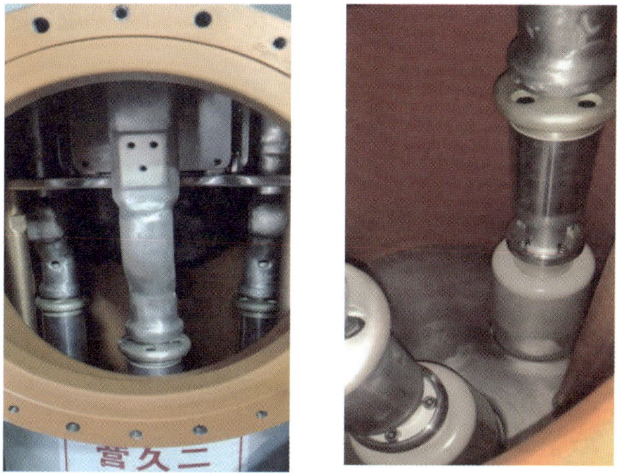

(a)　　　　(b)

图 5-43　其他检查情况

（a）导体无问题；（b）电缆仓内清洁

（三）结论

（1）根据检测数据，判断局部放电信号是从该电缆仓 A 相电缆终端位置附近发出，放电类型为悬浮电位放电。

（2）开仓检查发现，A 相电缆终端动触头有轻微放电痕迹，放电位置、放电类型与局部放电检测结果相符。

（3）使用 TechImp 高频检测仪、频谱仪、DMS 特高频检测仪，初步判断异常信号位置和放电类型；使用示波器对放电信号进行精确定位；通过开仓检查确认缺陷的具体情况，验证局部放电检测结果。

六、 110kV 电力电缆 GIS 终端局部放电案例六

（一）案例简介

2019 年 9 月 4 日，某 110kV 变联电缆检测发现异常信号；9 月 5 日该变联电缆停电后，异常信号消失；之后对该变联电缆进行了更换；9 月 10 日新变联电缆处于空载状态，无异常信号出现；9 月 11 日新变联电缆恢复正常运行状态后，异常信号出现；10 月 28 日，原变联电缆在电缆厂进行耐压试验，未发现异常信号。

（二）案例分析

1. 9 月 5 日高频局部放电检测（GIS 侧）

9 月 5 日高频局部放电检测结果如图 5-44 所示。

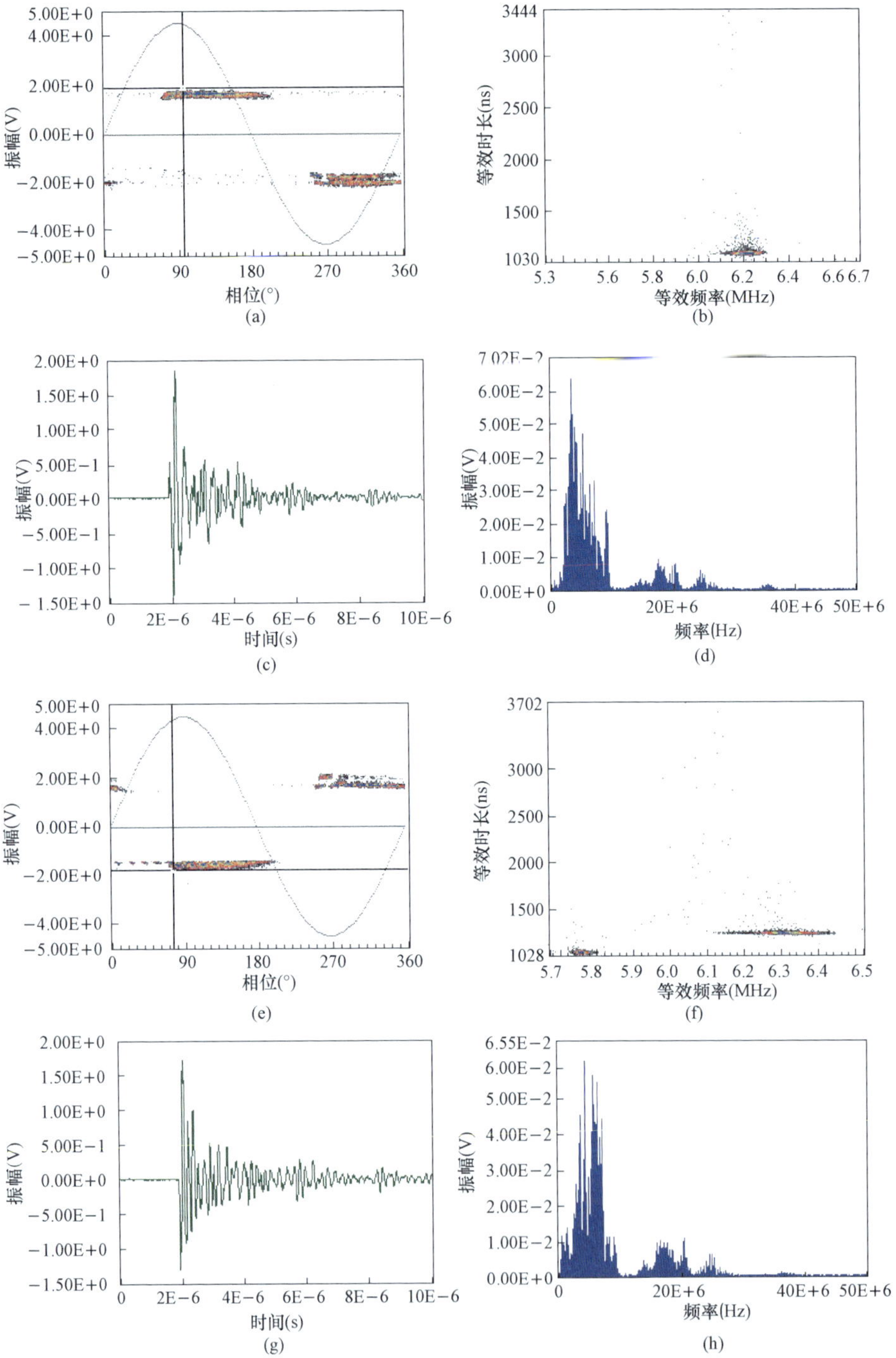

图 5-44　9 月 5 日高频局部放电检测结果（一）

(a) A 相放电谱图；(b) A 相分类谱图；(c) A 相脉冲波形；(d) A 相频谱图；
(e) B 相放电谱图；(f) B 相分类谱图；(g) B 相脉冲波形；(h) B 相频谱图

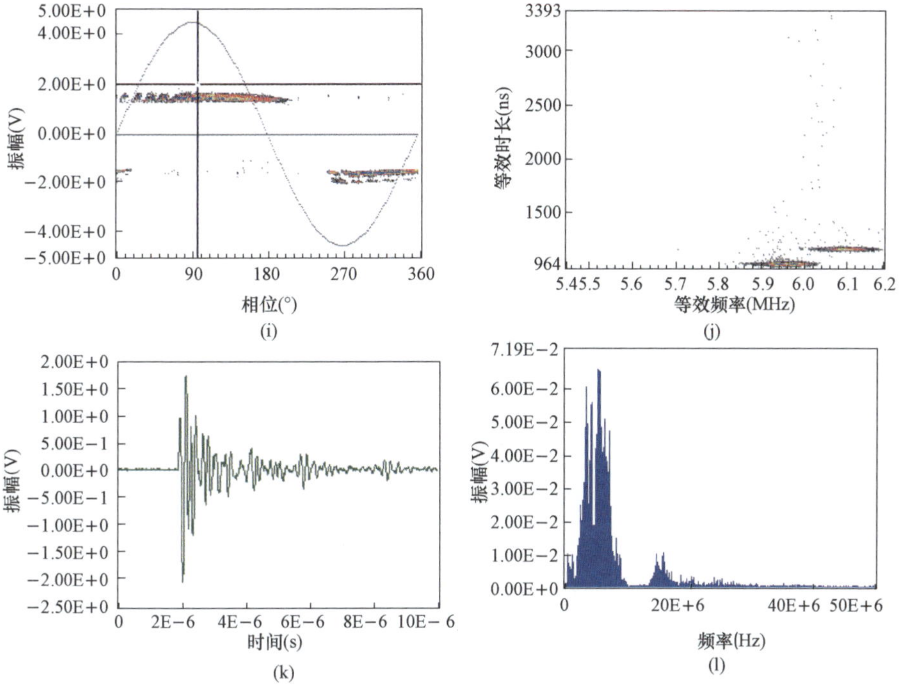

图 5-44　9 月 5 日高频局部放电检测结果（二）

(i) C 相放电谱图 (j) C 相分类谱图；(k) C 相脉冲波形；(l) C 相频谱图

TechImp 测试结果分析：A、B、C 三相均存在异常信号，其中 A 相幅值约为 1.6V，B 相幅值约为 1.9V，C 相幅值约为 1.6V；A、B、C 三相测量时采用同一相同步，B 相信号最强，且 B 相信号与 A、C 两相信号谱图相反，初步判断信号源为 B 相，A、C 两相为 B 相通过接地线传导的信号。根据放电信号的相位特征和等效频率，初步判断该异常信号为悬浮放电。

2. 9 月 5 日特高频局部放电检测

采用特高频局部放电检测仪对该变联电缆终端环氧、空间进行特高频局部放电检测，均未发现异常信号。

3. 9 月 5 日示波器定位

分别在该变联电缆变压器端接地线处、GIS 端互层保护器接线处，使用 HFCT 采集信号，通过两根同轴线连接到示波器的两个通道上，得到波形如图 5-45 所示。

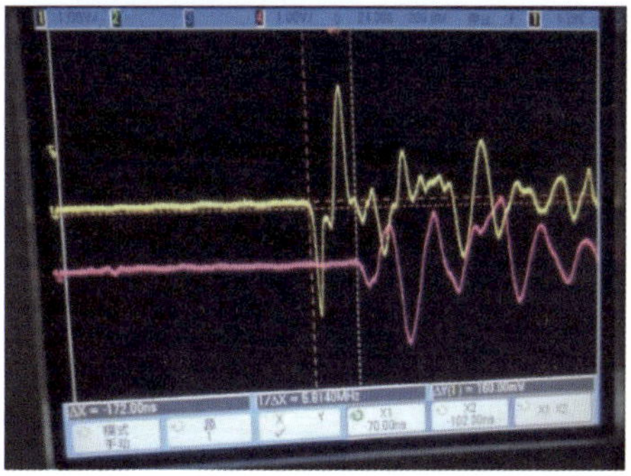

图 5-45　示波器定位波形

将虚线调节到波形起始沿，得到两个波形起始沿相差 172ns，按照波速 172m/μs 计算，得到信号源距离两个测量位置的距离差为：172m/μs×172ns＝29.6m，经测量，电力电缆长度为 40.1m，从而推算出信号源位于变联电缆本体段上，距离 GIS 端较近，距离 GIS 端约为 5m，该分析结果存在一定误差，主要分为以下几类：

（1）电力电缆波速取值造成的误差。交联聚乙烯电缆中的波速为 160～190m/μs，此次检测中，取理论波速 172m/μs 进行计算，假设实际波速为 190m/μs，则计算结果为：190m/μs×172ns＝32.7m，误差为 3.1m。

（2）示波器光标调节产生的误差。调节示波器光标（虚线时），转动一格的最小单位为 5ns，产生的误差为 5ns×172m/μs＝0.86m，两个光标产生的误差最大为 1.72m。

（3）波形畸变产生的误差。高频脉冲信号在传播过程中，频率越高的分量衰减越快，由于信号到达两处测量点的距离不同，信号的畸变程度也不同，导致波形的形状发生改变；此外，变压器侧信号取自接地线，GIS 侧信号取自互层保护器连接线，信号耦合方式存在差异。以上因素导致的波形变化，对测量结果也会产生较大的误差。

经咨询专家及生产厂家技术人员经验，在局部放电信号定位中，示波器定位法需结合其他判据才能得出结论。在此次变联电缆的检测中，没有其他证据支持信号位于电力电缆上，因此无法得出局部放电信号位于电力电缆上的结论。

4. 9 月 11 日高频检测情况（GIS 侧）（恢复正常运行方式）

9 月 11 日高频局部放电检测结果如图 5-46 所示。

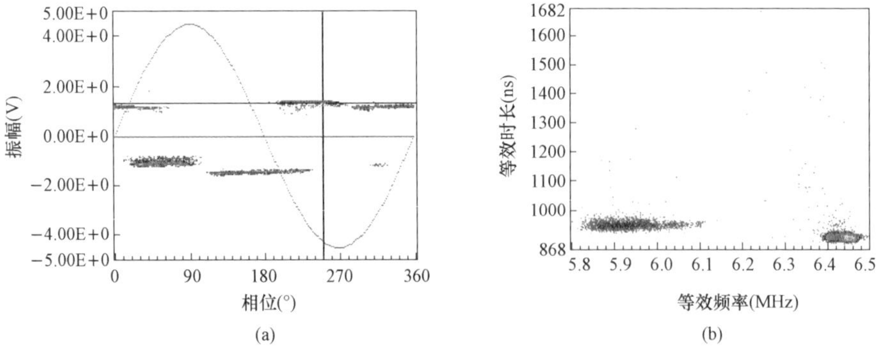

图 5-46　9 月 11 日高频局部放电检测结果（一）

（a）A 相放电谱图；（b）B 相分类谱图

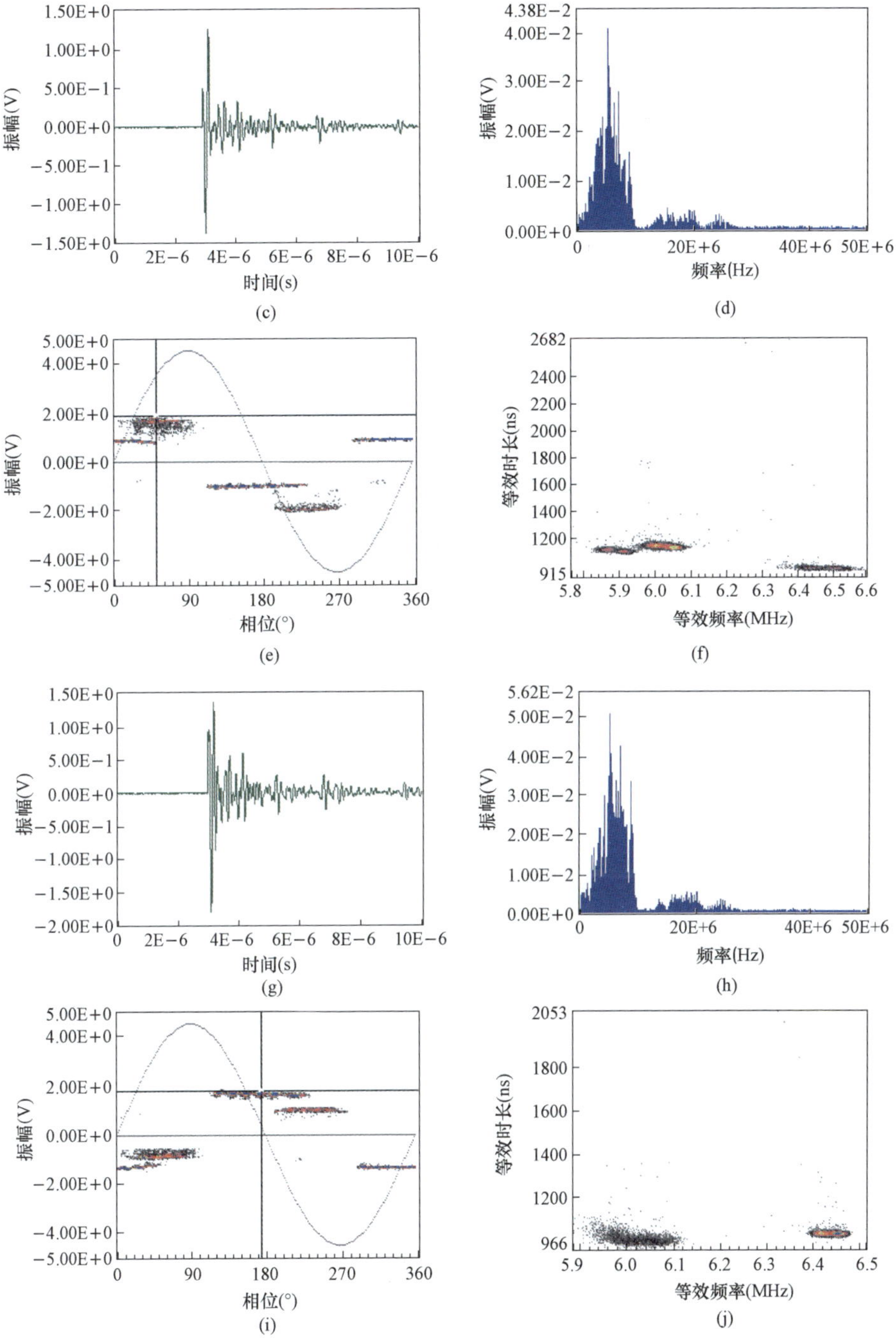

图 5-46　9 月 11 日高频局部放电检测结果（二）

(c) A 相脉冲波形；(d) A 相频谱图；(e) B 相放电谱图；(f) B 相分类谱图；(g) B 相脉冲波形；(h) B 相频谱图；(i) C 相放电谱图；(j) C 相分类谱图

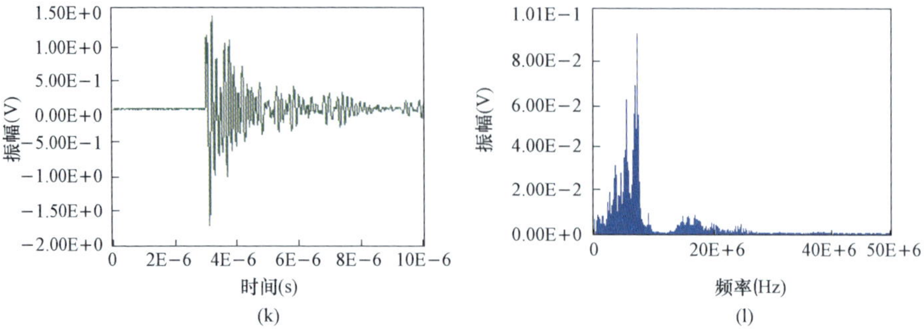

图 5-46　9 月 11 日高频局部放电检测结果（三）

（k）C 相脉冲波形；（l）C 相频谱图

根据放电谱图和分类谱图，判断存在两个放电源，对两个信号进行分离，结果如下：

（1）信号 1（6.4MHz 频率信号）分离谱图如图 5-47 所示。

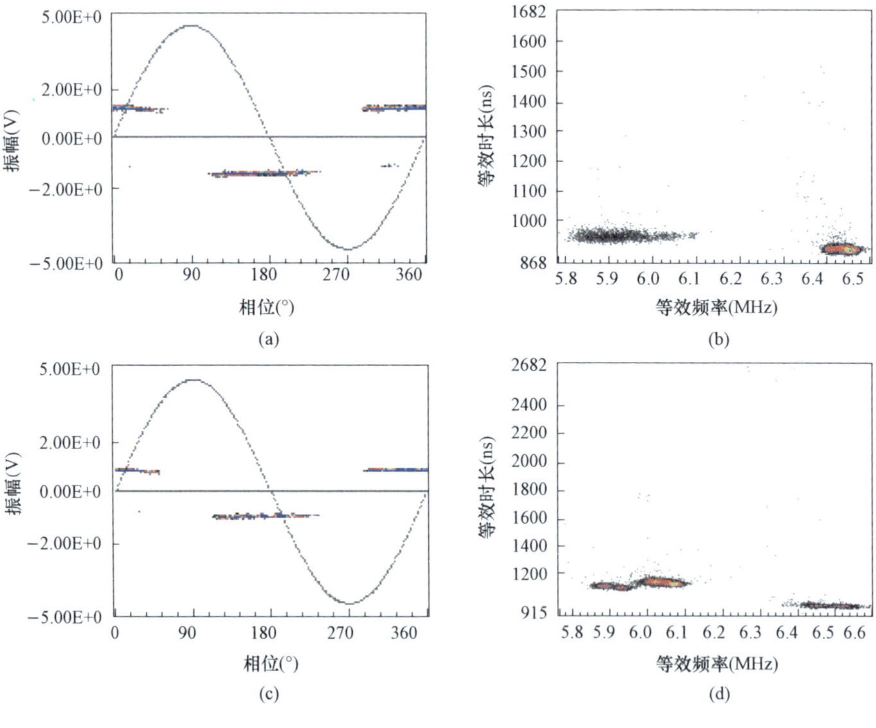

图 5-47　信号 1 高频检测分离谱图（一）

（a）A 相放电谱图；（b）A 相分类谱图；（c）B 相放电谱图；

（d）B 相分类谱图

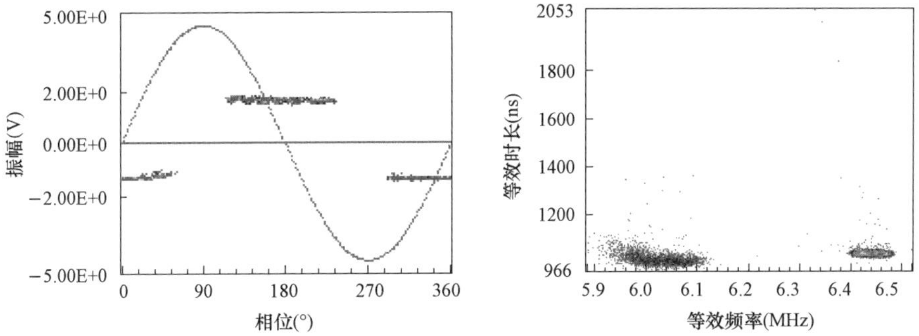

(e) (f)

图 5-47　信号 1 高频检测分离谱图（二）

（e）C 相放电谱图；（f）C 相分类谱图

TechImp 测试结果分析：A、B、C 三相均存在异常信号，其中 A 相幅值约为 0.9V，B 相幅值约为 0.8V，C 相幅值约为 1.8V；A、B、C 三相测量时采用同一相同步，C 相信号最强，且 C 相信号与 A、B 两相信号谱图相反，初步判断信号源为 C 相，A、B 两相为 C 相通过接地线传导的信号。根据放电信号的相位特征和等效频率，初步判断该异常信号为悬浮放电。

（2）信号 2（6.0MHz 频率信号）分离谱图如图 5-48 所示。TechImp 测试结果分析：A、B、C 三相均存在异常信号，其中 A 相幅值约为 1.3V，B 相幅值约为 2.0V，C 相幅值约为 1.2V；A、B、C 三相测量时采用同一相同步，B 相信号最强，且 B 相信号与 A、C 两相信号谱图相反，初步判断信号源为 B 相，A、C 两相为 B 相通过接地线传导的信号。根据放电信号的相位特征和等效频率，初步判断该异常信号为悬浮放电。

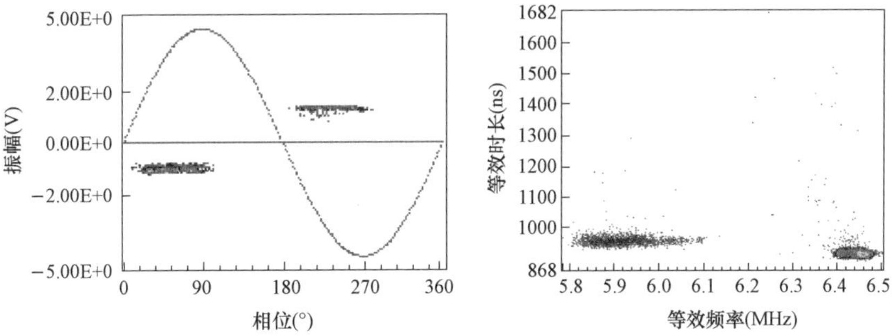

(a) (b)

图 5-48　信号 2 高频检测分离谱图（一）

（a）A 相放电谱图；（b）A 相分类谱图

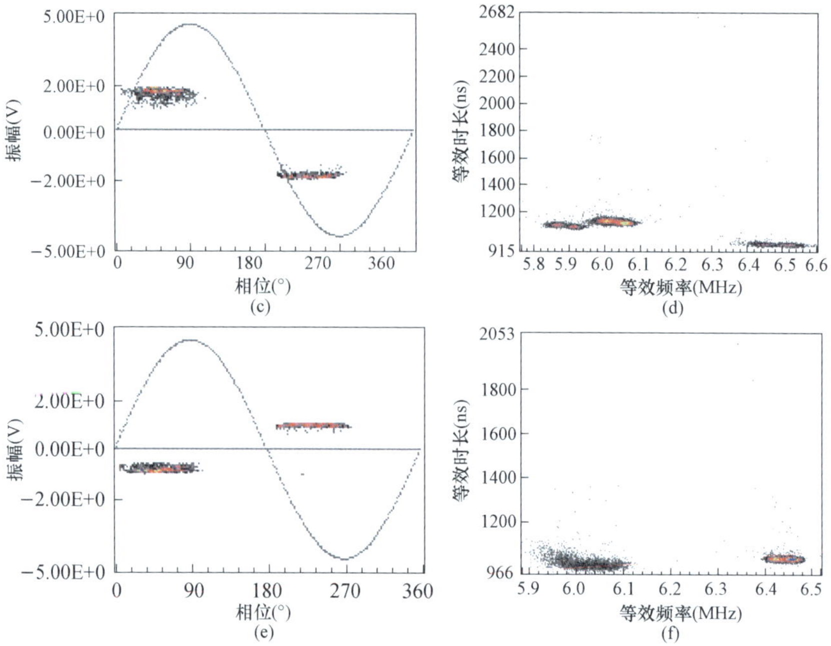

图 5-48 信号 2 高频检测分离谱图（二）

（c）B 相放电谱图；（d）B 相分类谱图；（e）C 相放电谱图；（f）C 相分类谱图

5. 9 月 11 日特高频局部放电检测（恢复正常运行方式）

采用特高频局部放电检测仪对该变联电缆终端环氧、空间进行特高频局部放电检测，均未发现异常信号。

6. 10 月 28 日耐压同步局部放电检测

（1）采用高频局部放电检测仪（TechImp PDCheck）在电缆夹层对 110kV GIS 101 间隔变联电缆进行高频局部放电检测，A、B、C 三相电缆本体均未检测到异常信号；高频局部放电检测结果如图 5-49 所示。

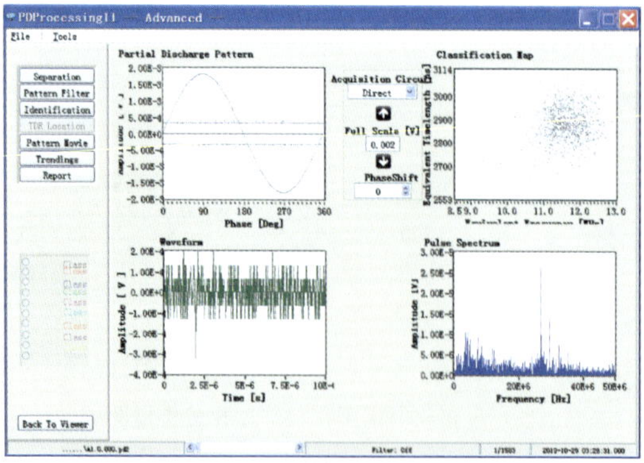

(a)

图 5-49 高频局部放电检测结果（一）

（a）A 相 $1.0U_0$

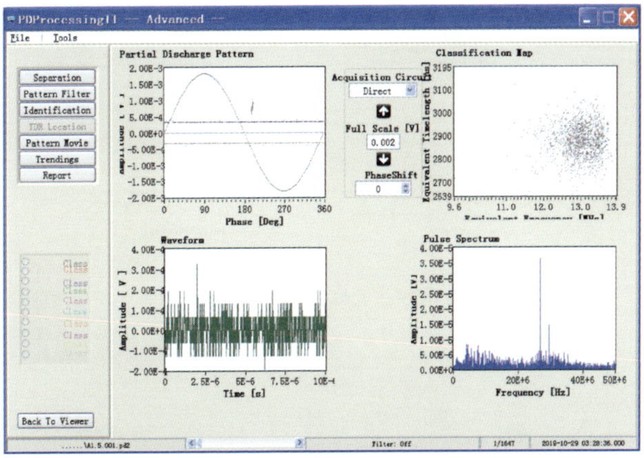

(b)

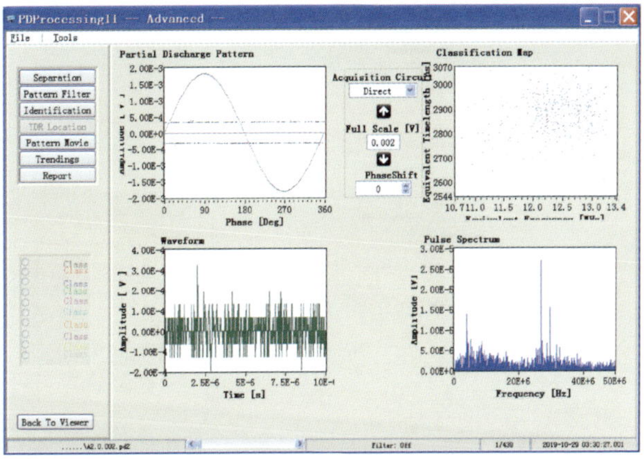

(c)

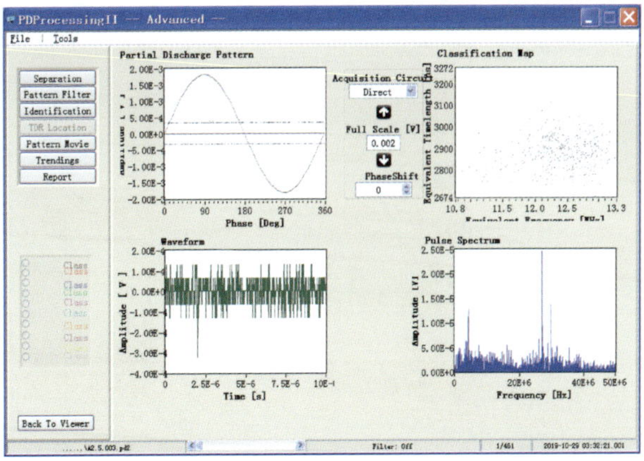

(d)

图 5-49　高频局部放电检测结果（二）

(b) A 相 1.5U_0；(c) A 相 2.0U_0；(d) A 相 2.5U_0

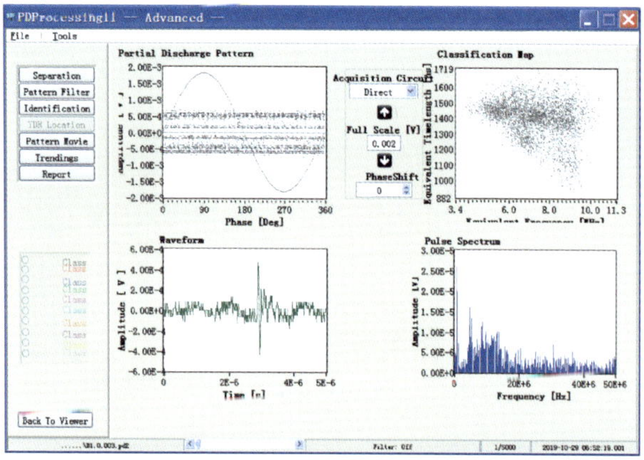

(e)

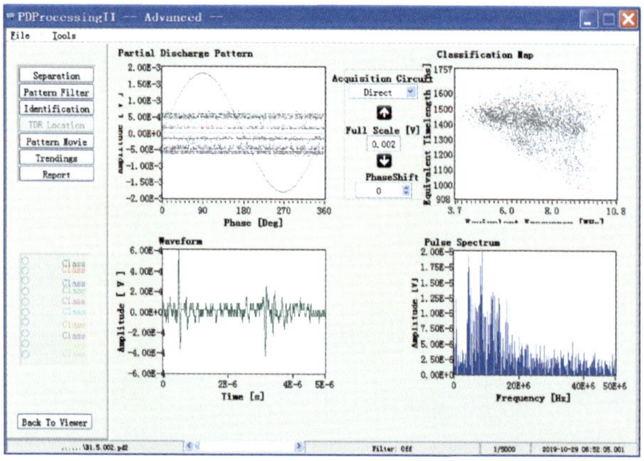

(f)

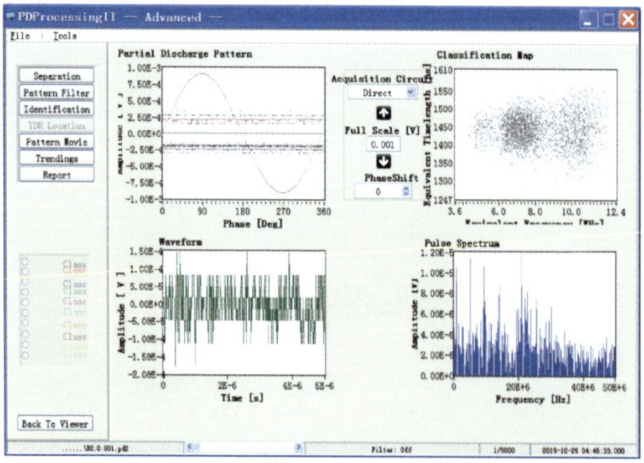

(g)

图 5-49　高频局部放电检测结果（三）

(e) B相 1.0U_0；(f) B相 1.5U_0；(g) B相 2.0U_0

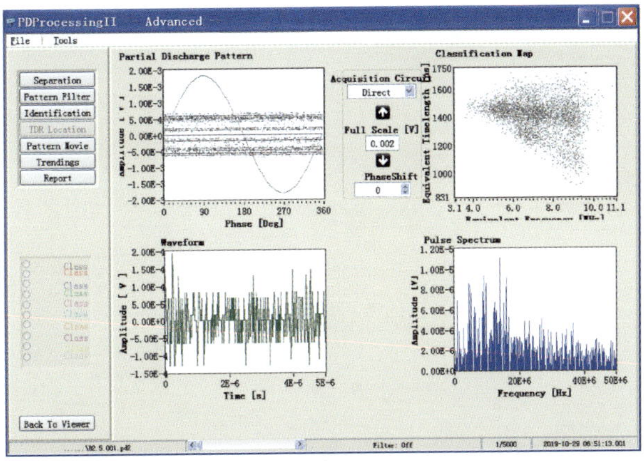

(h)

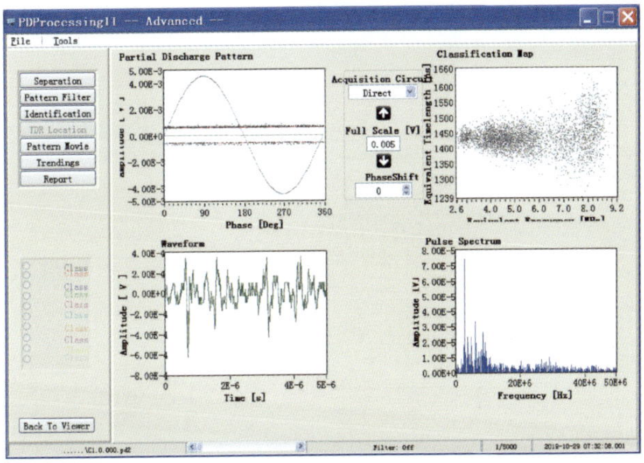

(i)

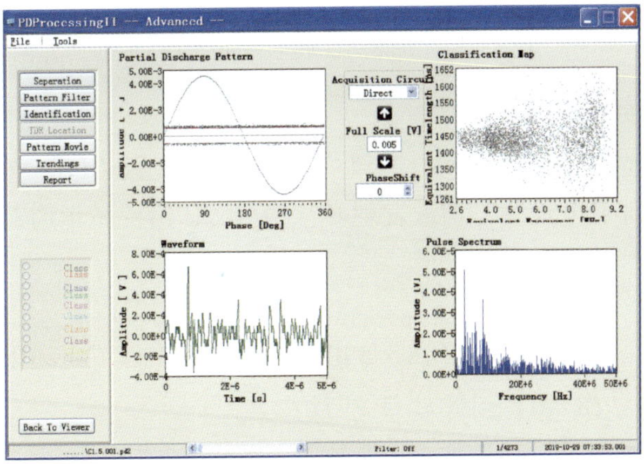

(j)

图 5-49　高频局部放电检测结果（四）

（h）B 相 2.5U_0；（i）C 相 1.0U_0；（j）C 相 1.5U_0

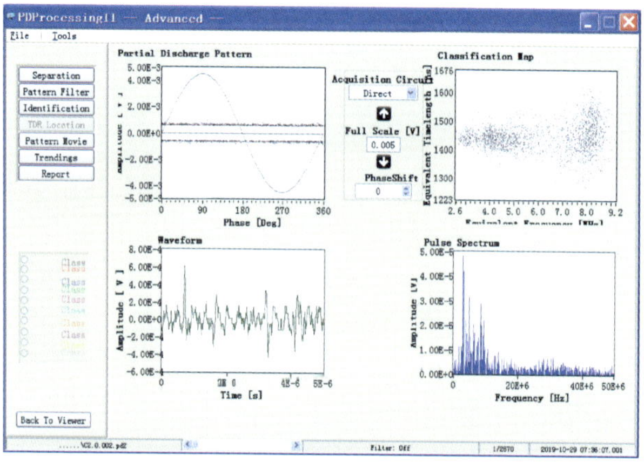

(k)

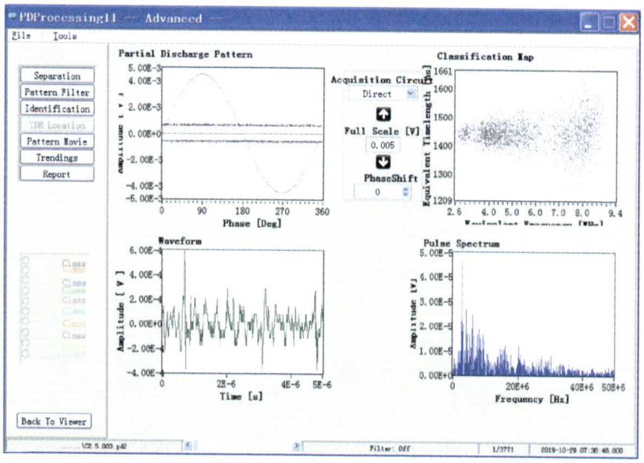

(l)

图 5-49 高频局部放电检测结果（五）

（k）C 相 2.0U_0；（l）C 相 2.5U_0

（2）采用特高频局部放电检测仪（DMS）对 110kV GIS 室电缆终端环氧进行特高频局部放电检测，均未发现异常信号。B 相特高频局部放电检测结果如图 5-50 所示。

（三）结论

根据以上情况，判断异常信号放电源不在电缆本体或电缆附件上。

七、35kV 电缆中间接头局部放电案例

（一）案例简介

2017 年 3 月，在使用 OWTS 系统对某路 35kV 交联聚乙烯电缆进行局部放电检测时，发现该电力电缆存在局部放电现象，随后定位了局部放电点。

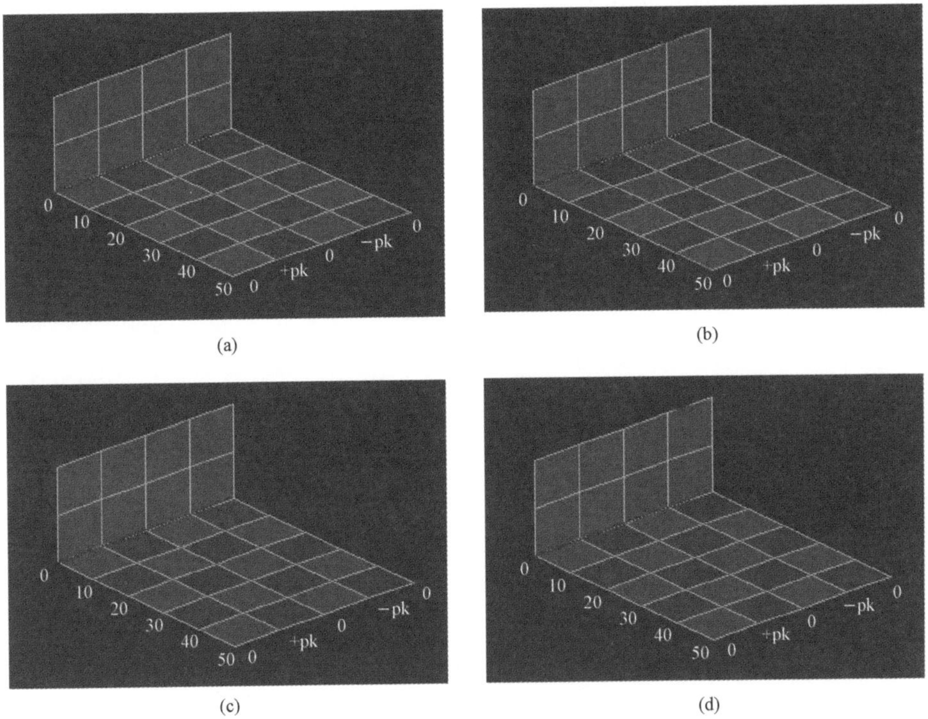

图 5-50　B相特高频局部放电检测结果

(a) 耐压 1.0U_0；(b) 耐压 1.5U_0；(c) 耐压 2.0U_0；(d) 耐压 2.5U_0

国内 35kV XLPE 电缆多采用三芯电缆形式，同一根电力电缆内包含三相导体。由于三芯电缆自身具有良好的磁屏蔽，一般只在线路的两个终端处将金属护层直接接地，在中间接头处不再另行接地，故而无法采集到接头处接地电流值。因此，对 35kV 及以下电压等级电力电缆而言，无法通过电磁耦合法测得中间接头处局部放电量。而在对线路整体进行检测方面，OWTS 系统具有独到的优势。由于使用 OWTS 系统进行检测时不需要从中间接头处采集数据，而是只从电缆终端处接收信号，从而解决了 35kV 电力电缆中间接头完全密封、无法采集数据的问题。

(二) 案例分析

1. 检测情况

(1) 进行 OWTS 检测前，为确保电力电缆绝缘良好，先对电力电缆进行了变频谐振交流耐压试验。试验结果显示，电缆在 1.6U_0（有效值 41.6kV）电压等级下未被击穿。

(2) 进行 OWTS 检测过程中，发现电压等级提升至 1.2U_0（峰值 44kV）时采集到 A 相电缆的放电量明显增大，多次测量结果相近；继续升压则局部放电量持续增高，当电压等级达到设备允许上限（峰值 60kV，约合 1.7U_0）时，放电量已超过 60nC。A 相电缆局部放电幅值—时间图如图 5-51 所示。

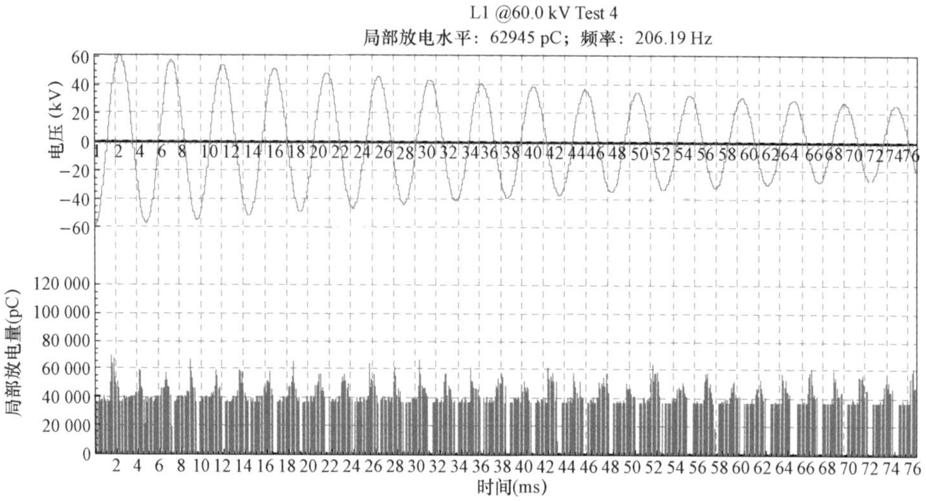

图 5-51　A 相电缆局部放电幅值—时间图

（3）重新对 A 相电缆进行检测，并使电压等级平滑上升，确认局部放电起始电压为 0.2U_0（峰值 7.4kV），此时局部放电量约为 8nC。

（4）重新对 OWTS 设备进行了自检，检查结果无异常；重新对 B、C 两相电缆进行了检测，未见明显异常信号。

2. 数据分析

（1）三相电缆本体及附件在 1.6U_0 电压等级下未被击穿，初步判断绝缘无明显异常。

（2）A 相电缆局部放电量严重超过试验规程允许范围（电缆本体局部放电不得超过 300pC，中间接头局部放电不得超过 500pC，终端局部放电不得超过 5000pC），且多次检测结果相同，初步判断 A 相电缆本体或附件存在局部放电情况。

（3）局部放电起始电压较低。

（4）可判断 OWTS 设备正常，检测数据可靠。

（5）综上所述，初步判断 OWTS 设备正常，电缆绝缘正常，局部放电现象可能出现在电缆或附件内部。

3. 缺陷处理

（1）该路电力电缆全长 1330m，根据入射波—反射波时间差定位，局部放电点距测试位置 1035m 处，距对端 295m。现场核实，该处为一电缆管井，管井内为一组电缆中间接头，推测局部放电点位于该组中间接头内，入射波—反射波对比图见图 5-52，局部放电点分布图见图 5-53。

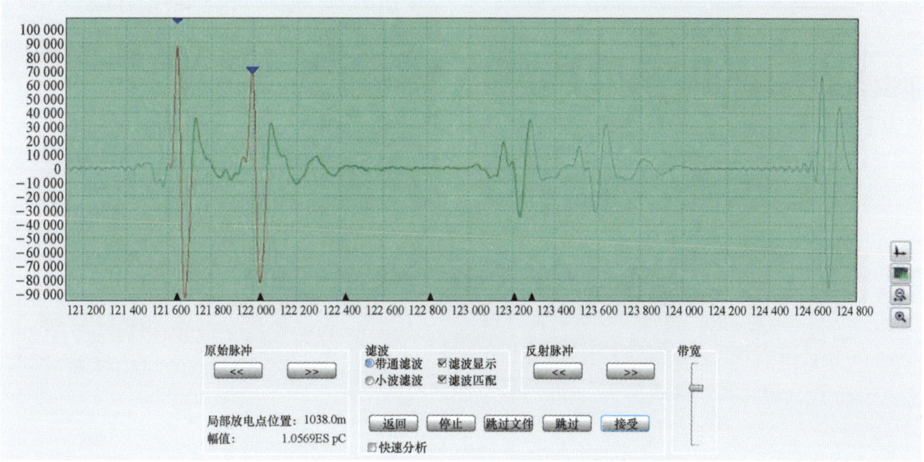

图 5-52 入射波—反射波对比图

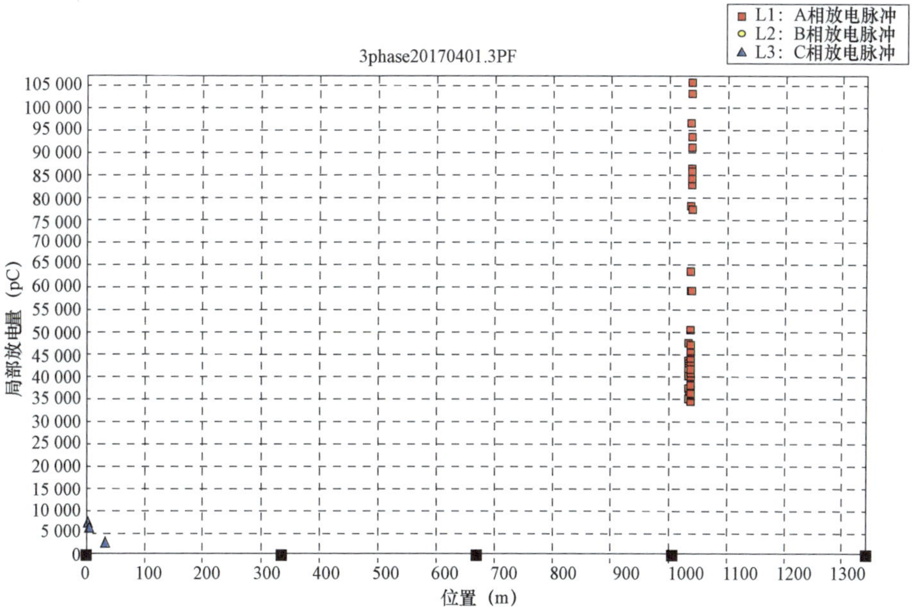

图 5-53 局部放电点分布图

（2）切除该中间接头及两端各 15m 长电缆，闪测剩余电力电缆全场 1020m，推断 OWTS 检测定位准确。

（3）重新安装附件后，再次进行耐压检测及 OWTS 检测，OWTS 检测过程中发现 A 相电缆总体局部放电量降低，低于试验规程规定值，电力电缆异常局部放电信号消失，缺陷处理后 A 相电缆局部放电—时间图如图 5-54 所示。逐个对可疑局部放电波形进行分析，发现入射波—反射波相似度较低，如图 5-55 所示。对所有可疑局部放电点进行定位，绘制局部放电分布图，未发现集中出现局部放电的位置，如图 5-56 所示。由此推断第一次 OWTS 检测结果正确，切除部分存在局部放电情况。

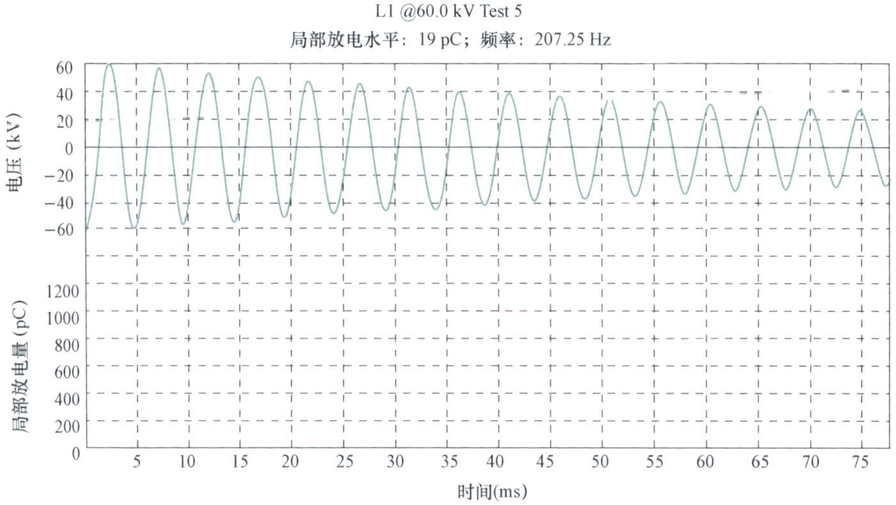

图 5-54　缺陷处理后 A 相电缆局部放电—时间图

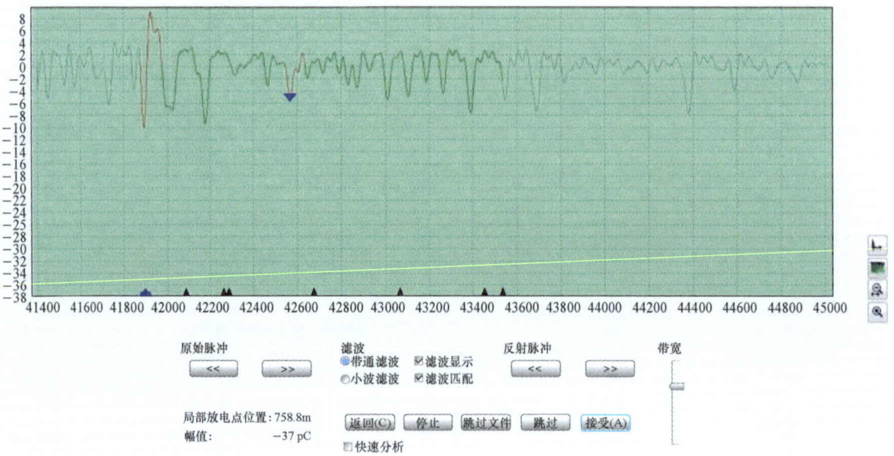

图 5-55　缺陷处理后 A 相电缆入射波—反射波对比图

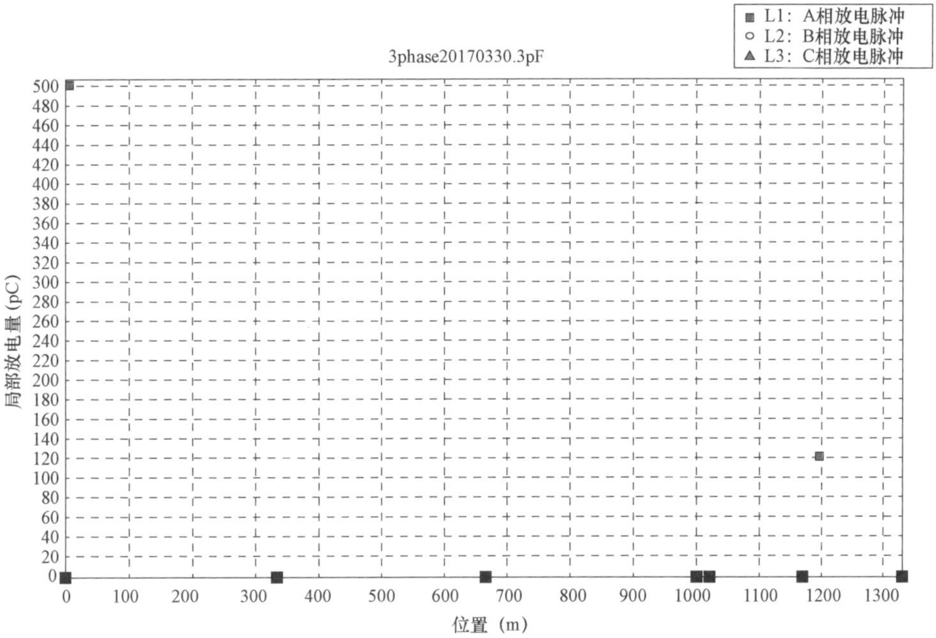

图 5-56　处缺后局部放电分布图

4. 解剖验证

为探明局部放电产生原因，印证现场分析，由电缆公司对所切除中间接头进行了解剖，基本情况如下：

（1）接头为冷缩式中间接头，投运日期为 2014 年 5 月 17 日，投运至切除不到 3 年。

（2）经检查，电缆接头三相施工工艺尺寸均无问题，应力锥及电缆本体无损伤异常，如图 5-57～图 5-63 所示。

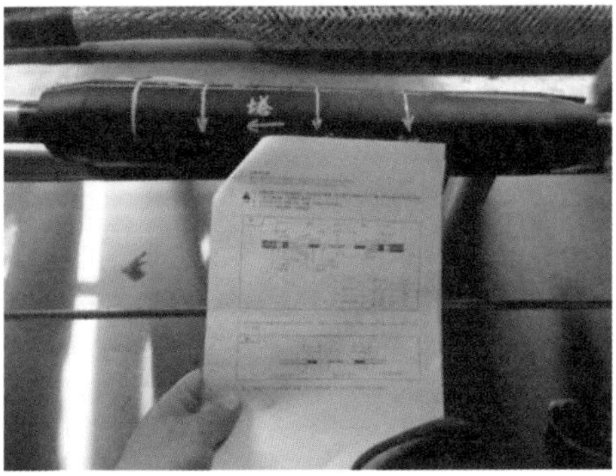

图 5-57　工艺图比对

图 5-58　接头拆除

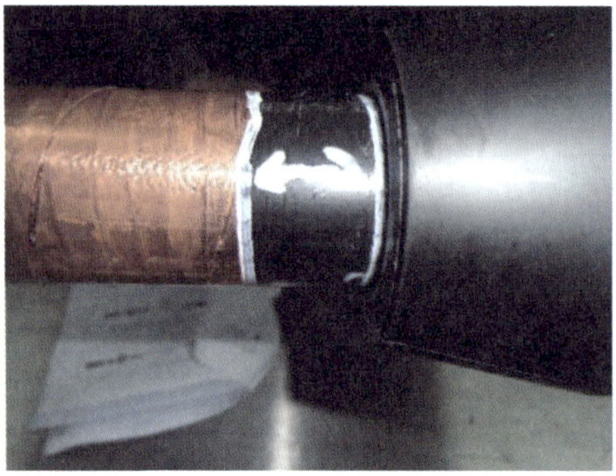

图 5 - 59　铜屏蔽与应力锥尺寸

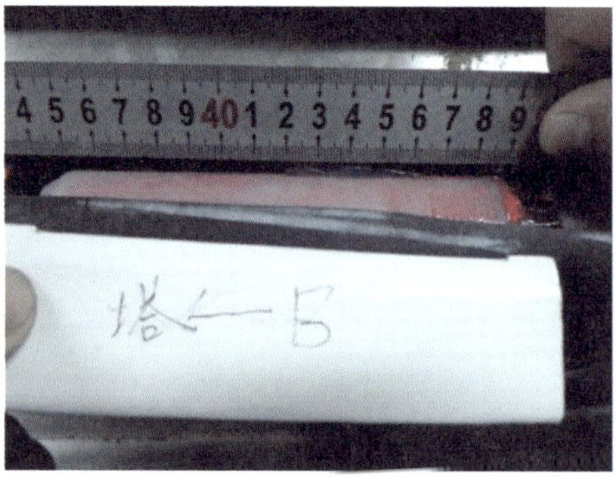

图 5 - 60　接头两侧绝缘间距

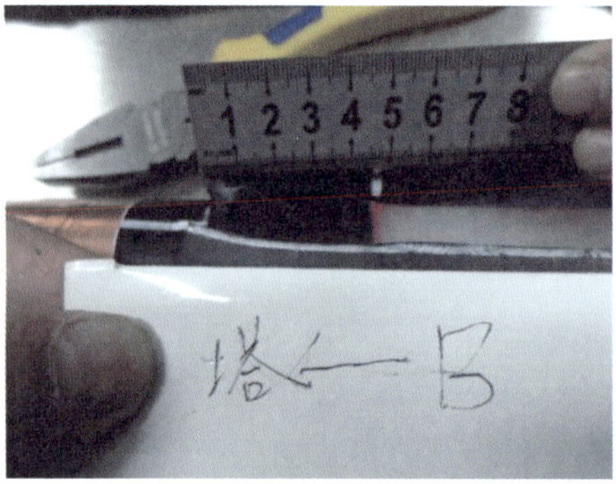

图 5 - 61　应力锥安装位置尺寸

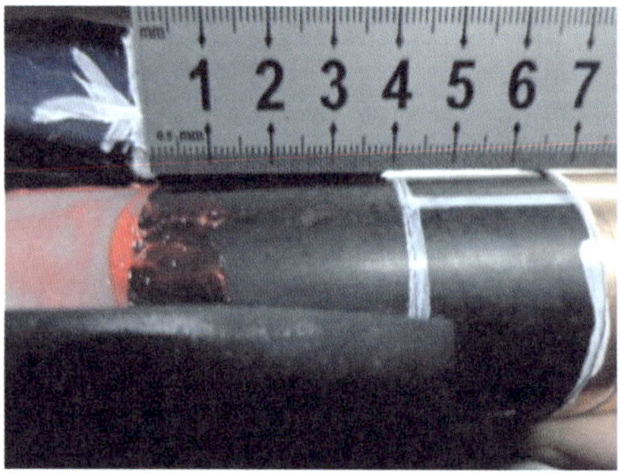

图 5 - 62　接头绝缘与应力锥尺寸

（3）在拆除屏蔽罩时，发现 A 相等电位连接线与屏蔽罩连接处虚接，经解体人员一碰即松脱，如图 5 - 64 所示。所谓等电位连接线，是指用于连接线芯及屏蔽罩，确保屏蔽罩内不会出现悬浮电位、对线芯放电的铜线。通常情况下，等位线连接应牢固可靠，用螺丝固定好，如图 5 - 65、图 5 - 66 所示。

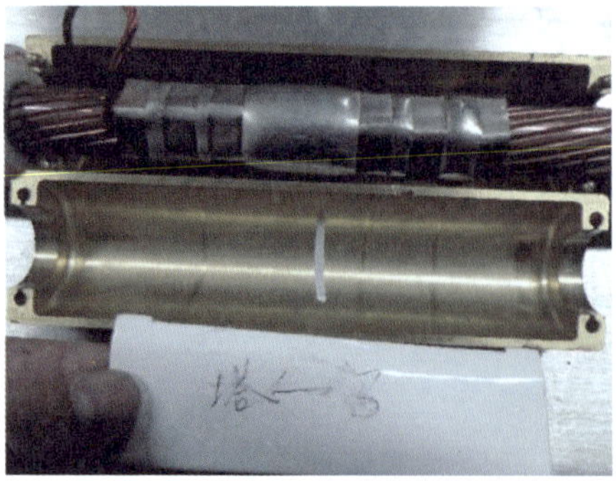

图 5 - 63　屏蔽罩安装位置

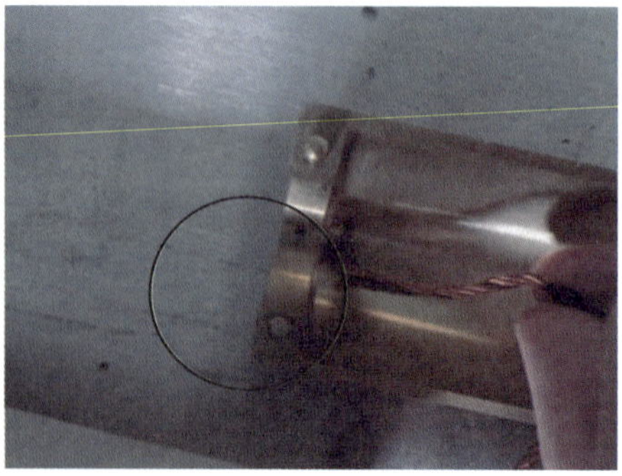

图 5 - 64　A 相等电位连接线与屏蔽罩连接处松脱

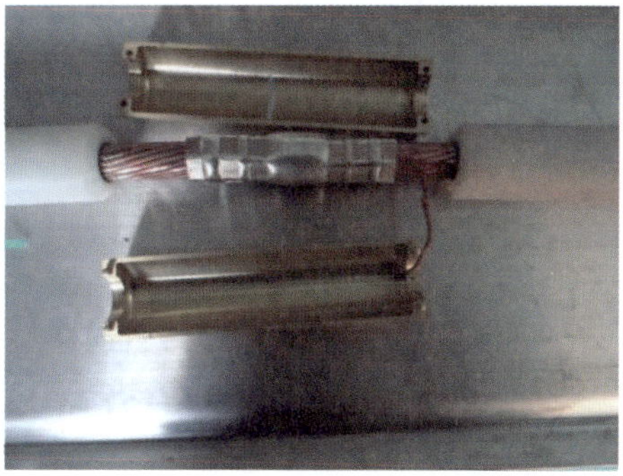

图 5-65　等电位连接线安装

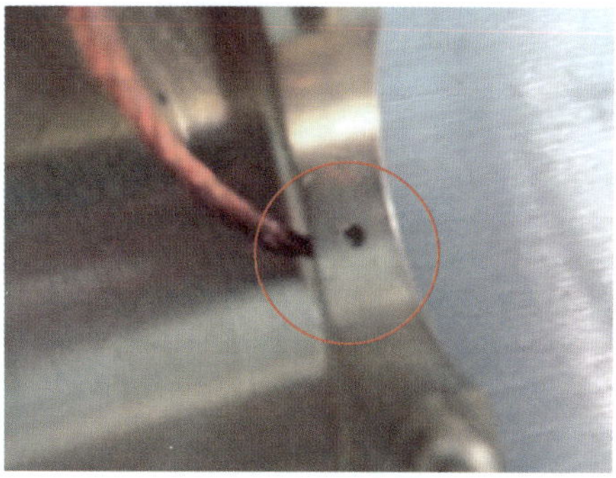

图 5-66　螺丝固定等电位连接线

（4）A 相电缆线芯与线芯屏蔽罩之间有明显放电迹象，如图 5-67 所示；经对比，放电点位置恰为屏蔽罩与线芯接触处，如图 5-68 所示。

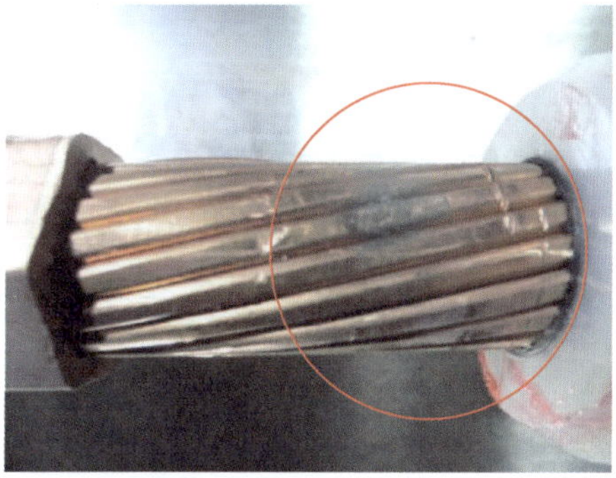

图 5-67　线芯放电痕迹

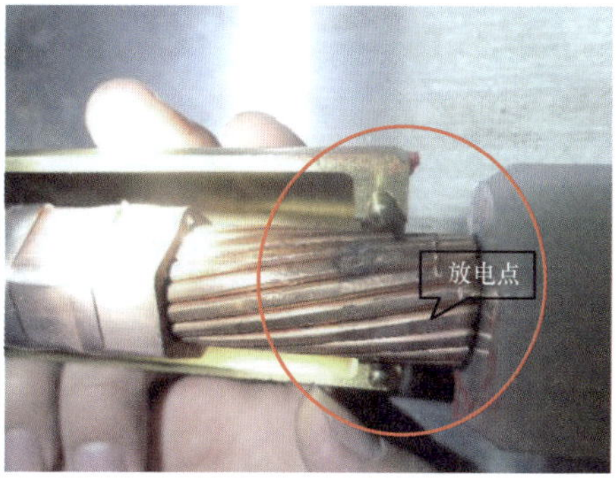

图 5-68　放电点与屏蔽罩位置

根据以上现象，可判断造成屏蔽罩与线芯之间放电的原因为连接屏蔽罩与线芯导体的等电位连接线连接处虚接松脱致使屏蔽罩与线芯之间形成电位差，进而形成放电通道。该放电属于绝缘内部放电，暂时未伤及绝缘，故交流变频耐压时间未检测出明显异常；由于线芯与屏蔽罩间距离较近，容易形成放电通道，故而起始放电电压较低，与 OWTS 检测结果相符。

经生产厂家确认，等电位连接线与屏蔽罩的连接固定在出厂时完成。且经检查到货接收记录，确认当时未发现屏蔽罩存在虚接或松脱问题。因此判断该相等电位连接线虚接原因可能为施工过程中，施工人员在接头制作时不慎碰到等电位连接线使其受力，造成其与屏蔽罩连接处变得不牢固所致。

（三）结论

OWTS 检测应用于 10kV 电缆局部放电检测，在 35kV 电缆局部放电检测上应用不多。此次成功检测出电缆线芯局部放电，为 35kV XLPE 电缆局部放电检测积累了宝贵经验，总结如下：

（1）由于 OWTS 检测原理为振荡波检测，有效时间不超过 10 个振荡周期，不能反映电力电缆带负荷时绝缘及屏蔽层内电场分布情况，因此，OWTS 检测不能完全代替交流耐压试验检测电力电缆绝缘水平。相比之下，OWTS 检测更倾向于检测电力电缆绝缘内部放电情况，这是耐压试验无法代替的。

（2）对于 OWTS 检测，应着重关注以下几点：

1）测试过程。测试过程中，应重点关注放电量及放电相位。当放电量异常升高时，应怀疑电力电缆存在局部放电情况，宜清洁电缆终端，尽量排除其他干扰后，重复试验，避免误判。局部放电信号符合以下两个特点：①放电量随测试电压升高而快速增大。②在放电量—时间图中，在测试电压波峰、波谷处有对称分布的簇状放电量。若重复试验中异常放电量仍然存在且符合以上特征，应停止检测，并对测试数据进行现场分析。

2）现场分析。在进行现场分析时，应重点关注放电波形。若电力电缆内部存在局部放电，从放电波形中应可观测到周性的入射波—反射波，且入射波幅值高、持续时间短；反射波幅值低、持续时间长。出现类似波形时，应进行记录并定位放点位置。若多次重复测试、多电压等级下放点位置集中，则被测电力电缆有较大概率存在缺陷。此外，关注局部放电起始电压有助于初步判断局部放电原因。

八、220kV 电力电缆屏蔽层局部放电案例

（一）案例简介

2017 年 5 月 22 日，利用某 220kV 电力电缆进行屏蔽层缺陷电力电缆的局部放电检测验证，具体工作情况如下：

（1）直接对该电缆进行局部放电检测，存储放电谱图、分类谱图、放电波形图、频谱图，观察有无局部放电信号。

（2）用玻璃破坏电缆屏蔽层，记录伤口大小，缓慢提高电压，出现局部放电信号时，存储放电谱图、分类谱图、放电波形图、频谱图，观察局部放电信号特征。

（3）进一步破坏电缆屏蔽层，记录伤口大小，缓慢提高电压，出现局部放电信号时，存储放电谱图、分类谱图、放电波形图、频谱图，观察局部放电信号特征。

（二）案例分析

（1）未对电缆屏蔽层进行处理前，施加不同电压，局部放电检测未见明显局部放电信号，各具体谱图分别如图 5-69～图 5-72 所示。

（2）用玻璃刮开电力电缆屏蔽层，形成一个约 1cm×3cm 的伤口，如图 5-73 所示。

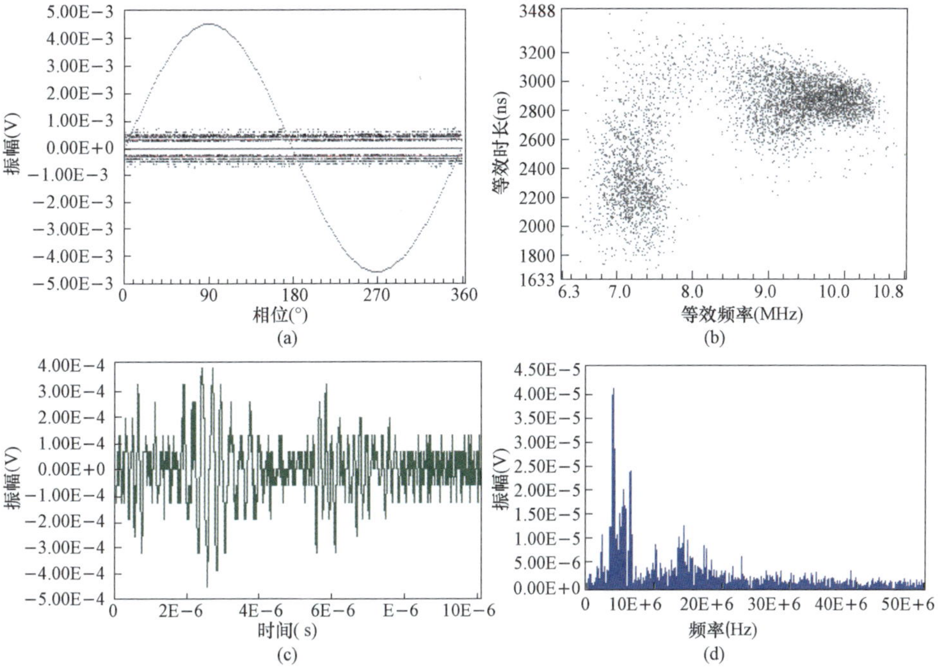

图 5-69　64kV 电压下局部放电谱图

(a) 放电谱图；(b) 分类谱图；(c) 放电波形图；(d) 频谱图

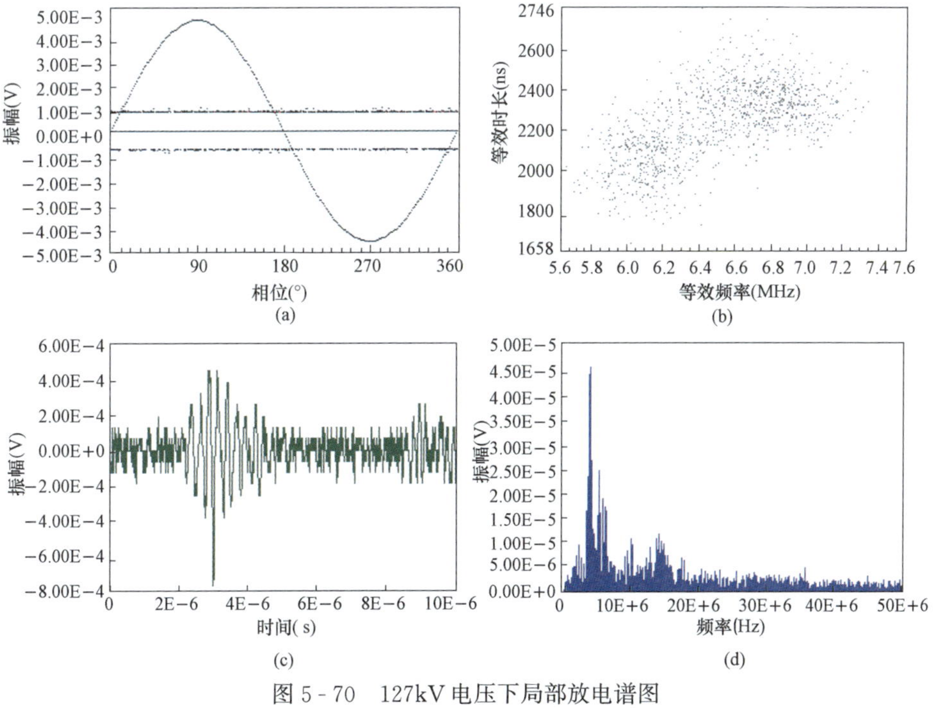

图 5-70　127kV 电压下局部放电谱图

(a) 放电谱图；(b) 分类谱图；(c) 放电波形图；(d) 频谱图

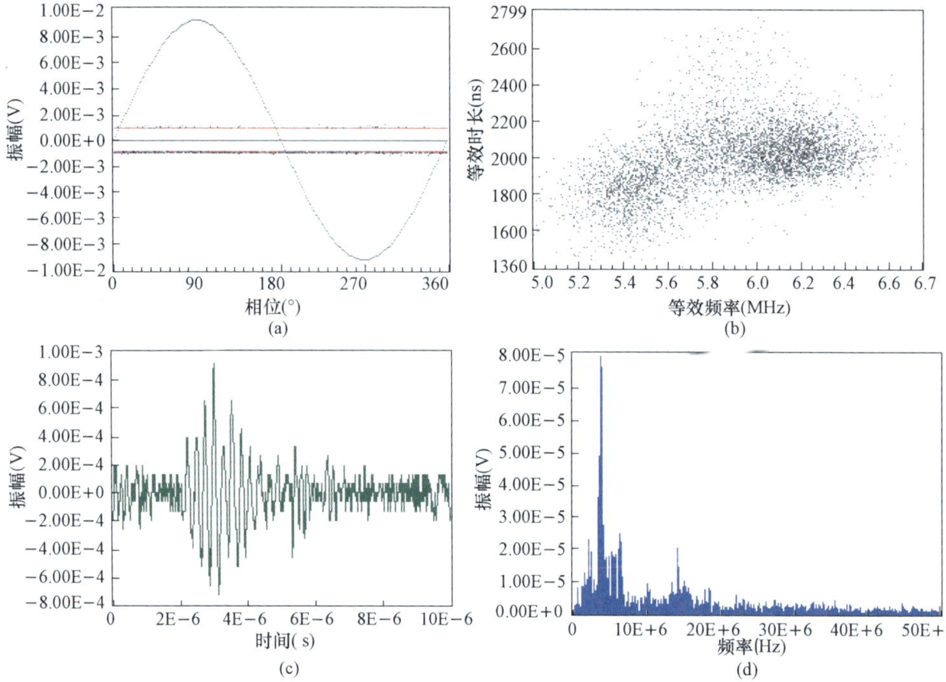

图 5-71　178kV 电压下局部放电谱图

(a) 放电谱图；(b) 分类谱图；(c) 放电波形图；(d) 频谱图

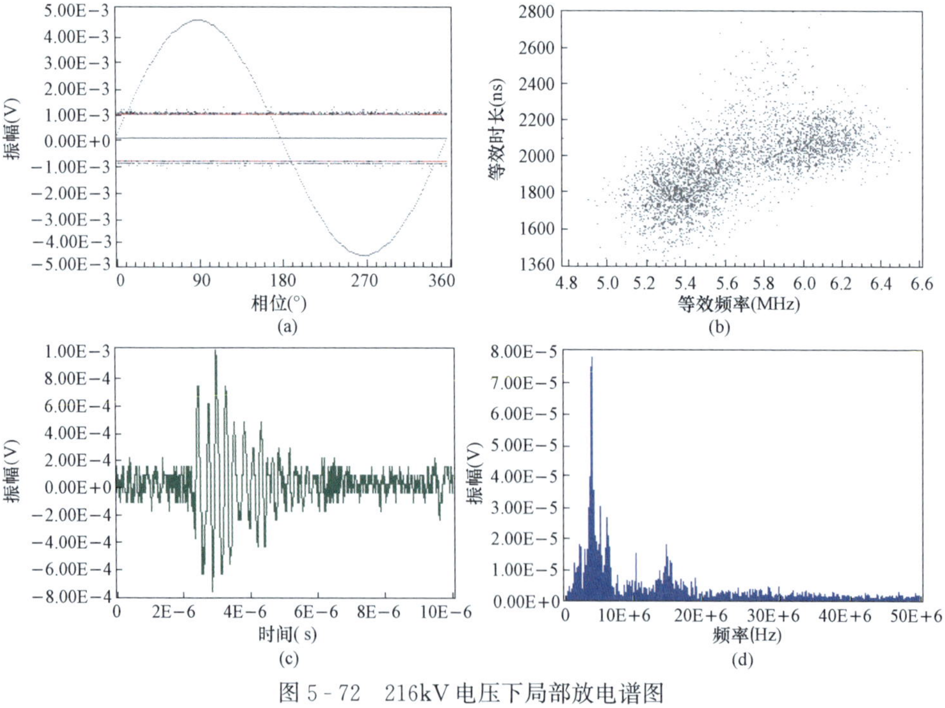

图 5-72　216kV 电压下局部放电谱图

(a) 放电谱图；(b) 分类谱图；(c) 放电波形图；(d) 频谱图

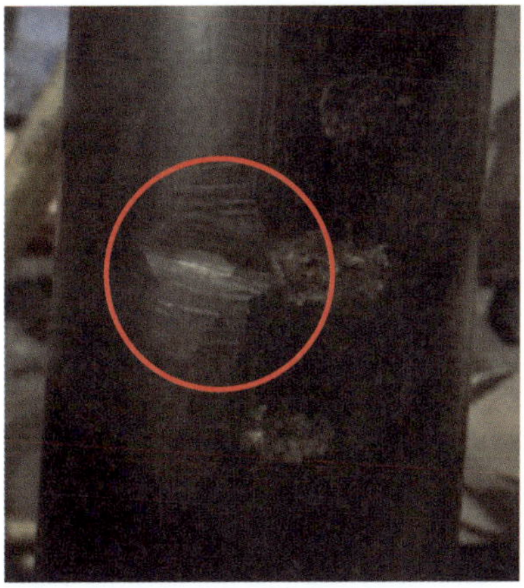

图 5 - 73　屏蔽层伤口

形成屏蔽层伤口后，施加电压缓慢升压至 68kV 后开始出现局部放电信号，之后继续升压，局部放电信号越来越明显，各具体谱图分别如图 5 - 74～图 5 - 77 所示。

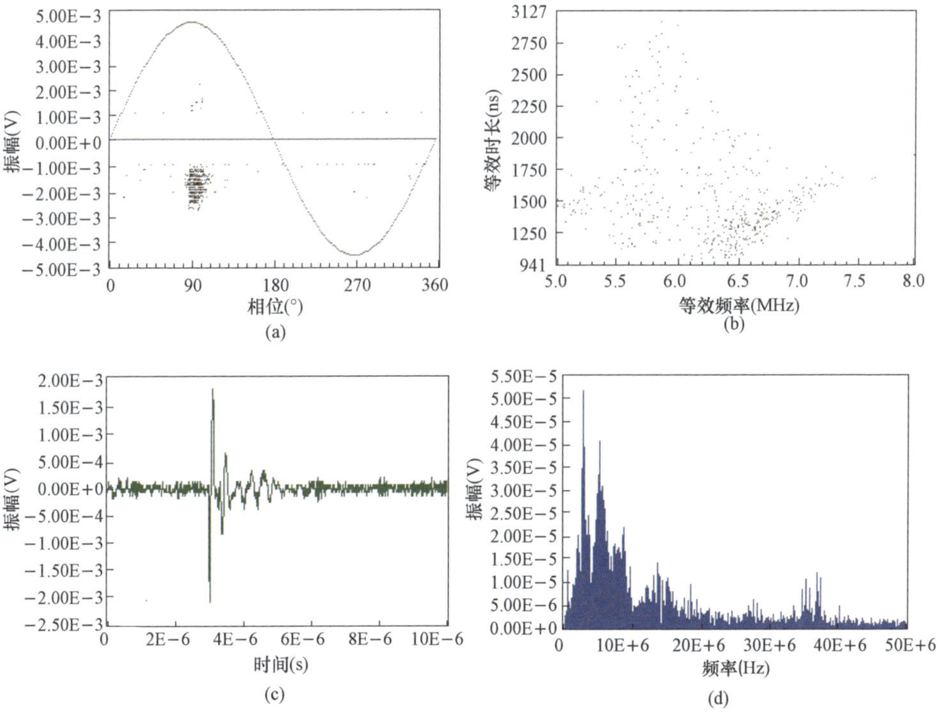

图 5 - 74　68kV 电压下局部放电谱图

(a) 放电谱图；(b) 分类谱图；(c) 放电波形图；(d) 频谱图

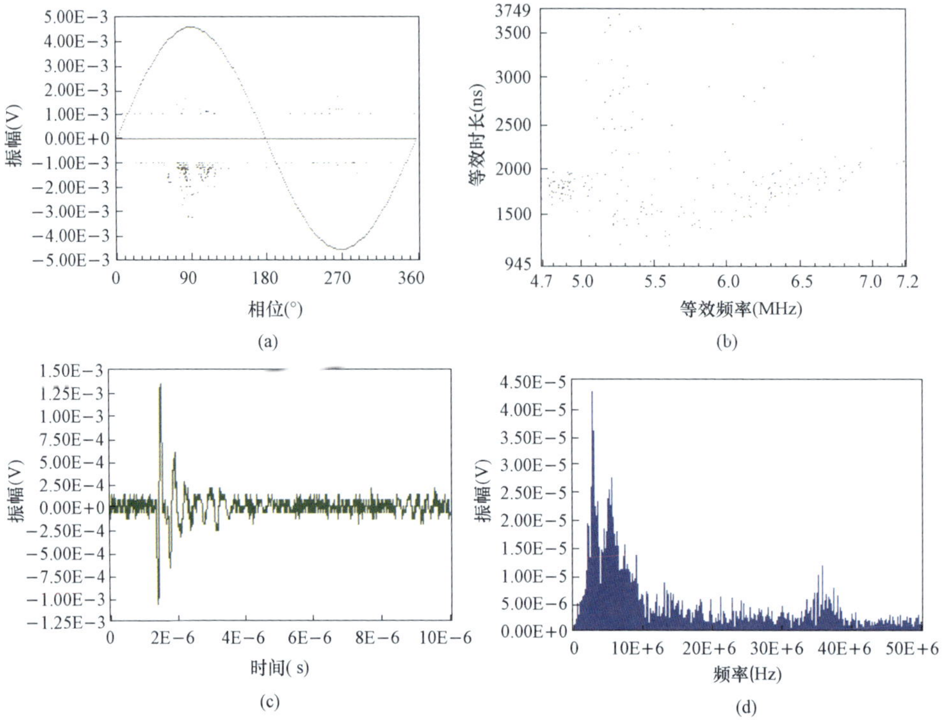

图 5-75　127kV 电压下局部放电谱图

（a）放电谱图；（b）分类谱图；（c）放电波形图；（d）频谱图

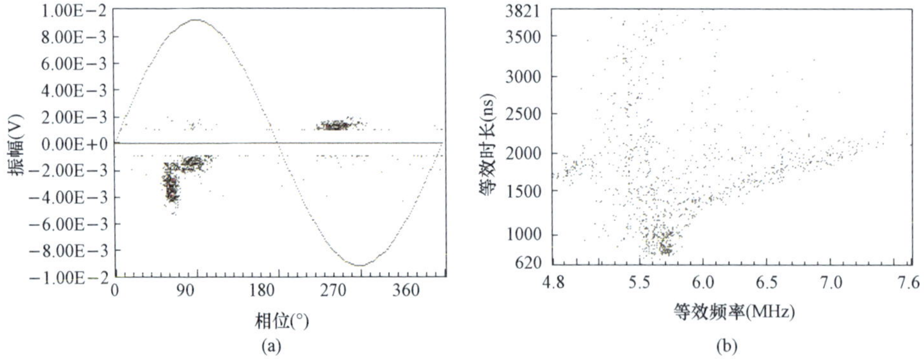

图 5-76　178kV 电压下局部放电谱图（一）

（a）放电谱图；（b）分类谱图

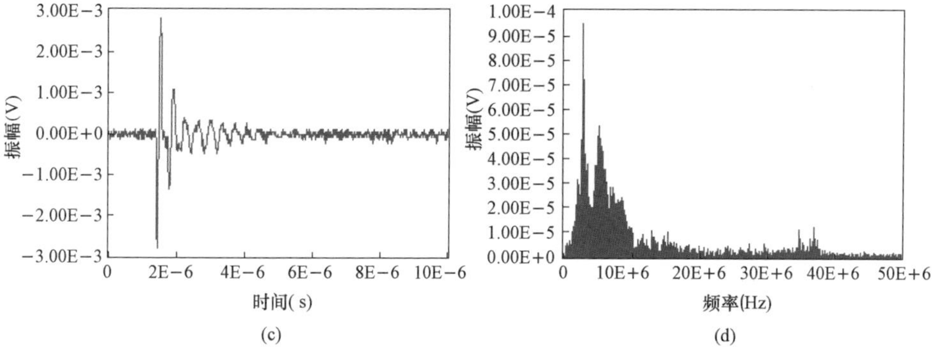

图 5-76　178kV 电压下局部放电谱图（二）

（c）放电波形图；（d）频谱图

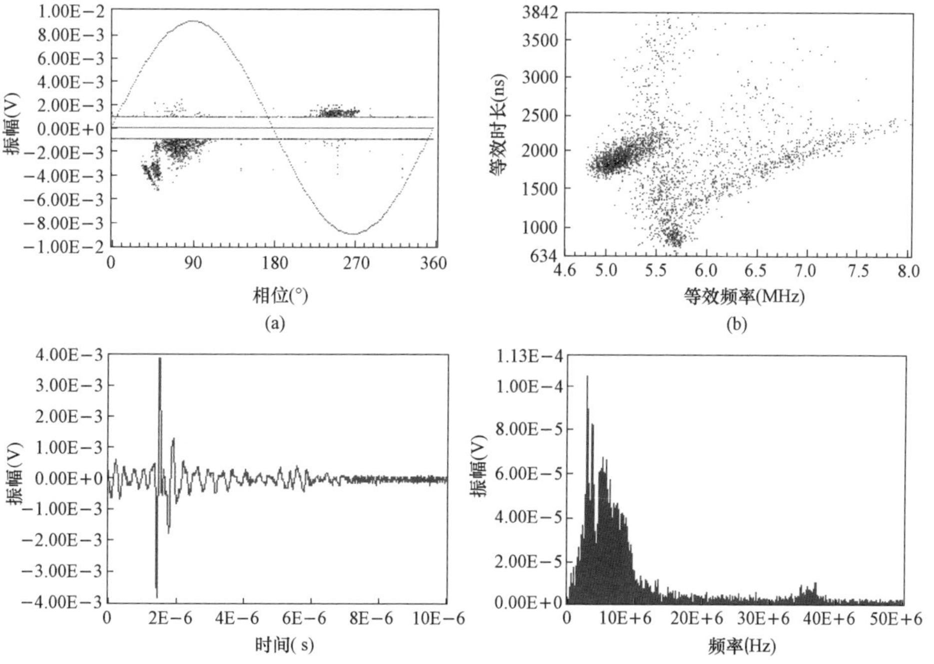

图 5-77　216kV 电压下局部放电谱图

（a）放电谱图；（b）分类谱图；（c）放电波形图；（d）频谱图

（3）用玻璃扩大电力电缆屏蔽层伤口，形成一个约 2cm×4cm 的伤口，如图 5-78 所示。

由于伤口扩大，此次升压至 45kV 后即开始出现局部放电信号，且同电

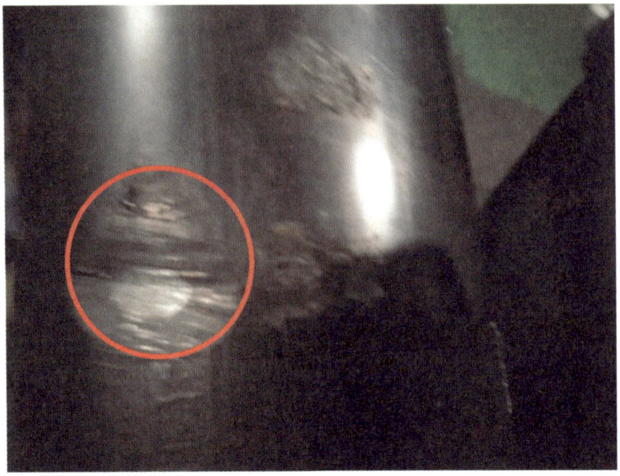

图 5－78 屏蔽层扩大伤口

压等级下放电量大于步骤（2）中检测到的放电量。各具体谱图如图 5－79 和图 5－80 所示。

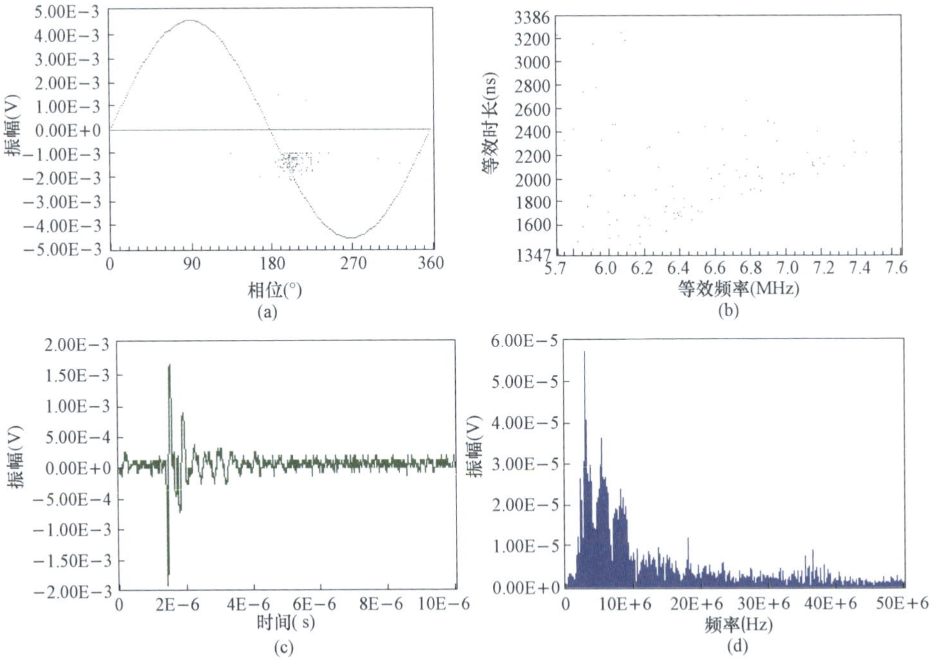

图 5－79 45kV 电压下局部放电谱图

（a）放电谱图；（b）分类谱图；（c）放电波形图；（d）频谱图

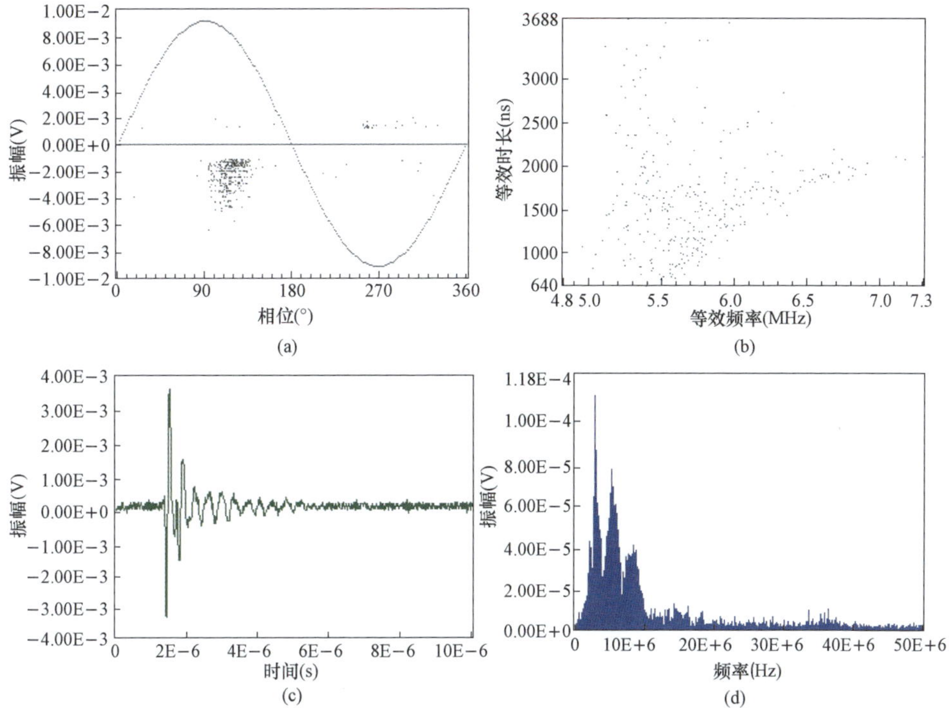

图 5-80　127kV 电压下局部放电谱图

(a) 放电谱图；(b) 分类谱图；(c) 放电波形图；(d) 频谱图

(三) 结论

(1) 通过在实验室人为破坏电力电缆屏蔽层，记录伤口大小，并缓慢提高电压，观察信号的放电谱图、分类谱图、放电波形图、频谱图，判断有无局部放电信号，从而得出局部放电信号和屏蔽层破坏程度的定性关系。

(2) 未对电力电缆屏蔽层进行处理前，局部放电检测未见明显局部放电信号。

(3) 用玻璃刮开电力电缆屏蔽层，形成一个约 1cm×3cm 的伤口，缓慢升压至 68kV 后开始出现局部放电信号，之后局部放电信号越来越明显。

(4) 用玻璃扩大电力电缆屏蔽层伤口，形成一个约 2cm×4cm 的伤口，由于伤口扩大，此次升压至 45kV 后即开始出现局部放电信号，且同电压等级下放电量大于 1cm×3cm 情况下检测到的放电量。

第三节　X 光数字成像诊断案例

一、110kV 电力电缆 X 射线检测案例一

(一) 案例简介

2019 年 2 月 11 日 18：32，某 220kV 变电站 102A 带 115、116 路零序及

过流保护出口动作跳闸。

经现场检查，发现距离该变电站1017m位置，某110kV电缆线路A相电缆本体故障击穿。故障点位于相邻两档支架之间，击穿通道垂直向下。故障点邻近位置未见电缆护层硌伤。

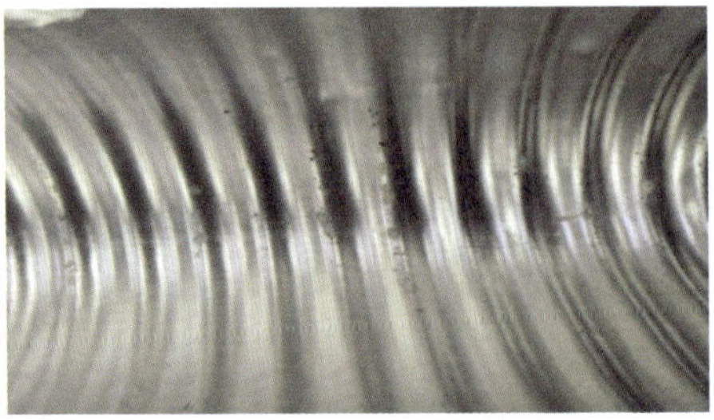
图5-81 波纹铝护套波谷位置烧蚀情况

经解体分析，发现金属护套除故障点位置被完全烧穿外，邻近位置金属护套内侧也普遍存在放电烧蚀痕迹，且烧蚀点普遍位于波纹铝护套的波谷位置，即铝护套与半导电阻水带相接触的位置，烧蚀情况如图5-81所示。在与之相对应位置的半导电阻水带表面，广泛存在白色粉末状物质，如图5-82所示。内侧的外半导电层表面烧蚀现象普遍。与故障点击穿通道相似，外半导电层上的损伤点普遍呈现出外侧面积大、内侧面积小的倒梯形结构，如图5-83所示。铝护套与半导电防水缓冲层、绝缘外半导电层示意图如图5-84所示。

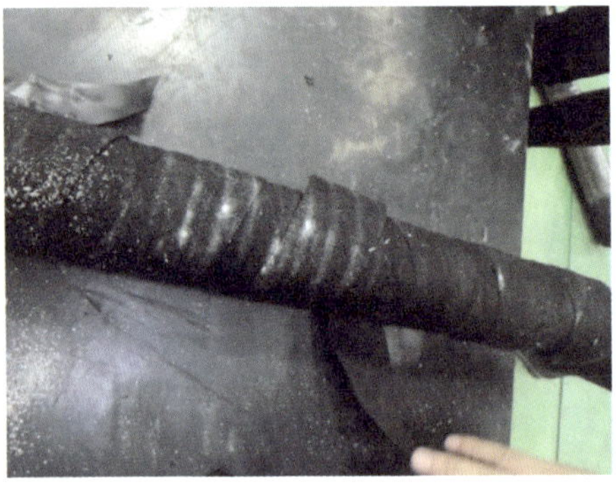
图5-82 半导电阻水带表面白色粉末状物质

图5-83 外半导电层表面烧蚀放电痕迹

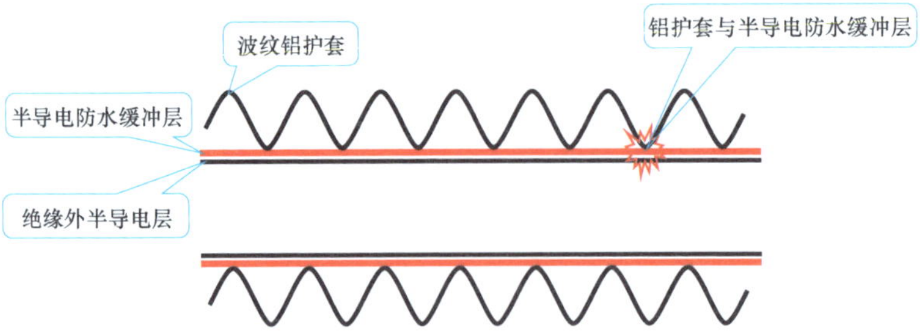

图5-84 铝护套与半导电防水缓冲层、绝缘外半导电层示意图

（二）案例分析

随即××电缆公司在该电缆线路更换下来的电缆段中选取了 6 段进行 X 射线检测，电力电缆平均长度约为 2m。根据经验设定射线管电压为 150kV，拍摄时间为 10s，拍摄帧数为 2 帧，现场调整射线管与电力电缆间距离为 50cm，成像板与电力电缆间距离为 1cm。

对于所选择的 6 段电力电缆，共计拍摄 X 射线成像图片 42 张，可清晰呈现电力电缆内部线芯、绝缘、铝护套、外护套结构，符合检测要求，如图 5 - 85 所示。

图 5 - 85　X 射线成像图

在其中 9 张图上发现白色点状簇团，位置与电力电缆绝缘、缓冲层重合，但形状与常见电力电缆绝缘缺陷明显不同，疑似为电缆阻水带析出物，如图 5 - 86～5 - 88 红圈部分所示。

图 5 - 86　疑似电缆阻水带析出物（一）

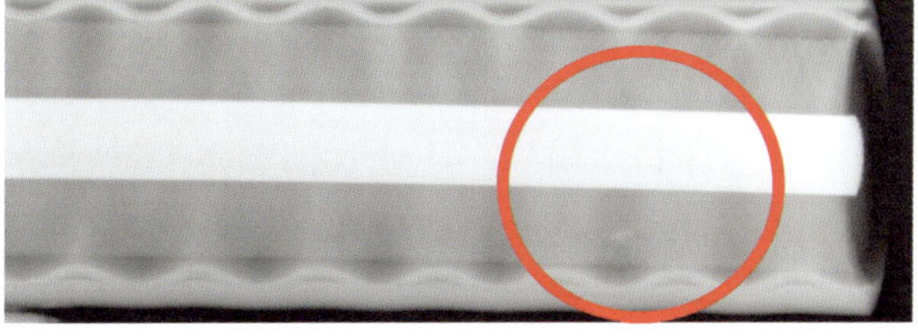

图 5 - 87　疑似电缆阻水带析出物（二）

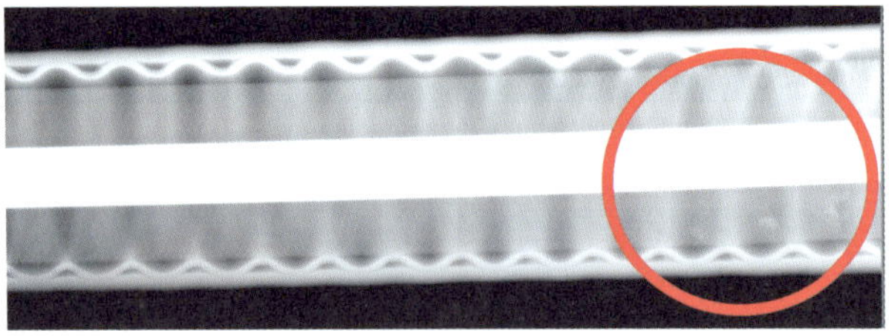

图 5-88　疑似电缆阻水带析出物（三）

此外，在其中一张图上发现电缆铝护套明显变形，如图 5-89 所示。现场查看后发现与实情相符，电缆铝护套变形实物如图 5-90 所示。

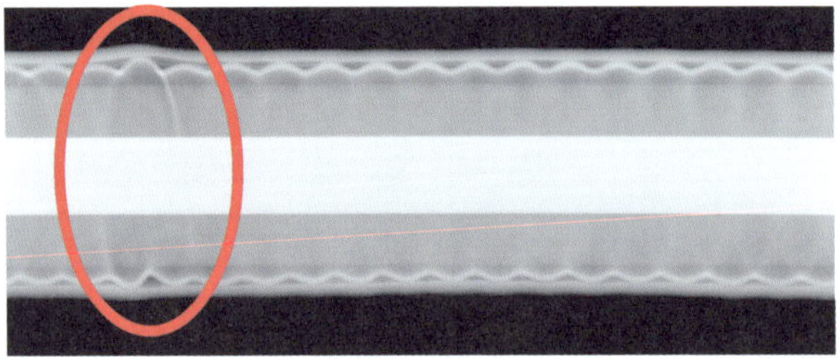

图 5-89　电缆铝护套变形图

图 5-90　电缆铝护套变形实物

（三）结论

经过此次检测，可认为 X 射线检测技术对电缆本体结构有较好的呈现效果，可清晰呈现电缆阻水带析出缺陷，且对于电缆铝护套变形的呈现效果优于直接用眼观察，据此可推测对于线芯毛刺等缺陷也应具有较好呈现效果。

下阶段建议：①针对电缆终端进行检测，测试 X 射线检测技术对于电缆尾管搪铅的呈现效果，如有效可检测搪铅不匀、空隙、接地编松脱等缺陷；②针对疑似局部放电或已发生放点的电缆及附件进行检测，测试 X 射线检测技术对于电缆绝缘缺陷的呈现效果，如有效可检测电缆绝缘树枝状放电痕迹等缺陷。

二、 110kV 电力电缆 X 射线检测案例二

（一）案例简介

2018 年 1 月，某 110kV 电力电缆 A 相本体故障跳闸。故障巡线发现电缆本体存在明显击穿点（如图 5 - 91 所示），未发现其他施工痕迹。解剖过程中发现北侧开口点附近电力电缆半导电层有烧蚀情况，见图 5 - 92。该烧蚀导致电缆外半导电与铝护套之间存在电位差，引发缓冲层放电，损伤电缆外半导电层进而造成电缆绝缘击穿，因此此次故障是由该批次电缆铜丝布缺陷引起的。

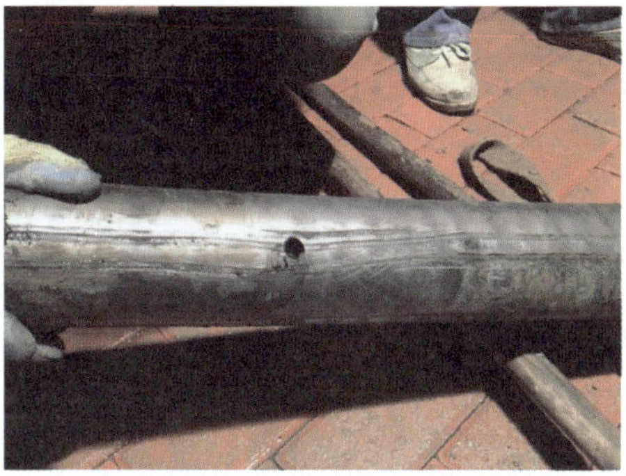

图 5 - 91　A 相电缆本体击穿点

图 5 - 92　电缆本体开口点附件电缆半导电层烧蚀

（二）案例分析

此次检测分为 2 个对照组，分别使用魏德曼、赛康智能两个不同生产厂家的设备，分别称为魏德曼测试组及赛康智能测试组。

魏德曼测试组使用由 P097 一体化 X 射线源、1500P 便携式平板探测器所组成的 X 射线成像系统进行检测，魏德曼测试组 X 射线检测布置见图 5 - 93。

赛康智能测试组使用 MAPT—250 X 射线成像系统进行 5 个部位检测，赛康智能测试组 X 射线检测布置见图 5 - 94。

图 5 - 93　魏德曼测试组 X 射线检测布置

图 5 - 94　赛康智能测试组 X 射线检测布置

魏德曼测试组检测过程中发现一处异常成像，见图 5-95。

同时，魏德曼测试组在测试过程中，检出金布不对称分布、金布散股等缺陷，分别见图 5-96 和图 5-97。

图 5-95　魏德曼测试组 X 射线检测出处异常成像

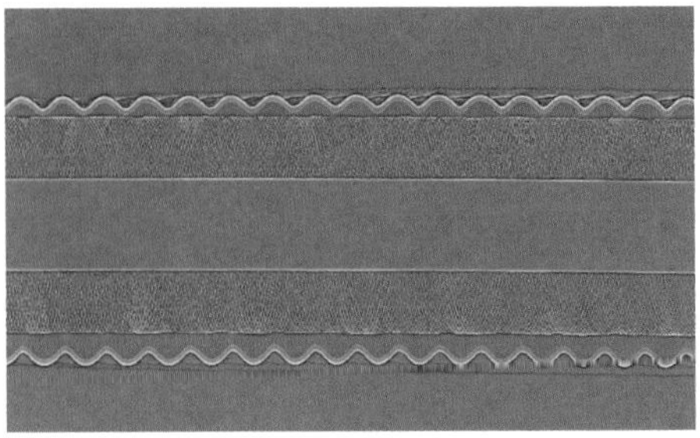

图 5-96　魏德曼测试组 X 射线检出金布不对称分布缺陷

赛康智能测试组检测过程中发现多处白斑异常成像，见图 5-98。

图 5-97　魏德曼测试组 X 射线检出金布散股缺陷

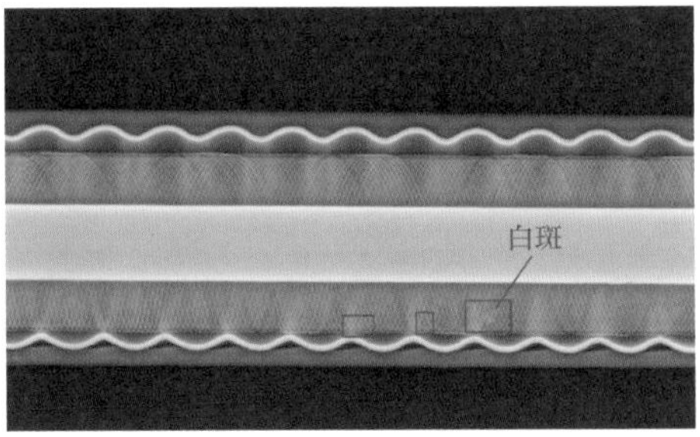

图 5-98　赛康智能测试组 X 射线检出白斑

同时，在测试过程中，检出金布不对称分布、金布散股等缺陷，分别见图 5-99 和图 5-100。

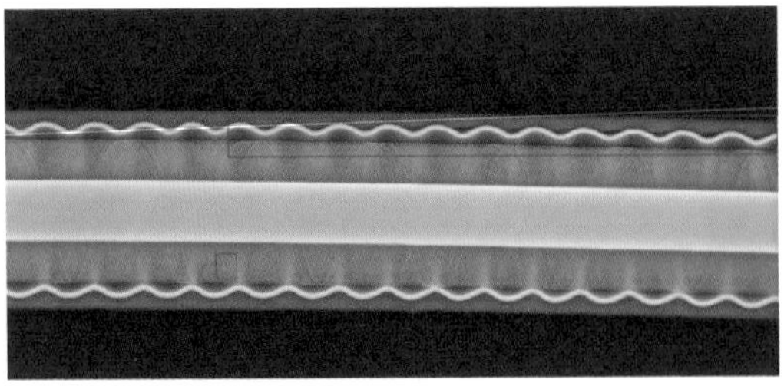

图 5-99　赛康智能测试组 X 射线检出金布不对称分布缺陷

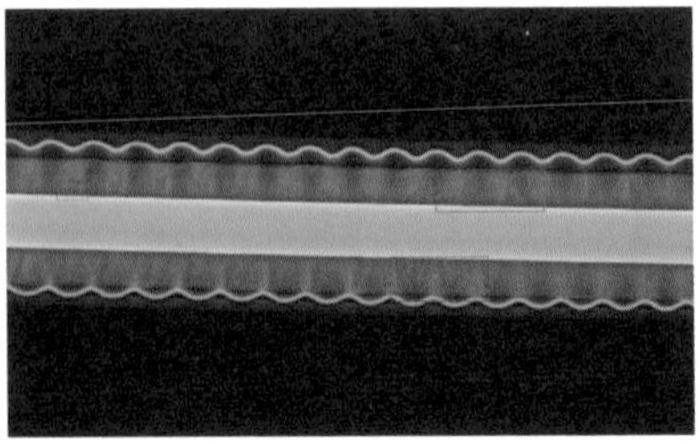

图 5-100　赛康智能测试组 X 射线检出金布散股缺陷

（三）结论

X 射线对含金布结构的高压电力电缆成像效果较好，可有效检出金布不对称分布、金布散股等缺陷，对白斑等的烧蚀缺陷具有一定检查效果。此外，X 射线检测的成像区域较小，成像效果受拍摄角度、测试空间等条件影响较大，X 射线检测仅适用于对已知大概缺陷区段的进一步排查。

三、 220kV 电力电缆 X 射线检测案例

（一）案例简介

某配套供电工程电缆送电工程共有 8 回新建 220kV 电缆线路待投运，均为变电站 GIS 设备与架空线之间的短段联络线，采用 XLPE 绝缘波纹铝护套电力电缆（在电缆金属套以内、半导电缓冲阻水带之上，绕有两根测温光缆），全线隧道敷设，线路无中间接头。

其中 3 回线路在电力电缆敷设中虽采用了导向滑轮等敷设装置，但由于电力电缆从地面上电缆盘经敷设孔进入电缆隧道内的敷设角度选取偏小，在下盘放缆时电力电缆在地面上、隧道内两个敷设弯曲位置，分别受两对导向滑轮限位后连续被过度挤压，导致电缆外护套与滑轮接触面部分受压变形。经现场外观检查时发现电缆外护套的外表面已由带波纹的圆柱状形变为波纹不明显的扁平状。

（二）案例分析

1. 电力电缆形变护套外径测量检查

针对线路一 C 相，线路二 B、C 相与线路三 A、B、C 相 10 个外护套形变位置，采用游标卡尺进行了电力电缆外径测量，测量时严格遵守游标卡尺的卡腿须与电力电缆外径边沿垂直接触。线路一 C 相 1 号形变位置外径测量见图 5 - 101。

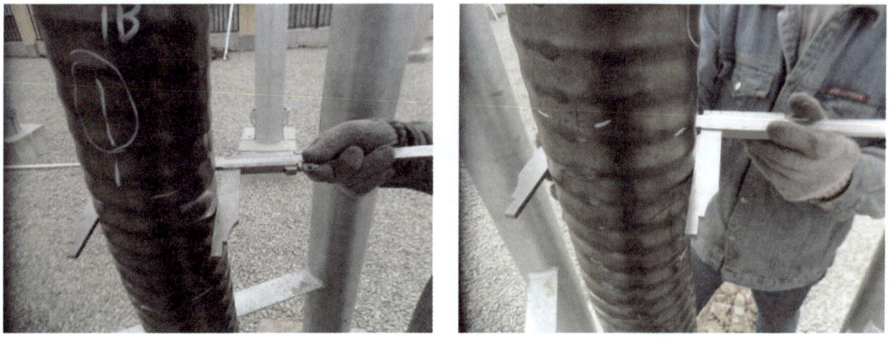

(a)　　　　(b)

图 5 - 101　线路二 C 相 1 号形变位置外径测量

（a）形变护套外径测量；（b）形变护套垂直面外径测量

1～10 号电缆外护套形变外径测量值与电缆生产厂家检测报告中外径标称值对比如表 5 - 6 所示。

表 5-6　　电缆外护套形变外径测量值与外径标称值比对

缺陷位置编号	缺陷位置	导体截面标称值（mm^2）	非金属套外径标称值（mm）	形变面外径 h_1（mm）	形变垂直面外径 h_2（mm）
1号	线路二C相	1000	139.2±2.0	134	141
2号	线路二B相		139.2±2.0	130	142
3号	线路二C相		139.2±2.0	123	144
4号	线路二C相		139.2±2.0	125	144
5号	线路一C相		139.2±2.0	123	146
6号	线路一C相		139.2±2.0	134	150
7号	线路三C相	800	136.5±2.0	121	139
8号	线路三B相		136.5±2.0	122	140
9号	线路三B相		136.5±2.0	125	140
10号	线路三A相		136.5±2.0	122	130

由表5-6可知，1～10号位置外护套受挤压后都产生不同程度的形变，外径数值上表现为减小。与标称值相比：1000mm^2截面积的电缆1～6号位置，1号相对形变最小，外径缩小了5mm；3号、5号相对形变最大，外径都缩小了16mm。800mm^2截面积的电缆7～10号位置，9号相对形变最小，外径缩小了11mm；7号相对形变最大，外径缩小了15mm。与此相反，形变垂直面的外径数值变大。

2. 电缆护套形变区域X射线检测

为掌握外护套形变对电力电缆内部结构，尤其是对绝缘与绝缘屏蔽的影响，进行了形变区域的X射线检测。针对1～10号形变位置，采用宽度80mm、长度分别为200mm与120mm的X射线感光胶片，以获取完整的电力电缆外形（圆柱体）投影与局部形变处的轮廓投影。线路二B相2号形变位置的X射线检测如图5-102所示。

图5-102　线路二B相2号形变位置的X射线检测

采用平行光源显像并用数码相机拍摄的1～10号形变位置X射线检测图像，分别如图5-103～图5-112所示。

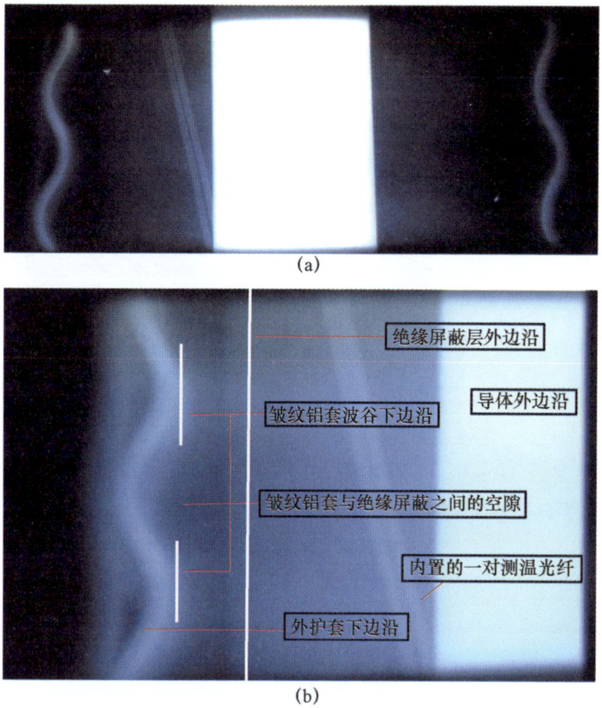

图 5-103　1 号形变位置的 X 射线检测图像（单侧变形）

(a) 电力电缆整体外形 X 射线投影成像（长胶片）；(b) 电力电缆局部形变处 X 射线投影成像（短胶片）

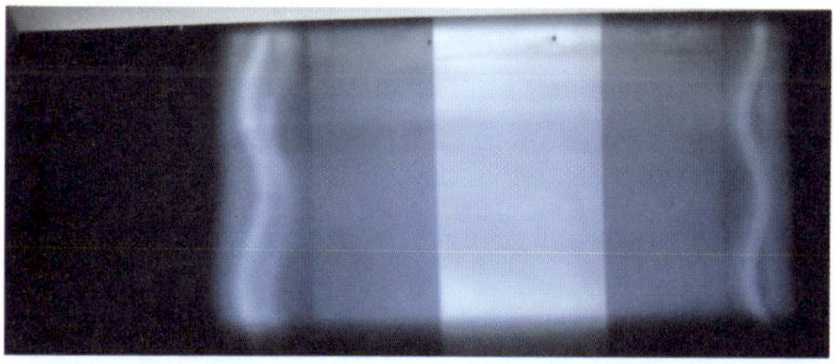

图 5-104　2 号形变位置的 X 射线检测图像（双侧变形）

图 5-105　3 号形变位置的 X 射线检测图像（双侧变形）

图 5-106　4 号形变位置的 X 射线检测图像（双侧变形）

图 5-107　5 号形变位置的 X 射线检测图像（双侧变形）

图 5-108　6 号形变位置的 X 射线检测图像（双侧变形）

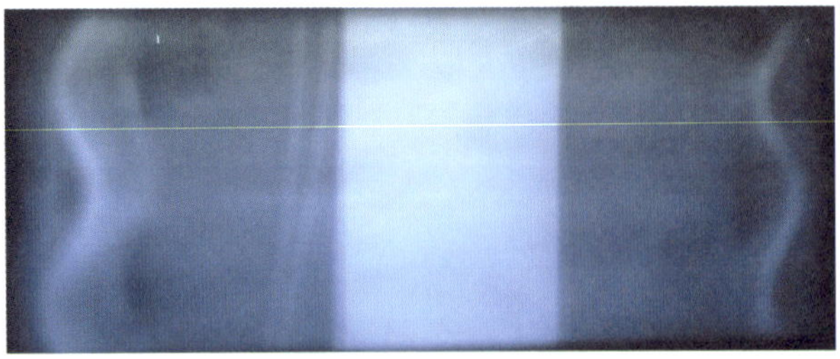

图 5-109　7 号形变位置的 X 射线检测图像（双侧变形）

图 5-110　8 号形变位置的 X 射线检测图像（双侧变形）

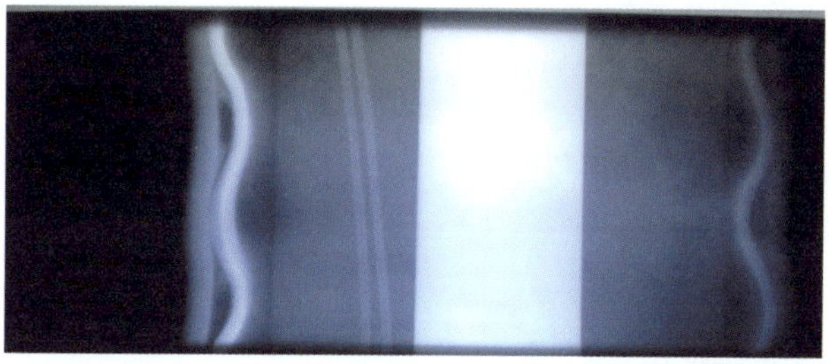

图 5-111　9 号形变位置的 X 射线检测图像（双侧变形）

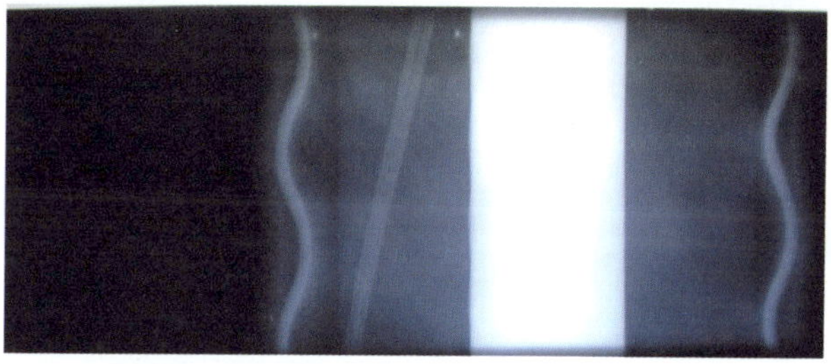

图 5-112　10 号形变位置的 X 射线检测图像（双侧变形）

由于线路一 C 相 5 号与线路三 C 相 7 号形变位置的 X 射线检测图像左侧都出现了双波纹护套的影像，为排除干扰因素，特别针对上述两处，分别变换了三个角度重新进行 X 射线检测，分别如图 5-113、图 5-114 所示（其中，字母 A 标示的 X 射线片表示垂直透射偏上的角度；字母 B 标示的 X 射线片表示垂直透射角度；字母 C 标示的 X 射线片表示垂直透射偏下的角度）。

针对上述所有拍摄的 X 射线成像图显示的电力电缆内部结构进行判读分析，发现 1～10 号形变处内部的电缆主绝缘均未受皱纹铝套变形的挤压损伤，从 X 射线照片上可见绝缘屏蔽层边沿线清晰，呈直线形状，未发生可目测的形变，但 3、5、7 号及 9 号位置的 X 射线照片显示，电缆外护套形变位

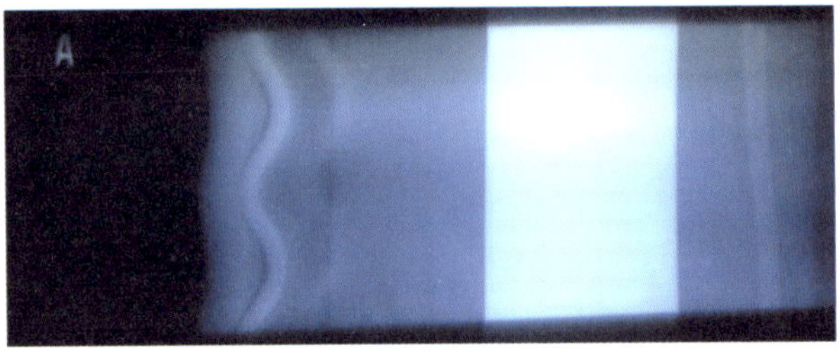

(a)

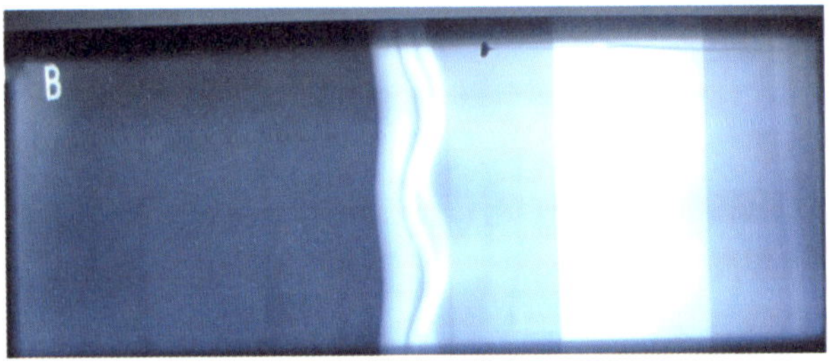

(b)

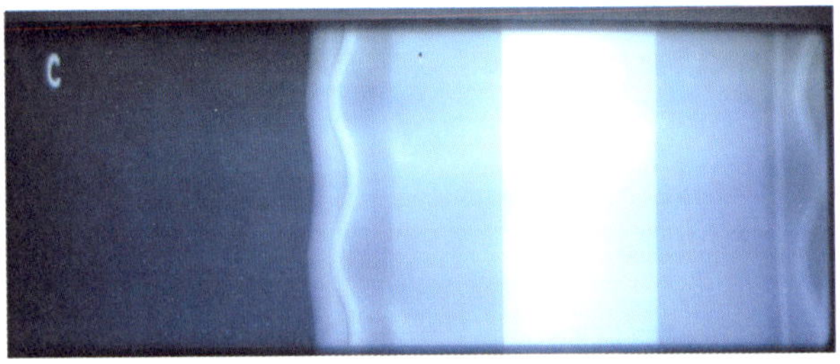

(c)

图 5-113　5 号形变位置的 X 射线复测图

(a) 垂直透射偏上角度的 X 射线投影成像（长胶片）；

(b) 垂直透射角度的 X 射线投影成像（长胶片）；

(c) 垂直透射偏下角度的 X 射线投影成像（长胶片）

置内部绝缘屏蔽与皱纹铝套的间隙已小于正常、未变形的电力电缆相应内部间隙。

3. 电缆护套变形区域解剖

为进一步地验证 X 射线检测结果，选取 3 号形变位置所在的线路二 C 相电缆进行了径向锯断、横截面观察及外径复测。图 5-115（a）示出的变形护套外径 h_1 为 124mm，图 5-115（b）示出的变形护套垂直面外径 h_2 为 145mm。

由对图 5-115 中 3 号形变位置电缆横截面的观察可再次确认：主绝缘的外半导电屏蔽层轮廓清晰，整体接近正圆形，未发生可目测的形变，但绝缘屏蔽层与皱纹铝套之间的间隙已显著小于正常的电缆相同位置的内部间隙，绝缘屏蔽层与皱纹铝套之间原有的缓冲阻水带被挤压得十分密实。

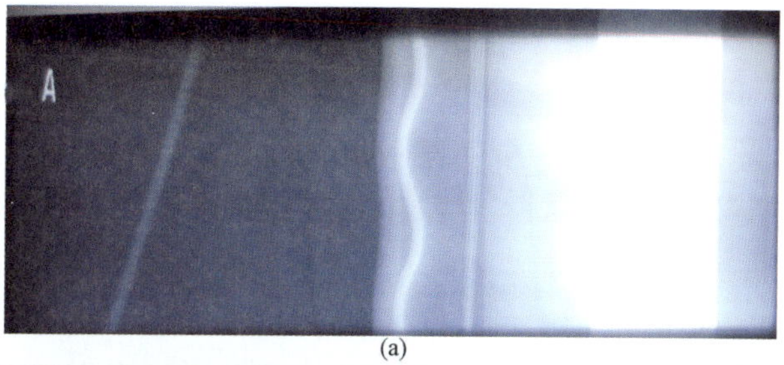

(a)

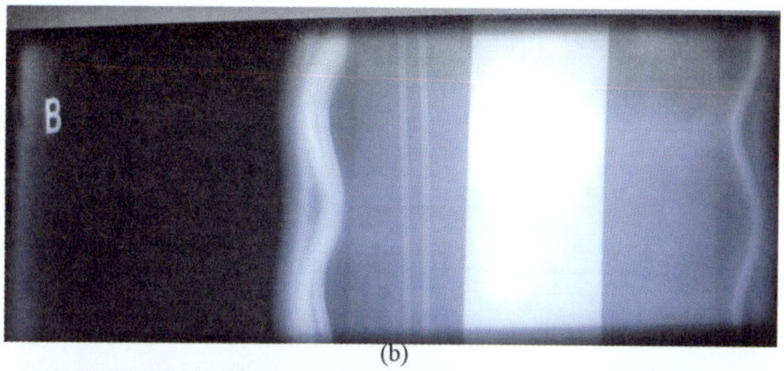

(b)

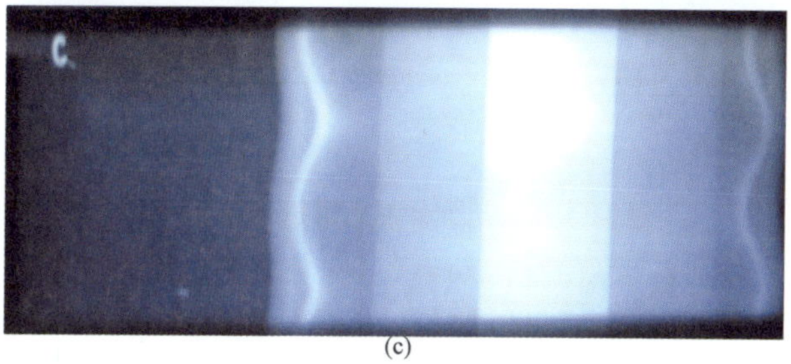

(c)

图 5-114　7 号形变位置的 X 射线复测图

（a）垂直透射偏上角度的 X 射线投影成像（长胶片）；

（b）垂直透射角度的 X 射线投影成像（长胶片）；

（c）垂直透射偏下角度的 X 射线投影成像（长胶片）

(a)

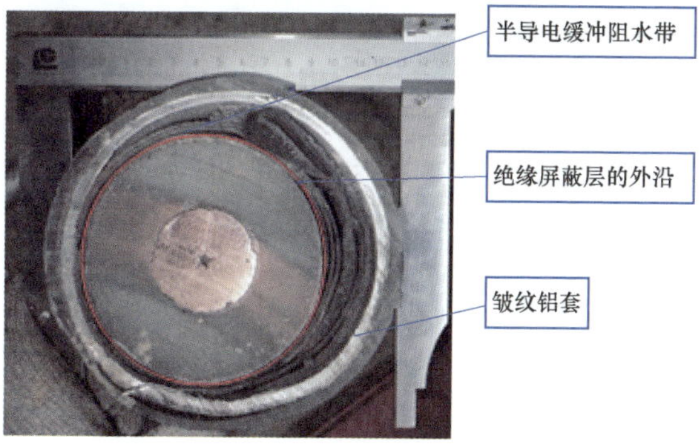

(b)

图 5-115　3 号形变位置外径复测

（a）外护套外径；（b）护套垂直面外径

（三）结论

虽然护套形变处的电缆主绝缘与绝缘屏蔽层未受到挤压变形，但考虑到电力电缆投运后将带负荷运行，主绝缘层和导体线芯运行中会因负荷电流致热而发生膨胀扩大，在导体温度达到 90℃最高允许温度下这种热胀效应可能会使得绝缘屏蔽受到皱纹铝套波谷的挤压而损伤；同时与形变侧垂直的护套将因挤压而外移，导致皱纹铝套与绝缘屏蔽及外侧的半导电缓冲阻水带间隙大于正常允许间隙而诱发局部放电，损伤电力电缆绝缘屏蔽，可能导致突发绝缘击穿运行故障。

第四节　涡流探伤诊断案例

一、 110kV 电缆终端涡流探伤检测案例一

（一）案例简介

2018 年 4 月，检测人员对 110kV 某线路 1 线、2 线两侧变电站内电缆终端接头开展封铅检查工作。110kV 某线路 1 线、2 线一侧为户内终端，另一侧为 GIS 终端。

（二）案例分析

1. 现场检测

通过涡流探伤检测发现，1 线 A 相电缆终端头封铅存在明显异常信号，信号幅值大于检测标样设置的检测灵敏度。检测方式如图 5 - 116 所示，所用检测仪器如图 5 - 117 所示。

图 5 - 116　检测方式

图 5 - 117　检测仪器

通过涡流探伤检测发现，2 线 GIS 接头 B 相有异常信号，信号幅值大于检

测标样设置的检测灵敏度。检测结果如图 5-118 所示。

2. 数据分析

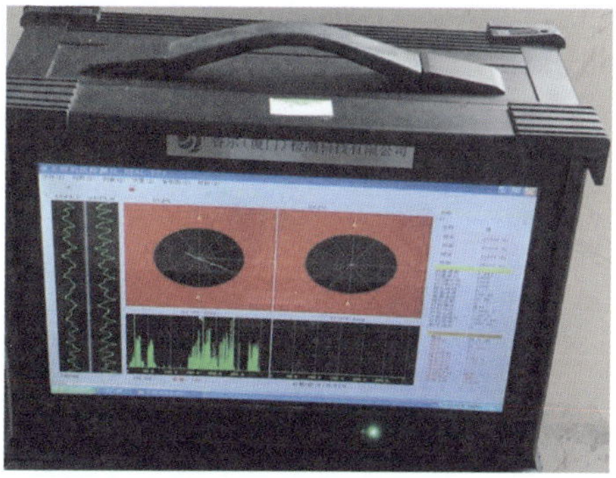

图 5-118　检测结果

通过分析，造成存在异常涡流信号的原因可能存在如下几种：

（1）局部存在裂纹或孔洞类缺陷。

（2）搪铅工艺不当，表面形成沟槽、凸起、凹陷，表面不平整，造成涡流信号的畸变。

（3）检测部位搪铅存在异种金属介质，比如铜编织网、绑扎钢丝等。

3. 缺陷确认

2018 年 4 月底，××电力公司检修人员利用 1 线停电机会，拆除 1 线 A 相终端头绝缘包带后发现，终端头搪铅部位表面有直径 10mm 的破损点，如图 5-119 所示。

2018 年 5 月，检修人员结合 2 线停电，对 2 线 B 相终端头进行检查，拆除绝缘包带后发现，检测部位搪铅存在异种金属介质，如图 5-120 所示。

图 5-119　1 线 A 相终端头缺陷

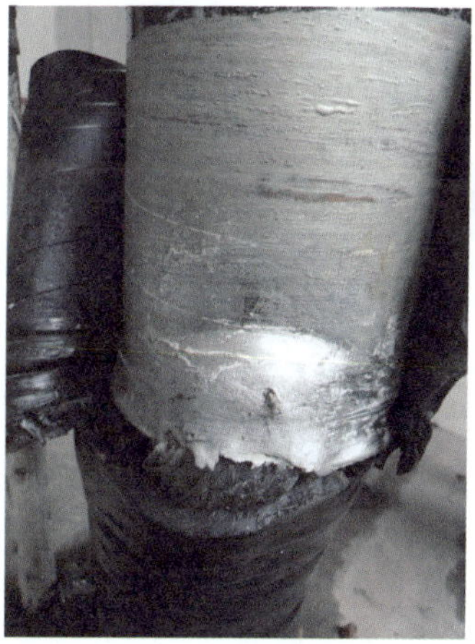

图 5-120　2 线 B 相终端头缺陷

（三）结论

（1）造成电缆终端头搪铅破损的主要原因为电缆终端头封铅工艺差，封铅时存在空隙或气泡，导致焊接时与铅管无法紧密结合。

（2）证明电力电缆铅封涡流探伤技术对高压电力电缆铅封检测的有效性和可靠性。

（3）加强旁站监督，对电缆中间头、终端头等重要部位、重要工艺处实施旁站监督制度，督促施工单位严格按照规程、规范作业，确保电力电缆搪铅、制作、安装工艺质量。

二、110kV 电缆终端涡流探伤检测案例二

（一）案例简介

2018 年 4 月，××电力公司检修人员开展 110kV 某电缆线路 8、9、15、16 号接头电缆铅封检测检查工作。

（二）案例分析

1. 8 号接头

110kV 某电缆线路 8 号接头检测及消缺情况如表 5 - 7 所示。

表 5 - 7　　110kV 某电缆线路 8 号接头检测及消缺情况

<table>
<tr><th colspan="2">现场检测图</th></tr>
<tr><td>
</td><td></td></tr>
<tr><td colspan="2">C 相波形图
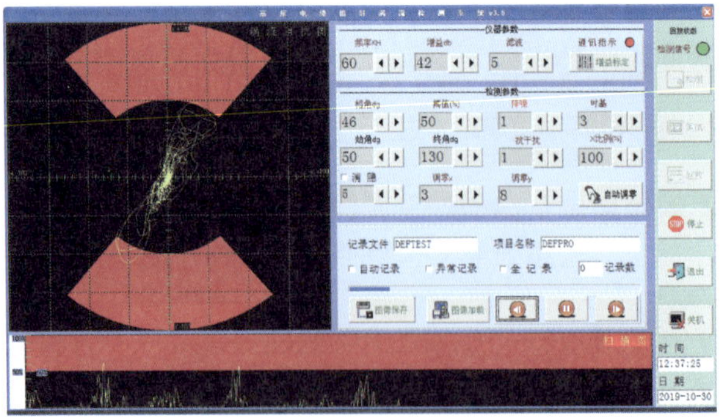
</td></tr>
</table>

续表

现场检测图

A 相波形图

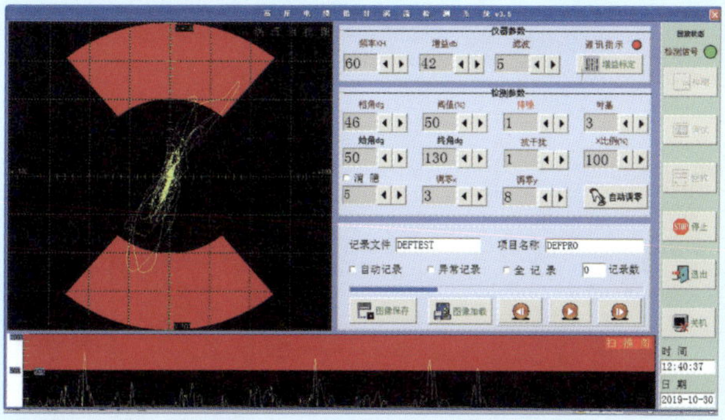

B 相波形图

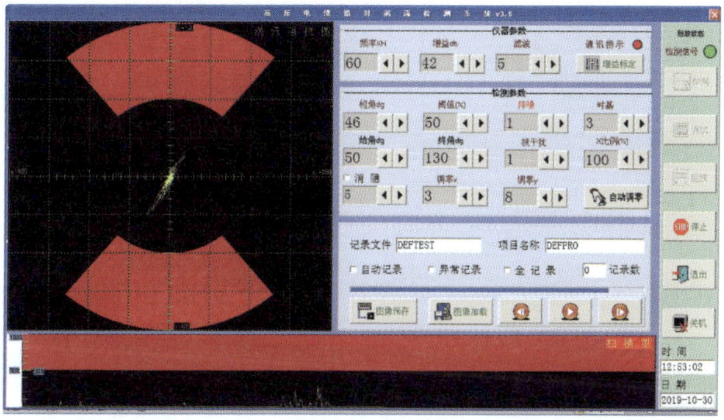

检测结果综述：

通过对检测标样的灵敏度调校设置，对 110kV 某电缆线路 8 号接头进行铅封探伤检测，发现 C、A 两相东北方向 10°～30°方位有异常信号，具有明显的“8”字回线，扫描图中有明显尖峰波形显示；通过多次对比分析，确认 C、A 两相封铅在该方位存在严重缺陷，缺陷位置如下图所示

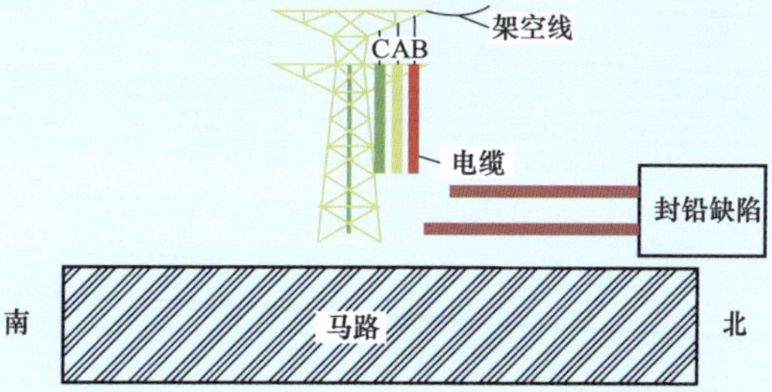

续表

现场检测图	
故障确认与处理： 通过对电缆接头的拆解，证实了在检测结果中对缺陷相的相别及缺陷方位的判定	
 8 号接头 A 相拆解图	 8 号接头 C 相拆解图
 对缺陷部位进行修复	

2. 9 号接头

110kV 某电缆线路 9 号接头检测情况如表 5-8 所示。

表 5-8　　110kV 某电缆线路 9 号接头检测情况

现场检测图	

C 相波形图

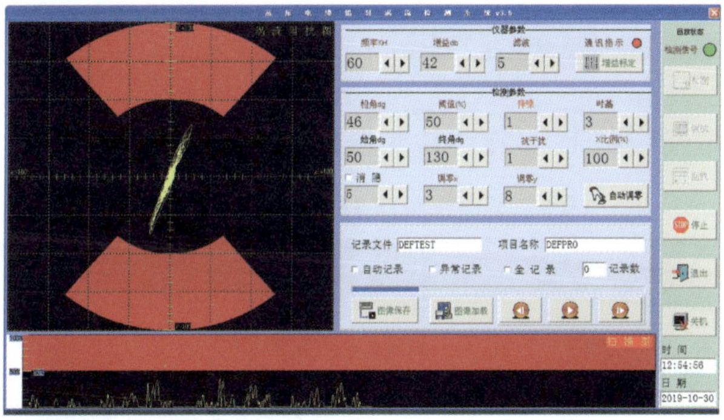

A 相波形图

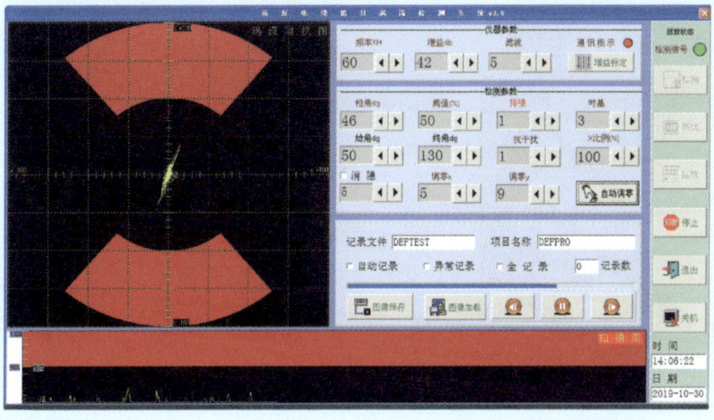

现场检测图
B 相波形图 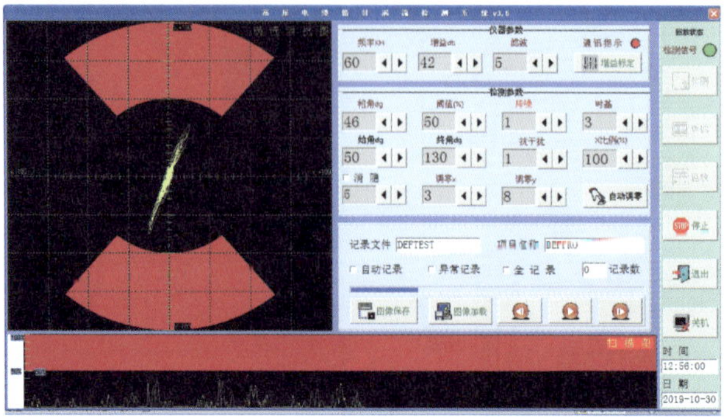
检测结果综述： 通过对检测标样的灵敏度调校设置，对 110kV 某电缆线路 9 号接头进行铅封探伤检测，三相均未发现明显异常信号，检测幅值小于检测标样设置的灵敏度。因此可判定 9 号接头铅封状况良好

3. 15 号接头

110kV 某电缆线路 15 号接头检测情况如表 5 - 9 所示。

表 5 - 9　　110kV 某电缆线路 15 号接头检测情况

现场检测图	

现场检测图

C 相波形图

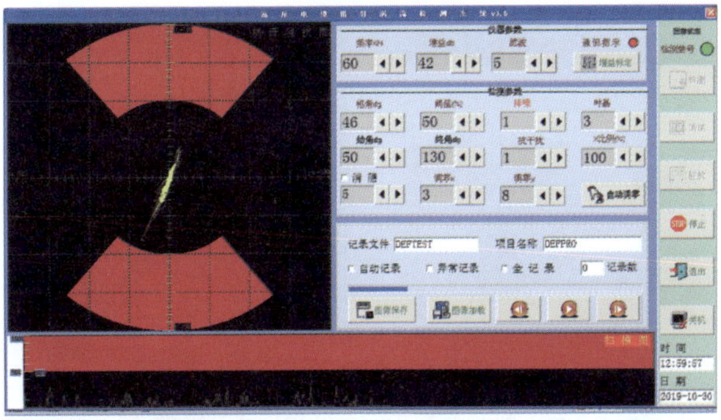

A 相波形图

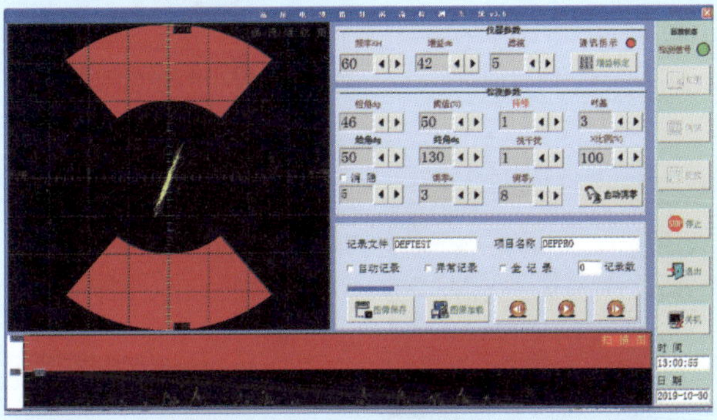

B 相波形图

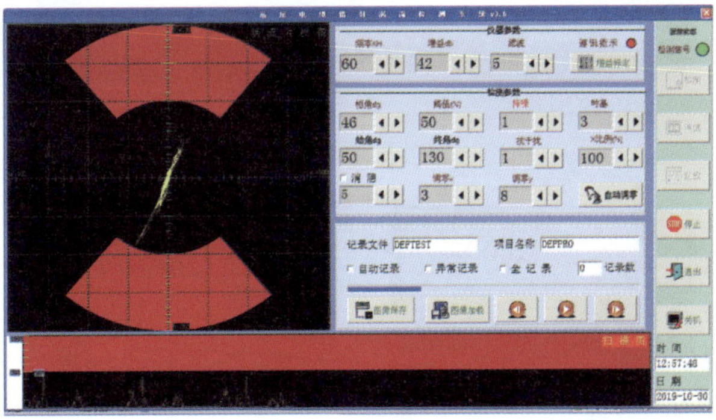

检测结果综述：

通过对检测标样的灵敏度调校设置，对 110kV 某电缆线路 15 号接头进行铅封探伤检测，三相均未发现明显异常信号，检测幅值小于检测标样设置的灵敏度。因此可判定 15 号接头铅封状况良好

4. 16 号接头

110kV 某电缆线路 16 号接头检测及消缺情况如表 5 - 10 所示。

表 5 - 10　　　　110kV 某电缆线路 16 号接头检测及消缺情况

现场检测图	

B 相波形图 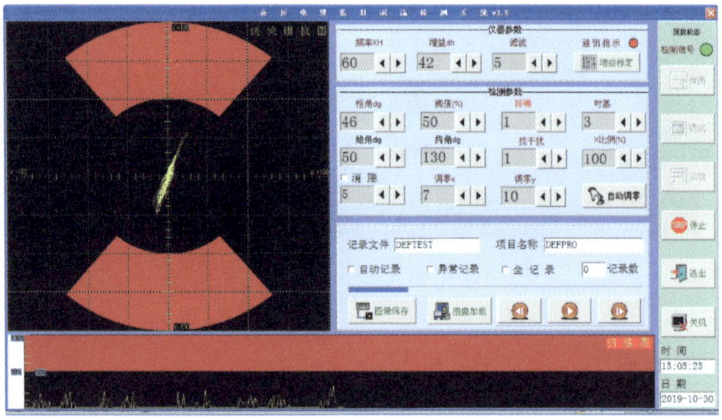	
A 相波形图 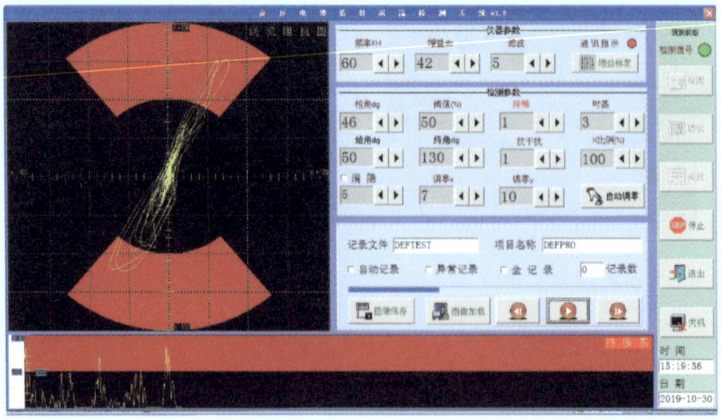	

现场检测图

C 相波形图

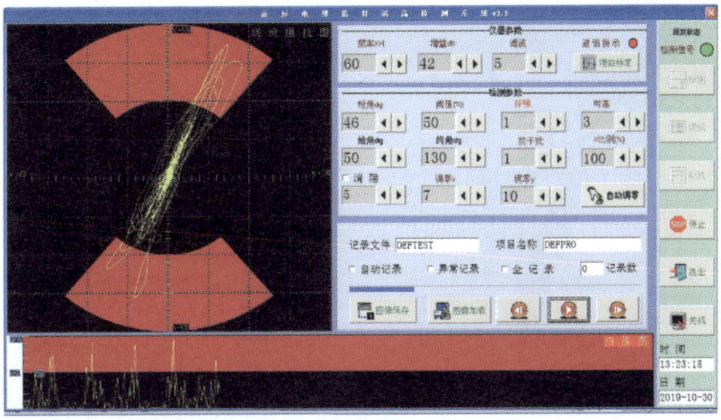

检测结果综述：

通过对检测标样的灵敏度调校设置，对 110kV 某电缆线路 16 号接头进行铅封探伤检测，发现 A、C 两相东北方向 30°左右方位有异常信号，具有明显的“8”字回线，扫描图中有明显尖峰波形显示；通过多次对比分析，确认 A、C 两相封铅在该方位存在严重缺陷，缺陷位置如下图所示

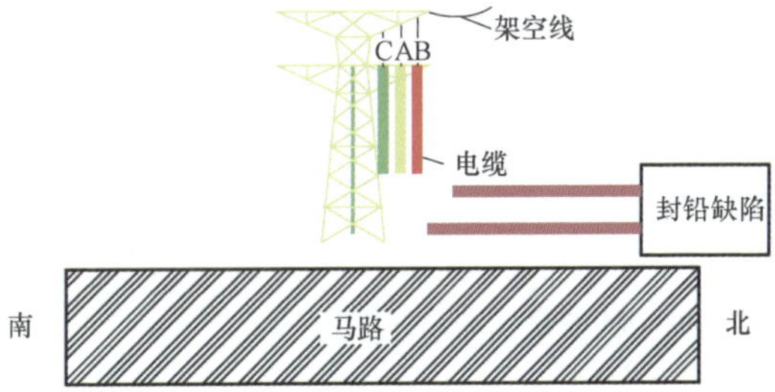

故障确认与处理：

通过对 110kV 某电缆线路 16 号接头的拆解，证实了在检测结果中对缺陷相的相别及缺陷方位的判定

 16 号接头 A 相拆解图	 16 号接头 C 相拆解图

续表

现场检测图	
 对缺陷部位进行修复	 对缺陷部位进行修复

（三）结论

（1）通过对 110kV 某电缆线路 8 号接头、16 号接头铅封的拆解，证实了在检测结果中对缺陷相相别及缺陷方位的判定。

（2）证明电力电缆铅封涡流探伤技术对高压电力电缆铅封检测的有效性和可靠性。解决了铅封制作质量和运行状态出现缺陷缺少可靠检测手段的难题，也为保障高压电力电缆安全稳定运行，新增了一种可靠的检测手段。

（3）加强旁站监督，对电缆中间头、终端头等重要部位、重要工艺处实施旁站监督制度，督促施工单位严格按照规程、规范作业，确保电缆搪铅、制作、安装工艺质量。

第五节　装备校验和实训平台诊断案例

一、测试方法

1. 试验回路

（1）试验回路组成。电力电缆局部放电试验回路包括高压电源、高压电压表、分压器、测量回路、放电量校准器等，如图 5－121 所示。试验设备所有的部件噪声水平应尽量低，以得到所要求的灵敏度。

（2）试验电源。试验电源为变频谐振电源，是频率为 20～300Hz 连续可调的功率电源。

（3）测量回路和仪器。测量回路由测量阻抗、连接导线和检测仪器等组

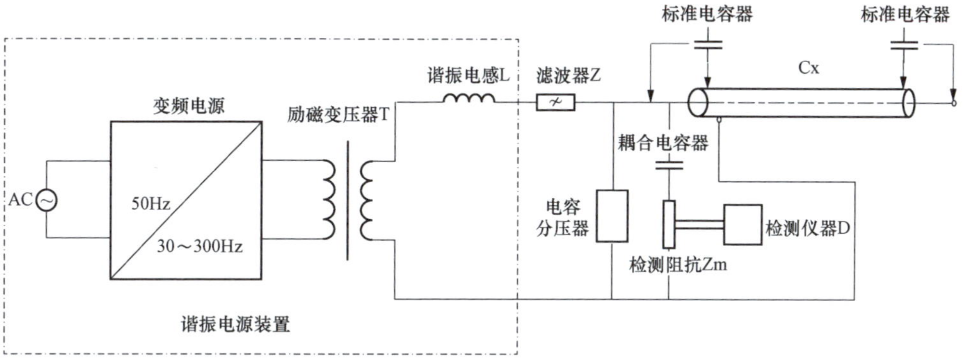

图 5-121　电力电缆局部放电试验回路

成。检测仪器或检测设备包括合适的放大器、Lecroy 204Xi 示波器。传感器包括内置式电容耦合传感器、高频传感器、超高频传感器，其中高频传感器包括两种不同型号：①高频传感器 HFCT 卡放在中间接头的交叉互联线处。②钳形线圈高频传感器卡放在电缆本体。各种传感器的安装位置如图 5-122 所示。

图 5-122　传感器的安装位置

（4）谐振频率。测量回路采用变频谐振原理，经过测量电缆电容，选择合适的电抗器，谐振加压试验时测量回路的谐振频率约为 54Hz。

2. 试验过程

试验分两部分进行，首先将各个传感器的信号接入到 Lecroy 204Xi 示波器中，记录试验数据供后期软件处理，并调整示波器输入阻抗、时域等参数一致，在同一屏幕下初步观察各个传感器的信号耦合能力；然后，将传感器的信号线接入相应的软件进行数据处理。

（1）将内置传感器、Techimp 传感器、DMS 超高频传感器及钳形本体线圈传感器分别安装到电力电缆相应位置（如图 5 - 123 所示），并完成传感器后续信号采集及调理部分的连线。

（2）将同步电流互感器连接在电缆接地线上，从而得到电缆工频信号的同步相位信息。

（3）将各个传感器的信号输出分别接入到 Lecroy 204Xi 示波器的不同通道，记录试验数据供后期软件处理，并调整示波器参数一致，在同一屏幕下初步观察各个传感器的信号耦合能力。

（4）通过电缆终端，对电缆进行加压实验，逐步升高电源电压，观察示波器信号，直至出现放电信号为止，记录相关试验信息。

（5）将各个传感器信号输出接入到各自的信号处理软件，进行数据分析。

3. 附加说明

（1）气隙缺陷和外半导电层尖端缺陷分别位于电缆状态检测平台的 A 相和 B 相，应力锥错位缺陷和电缆主绝缘划痕缺陷分别在两相 220kV 短电缆接头上设置，短电缆长约 15m，截取电缆状态检测平台使用的电缆，将短电缆两端进行处理后插入脱离子水终端，短电缆局部放电检测在屏蔽室中进行，背景干扰值较小，低于 5pC。

（2）已构造典型缺陷的电缆接头，除含有外半导电层尖端缺陷的电缆接头外均已安装内置式电容耦合传感器，可以进行内置式电容耦合传感器检测。

二、 缺陷模拟检测

1. 气隙缺陷

气隙缺陷模型设置在电缆平台 A 相电缆中间接头上，对气隙缺陷模型采用高频传感器 HFCT（卡交叉互联线）、钳形线圈高频传感器（卡电缆本体）、内置式电容耦合传感器、超高频传感器进行局部放电检测。图 5 - 123 和图 5 - 124 是数字式示波器记录下的波形图，分别为不同传感器在电压为 62kV 时耦合的单脉冲（时域 20μs）和工频单周期（20ms）脉冲信号。图 5 - 123 和图 5 - 124 中 C1、C2、C3、C4 分别为 HFCT、钳形线圈高频传感器、内置式传感器以及超高频传感器。从图 5 - 123 和图 5 - 124 可以看出，HFCT、钳形本体线圈传感器、内置式传感器均能很好地耦合到脉冲信号，而超高频传感器未耦合到脉冲信号。

图 5 - 125～图 5 - 127 分别为 HFCT 高频传感器、内置式传感器和钳形线圈高频传感器耦合的单脉冲信号及信号的频谱分布。

从图 5 - 125～图 5 - 127 可以看出，高频法耦合的气隙缺陷产生的单脉冲频谱一般低于 20MHz，内置式传感器耦合的单脉冲频谱主要集中于 20MHz，同时在 100 MHz 附近也有少量的分布。

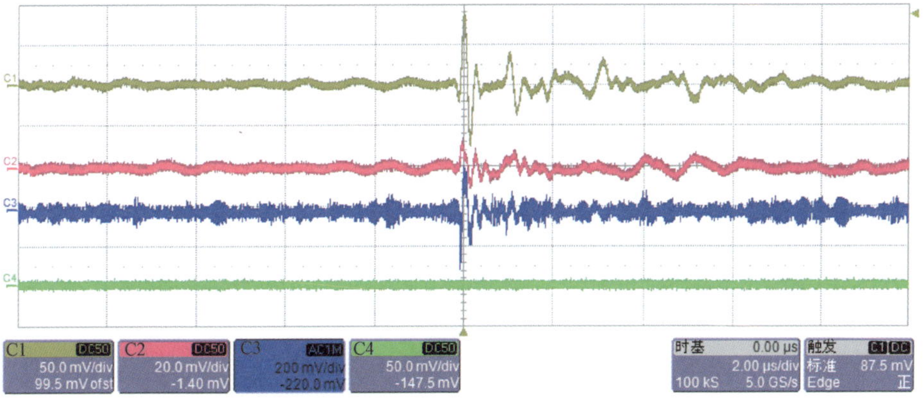

图 5-123　不同传感器耦合的单脉冲信号

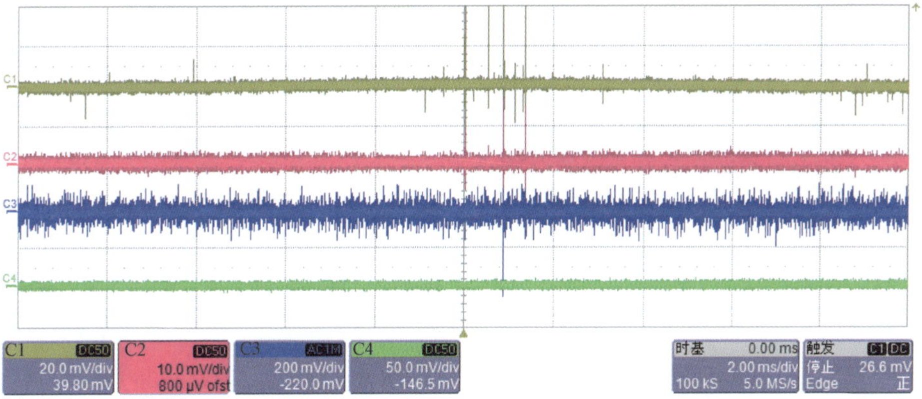

图 5-124　不同传感器耦合的工频单周期脉冲信号

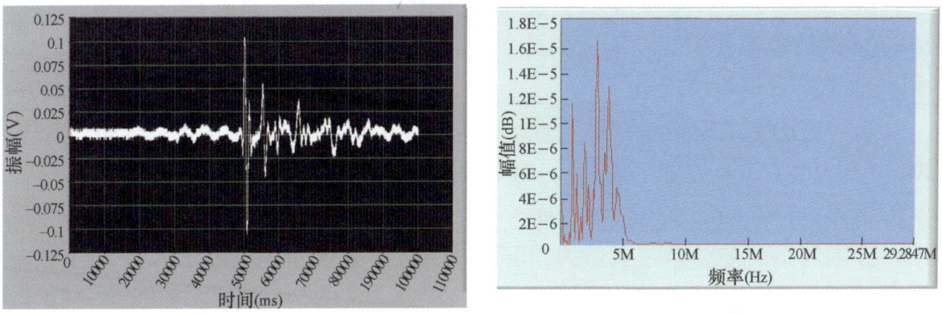

(a)　　(b)

图 5-125　HFCT 高频传感器

(a) 单脉冲信号；(b) 频谱分布

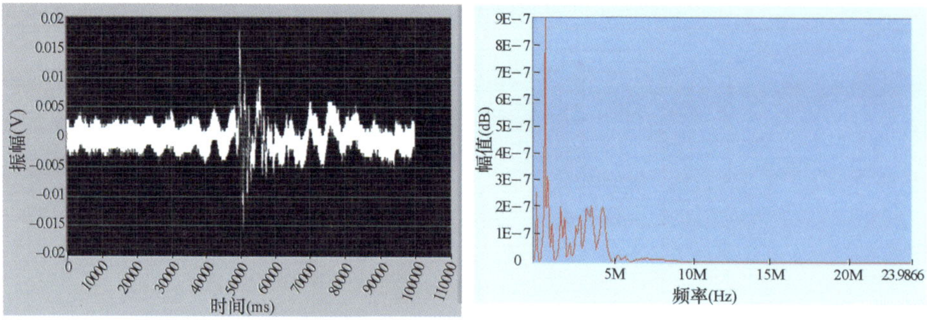

(a)　　(b)

图 5-126　钳形线圈高频传感器

（a）单脉冲信号；（b）频谱分布

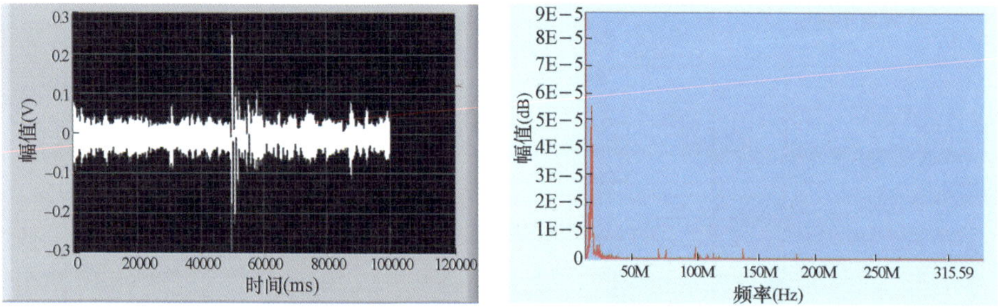

(a)　　(b)

图 5-127　内置式传感器

（a）单脉冲信号；（b）频谱分布

示波器中显示的脉冲信号在缺少相位相关性的情况下难以判断是否为局部放电信号，因此还有待进行深入的分析，采用基于等效视频空间算法的软件分析工具对检测信号进行分类和识别（如图 5-128 所示）。从图 5-128（a）中可以看出，放电点主要集中在第一、第三象限，具有明显放电特征，PD _ Processing 的放电模式识别功能认为此次放电为内部放电。

2. 半导电层尖端缺陷

半导电层尖端缺陷模型设置在电缆平台 B 相电缆中间接头上，对此缺陷模型采用 HFCT（卡交叉互联线）、钳形线圈高频传感器（卡电缆本体）和超高频传感器进行了局部放电检测。图 5-129 和图 5-130 是示波器记录下的波形图，分别为不同传感器在电压为 55kV 时耦合的单脉冲（时域 20μs）和工频单周期（20ms）脉冲信号。图 5-129 和图 5-130 中 C1、C2、C3 分别为 HFCT、钳形线圈高频传感器和超高频传感器。从图 5-129 和图 5-130 可以看出，HFCT、钳形线圈高频传感器能够很好地耦合到脉冲信号，而超高频传感器未耦合到脉冲信号。

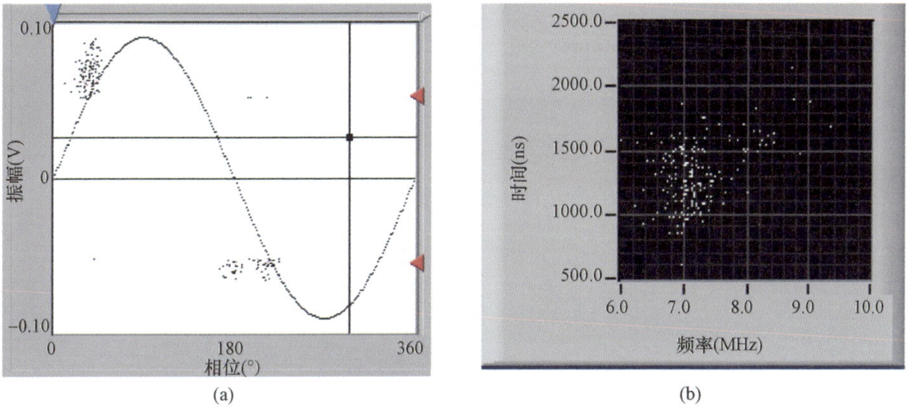

图 5-128　基于等效视频空间算法的模式识别分析

（a）相位谱图（PRPD）；（b）T—F 谱图

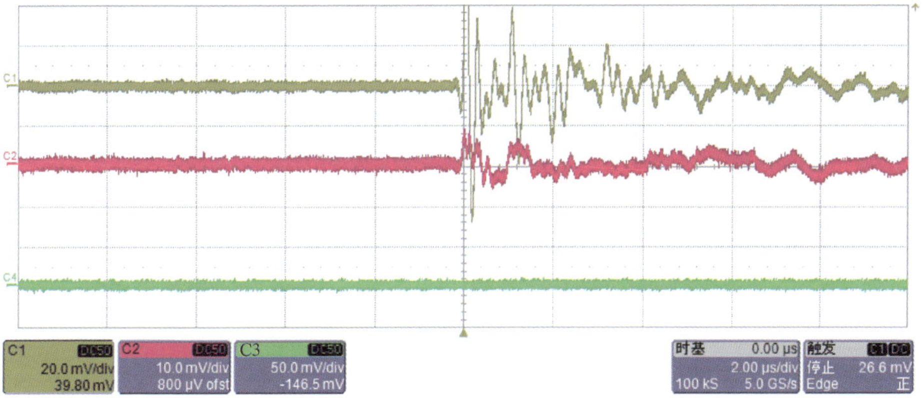

图 5-129　不同传感器耦合的单脉冲信号（时域 20μs）

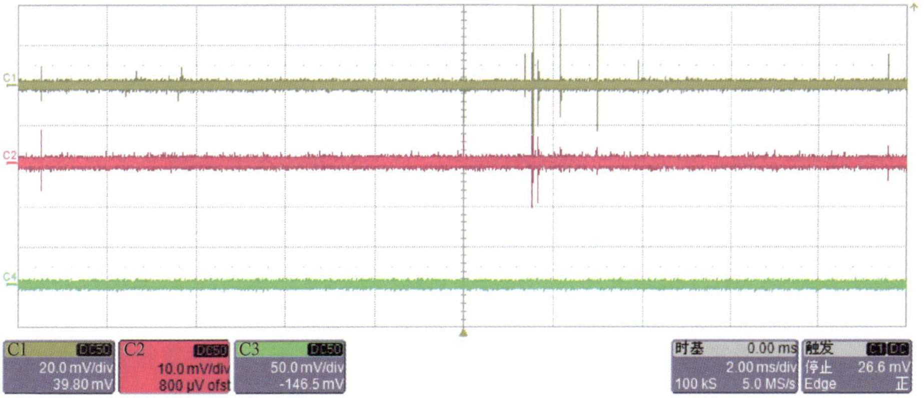

图 5-130　不同传感器耦合的工频单周期信号

图 5 - 131 和图 5 - 132 分别为 HFCT 高频传感器（卡交叉互联线）和钳形线圈高频传感器（卡电缆本体）耦合到的单脉冲信号及信号的频谱分布。

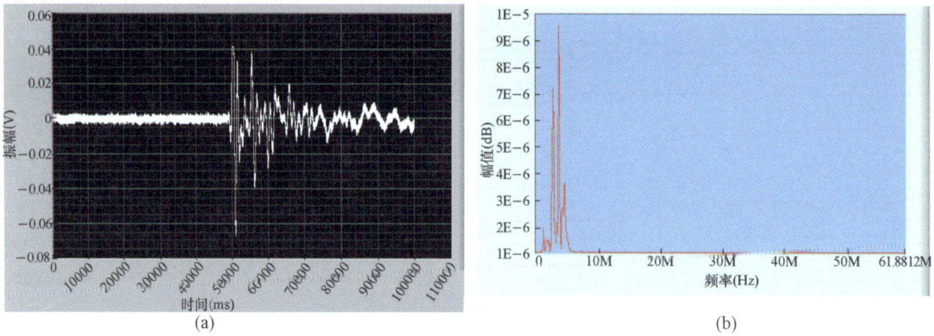

图 5 - 131　HFCT 高频传感器

（a）单脉冲信号；（b）频谱分布

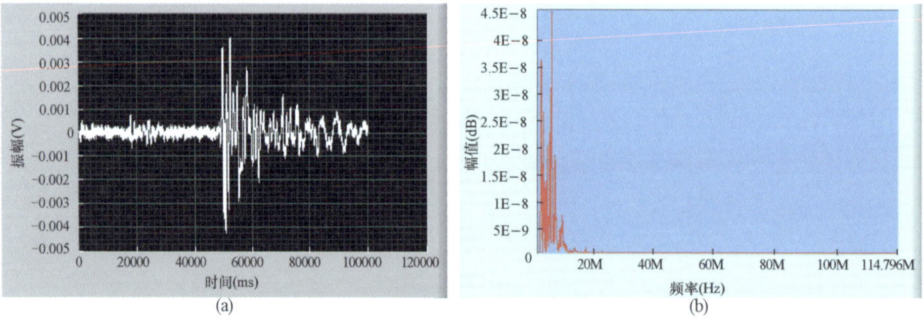

图 5 - 132　钳形线圈传感器

（a）单脉冲信号；（b）频谱分布

采用基于等效视频空间算法的软件分析工具对检测信号进行分类和识别，结果如图 5 - 133 所示。从图 5 - 133 可以看出半导电层尖端缺陷的放电特征。

3. 应力锥错位缺陷

应力锥错位缺陷模型设置在 220kV 短电缆的中间接头上，对此缺陷模型采用 HFCT（卡交叉互联线）、钳形线圈高频传感器（卡电缆本体）、内置式传感器、超高频传感器进行了局部放电检测。图 5 - 134 和图 5 - 135 是示波器记录下的波形图，分别为不同传感器在电压为 9.4kV 时耦合的单脉冲（时域 10μs）和工频单周期（20ms）脉冲信号。图 5 - 134 和图 5 - 135 中 C1、C2、C3 分别为 HFCT 高频传感器、钳形线圈高频传感器、内置式传感器。

从图 5 - 134 和图 5 - 135 可以看出，HFCT 高频传感器、钳形线圈高频传感器、内置式传感器能够很好地耦合到脉冲信号，而超高频传感器未耦合到脉冲信号。在电压加至 9.4kV 时能够明显听见错位的外半导电断口处放电声，并且有时可以看到外半导电断口向应力锥断面放电产生的火花。

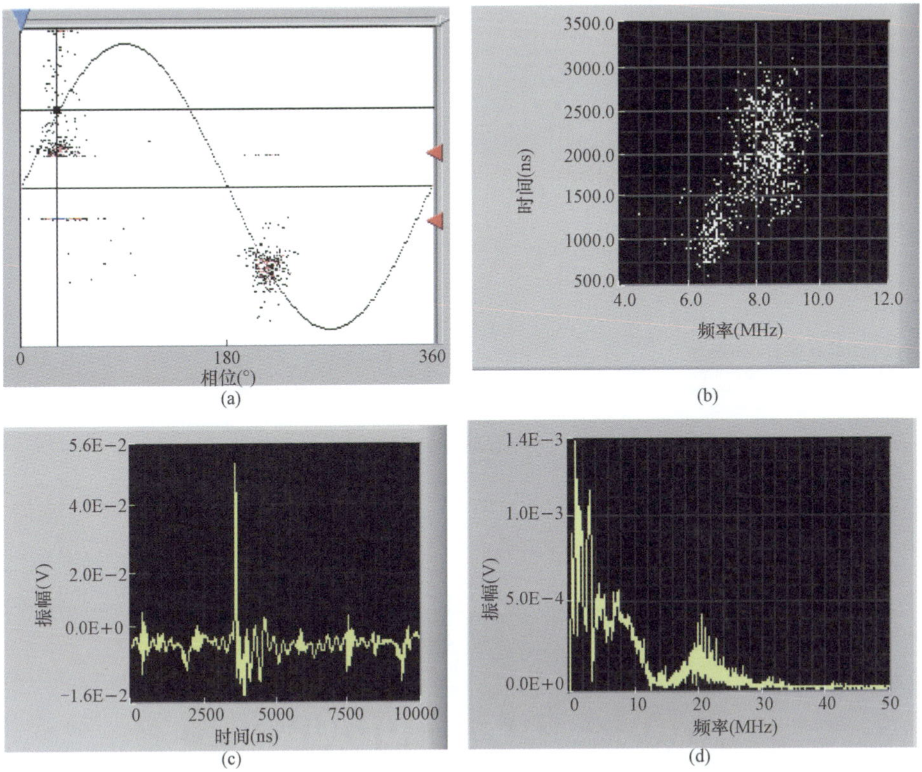

图 5 - 133　基于等效视频空间算法的模式识别分析

（a）相位谱图（PRPD）；（b）T—F 谱图（等效时间—等效频率）；

（c）单脉冲信号；（d）频谱分布

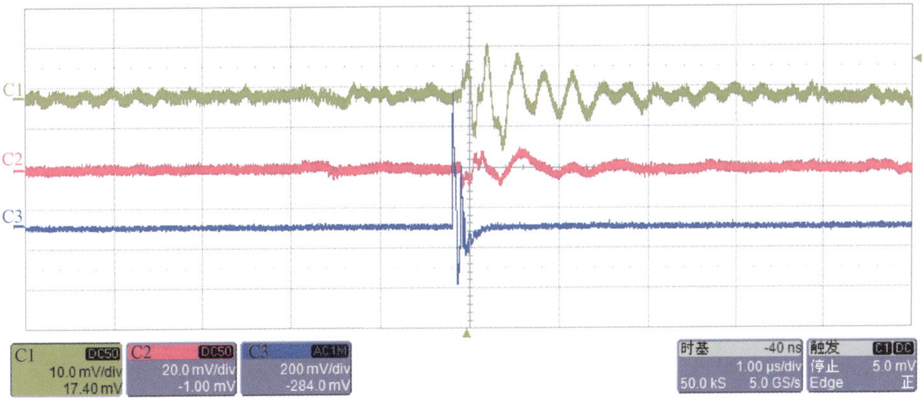

图 5 - 134　不同传感器耦合的单脉冲信号（时域 10μs）

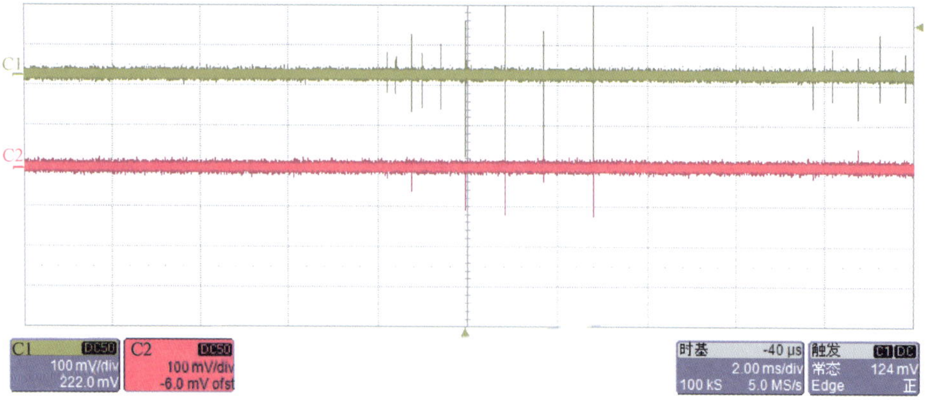

图 5-135　不同传感器耦合的工频单周期信号

图 5-136～图 5-138 分别为 HFCT 高频传感器、钳形线圈高频传感器、内置式传感器耦合到的单脉冲信号及信号的频谱分布。

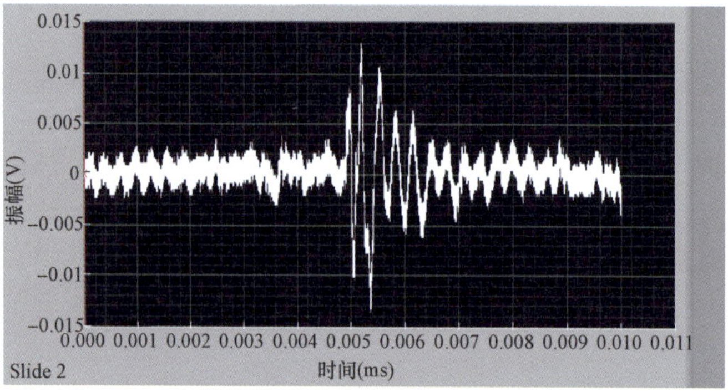

(a)

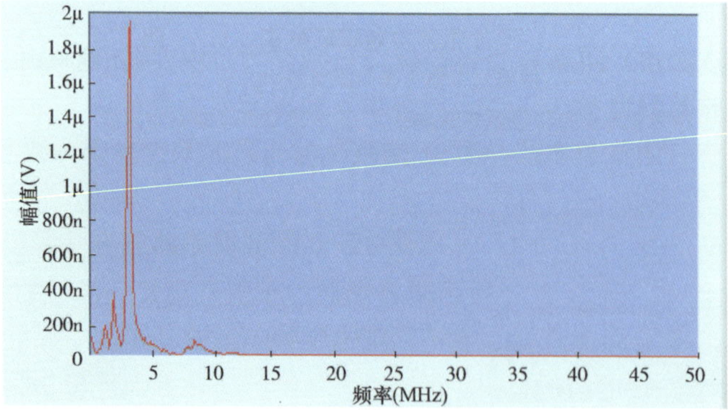

(b)

图 5-136　HFCT 高频传感器

(a) 单脉冲信号；(b) 频谱分布

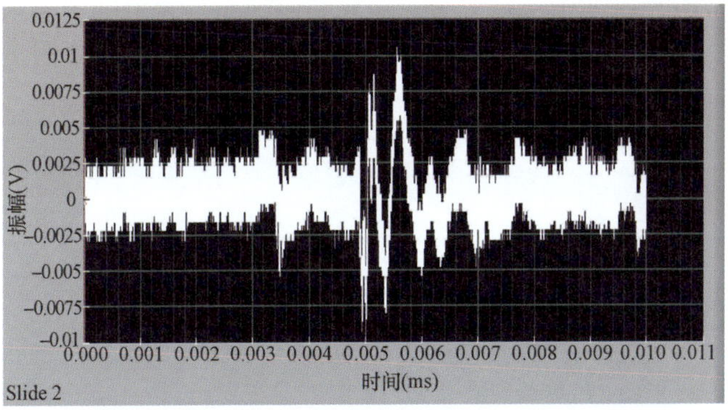

(a)

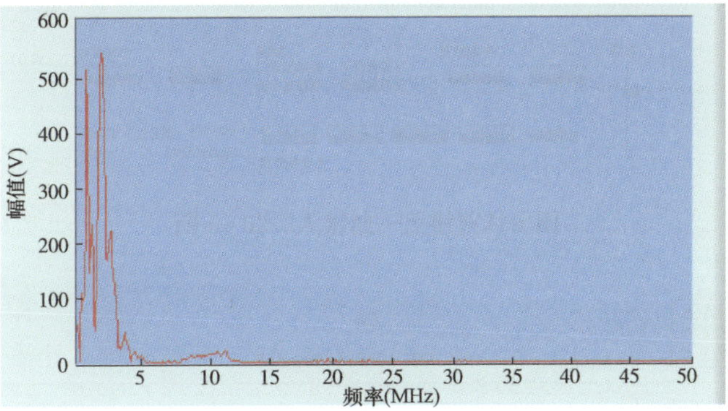

(b)

图 5 - 137　钳形线圈高频传感器

（a）单脉冲信号；（b）频谱分布

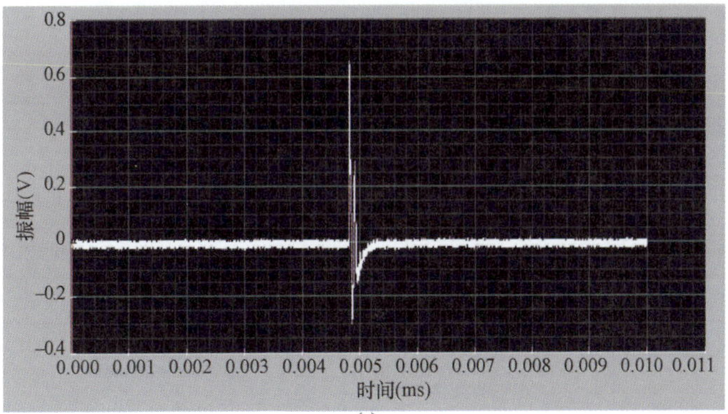

(a)

图 5 - 138　内置式传感器（一）

（a）单脉冲信号

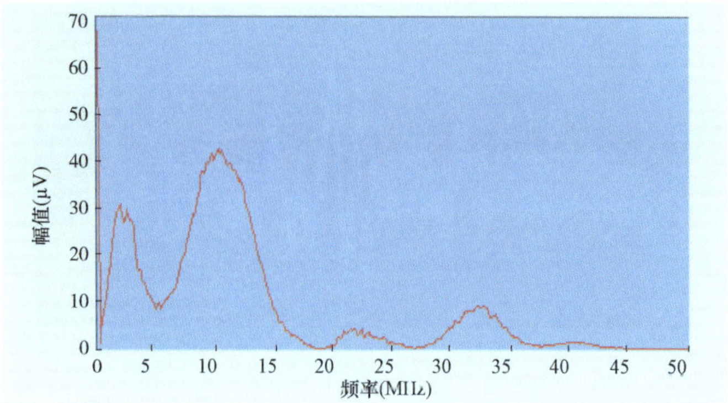

(b)

图 5 - 138　内置式传感器（二）

（b）频谱分布

对内置式传感器采集的结果进行统计分析，结果为：加压到 9.4kV 电压时，通过内置式传感器得到的应力锥错位缺陷产生的 50 个工频周期局部放电信号谱图、*N*—*Q*—*Φ* 图分别如图 5 - 139 和图 5 - 140 所示。

从图 5 - 139、图 5 - 140 可以看出，局部放电信号在第一、第三象限分布的具有典型放电特征，50 个工频周期内放电次数和放电量大小在第一、第三象限均匀分布。

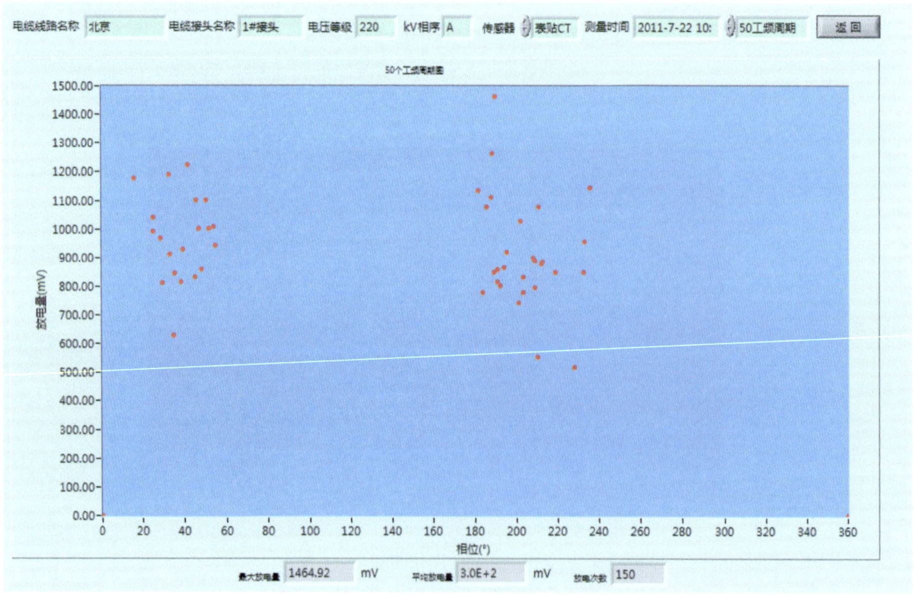

图 5 - 139　内置传感器 50 个工频周期局部放电信号谱图

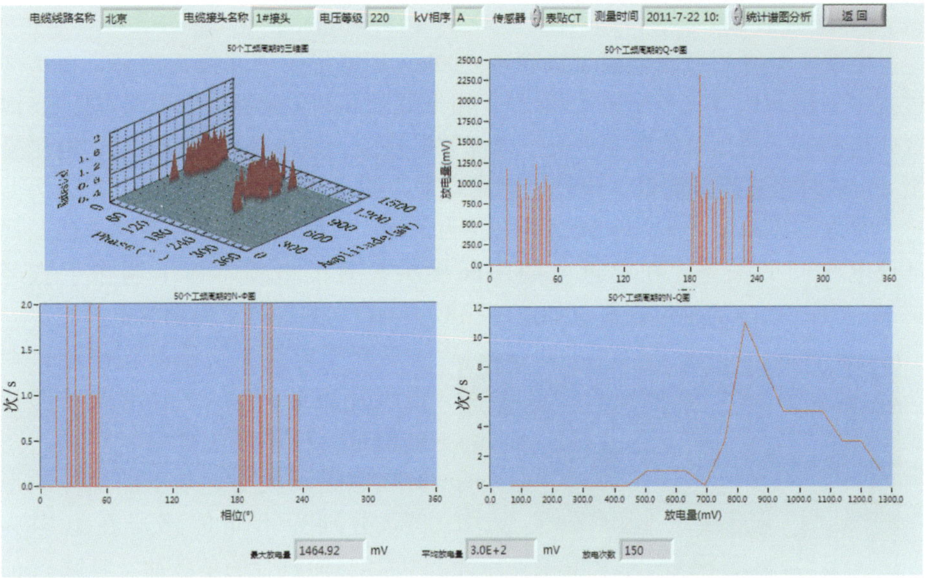

图 5-140　内置传感器 50 个周期 N—Q—Φ 图

采用基于等效视频空间算法的软件分析工具对检测信号进行分类和识别，结果如图 5-141 所示。从图 5-141 可以看到应力锥缺陷的放电特征。

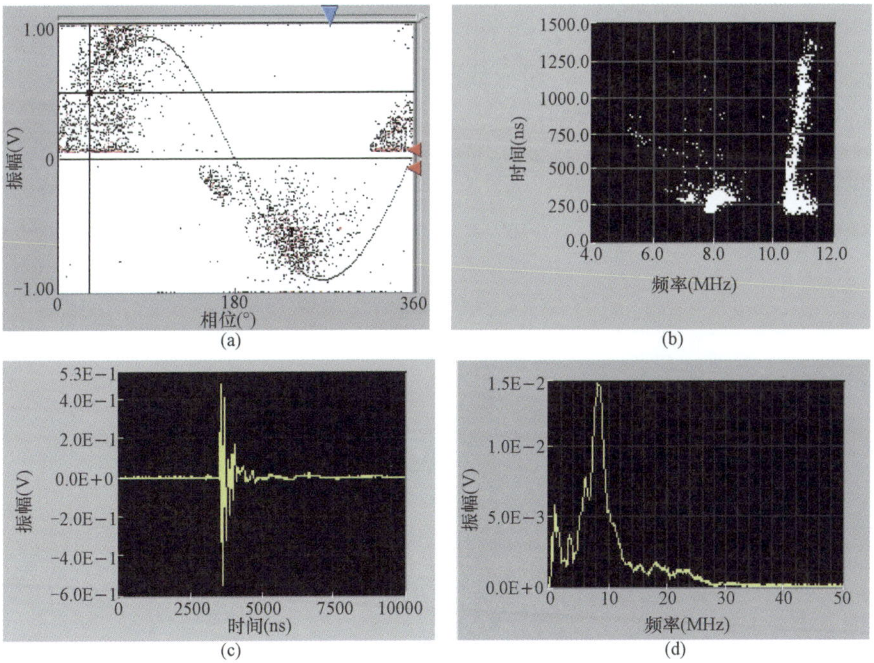

图 5-141　基于等效视频空间算法的模式识别分析

(a) 相位谱图（PRPD）；(b) T—F 谱图（等效时间—等效频率）；(c) 单脉冲信号；(d) 频谱分布

4. 主绝缘划痕缺陷

电缆主绝缘划痕缺陷模型设置在 220kV 短电缆的中间接头内部，在试验过程中采用 HFCT（卡交叉互联线）、钳形线圈高频传感器（卡电缆本体）、内置式传感器、超高频传感器进行了局部放电检测。缓慢升高试验电压，电压升至 96kV 时经过反复测量，所有传感器均未检测到局部放电信号，可以认为此时主绝缘划痕缺陷尚未产生局部放电。为了深入关联电缆主绝缘受到损伤与局部放电之间的关系，在靠近电缆中间接头位置的电缆本体上制作了直径 15mm，深 5mm 的锥形划痕（如图 5-142 所示），并进行了局部放电检测。

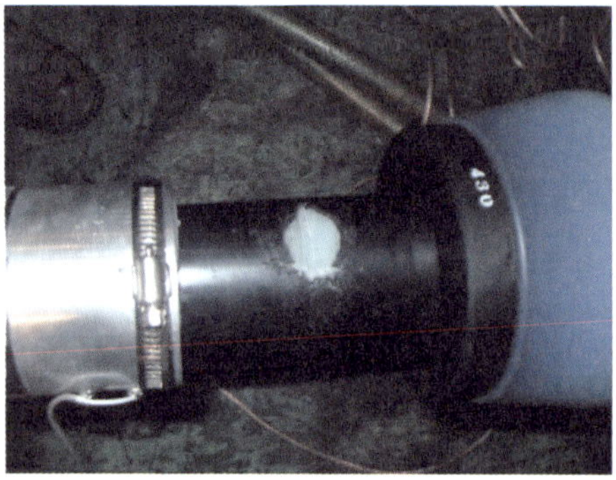

图 5-142　电缆本体划痕

对于电缆主绝缘划伤缺陷，在电压升高至 70.1kV 时出现局部放电信号，且局部放电信号较弱。图 5-143 是示波器记录下的脉冲波形图，分别为不同传感器在电压为 70.1kV 时耦合的单脉冲（时域 2μs）信号。图 5-143 中 C1、C2、C3、C4 分别为 HFCT 高频传感器、钳形线圈高频传感器、内置式传感器和超高频传感器。

从图 5-143 中可以看出，HFCT 与内置式传感器较为灵敏，能够耦合到脉冲信号；由于放电量较小，钳形线圈高频传感器未能耦合到局部放电信号；超高频传感器也未耦合到脉冲信号。

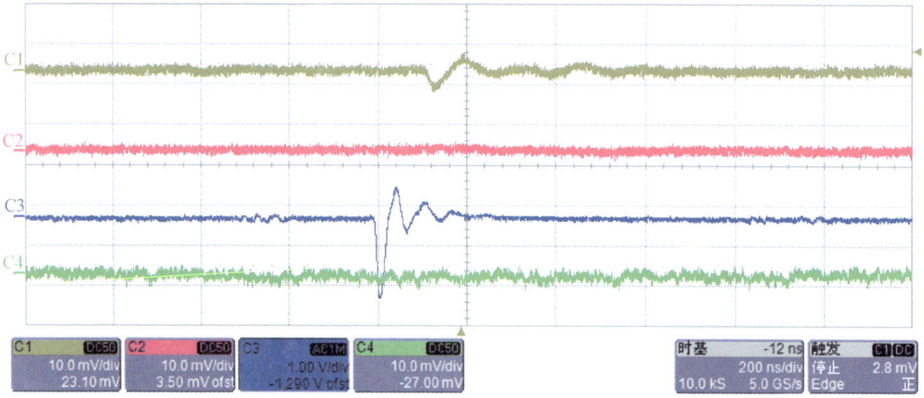

图 5-143　不同传感器耦合的单脉冲信号（时域 2μs）

图 5-144 和图 5-145 分别是不同传感器对同一个放电脉冲得到的单脉冲波形及波形的频谱分布。

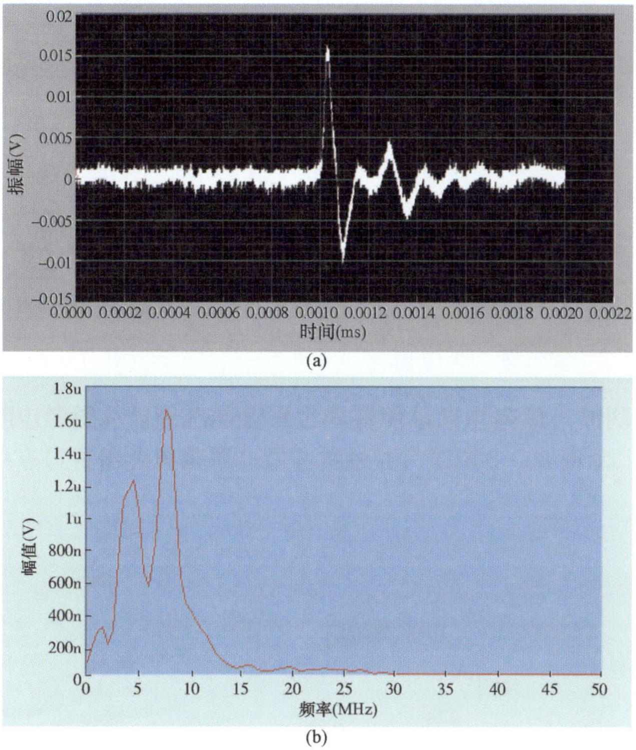

图 5-144　HFCT 高频传感器

（a）单脉冲波形；（b）频谱分布

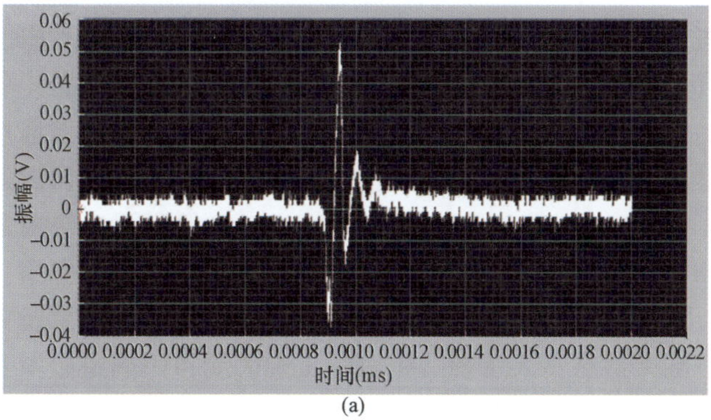

图 5-145　内置式传感器（一）

（a）单脉冲波形

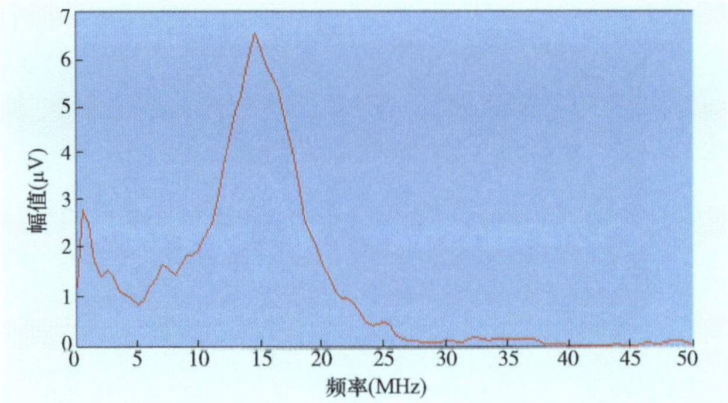

(b)

图 5 - 145　内置式传感器（二）

（b）频谱分布

加压到 70.1kV 电压时，通过内置式传感器得到的主绝缘划痕缺陷产生的 50 个工频周期局部放电信号谱图、N—Q—$\varPhi$ 图分别如图 5 - 146 和图 5 - 147 所示。

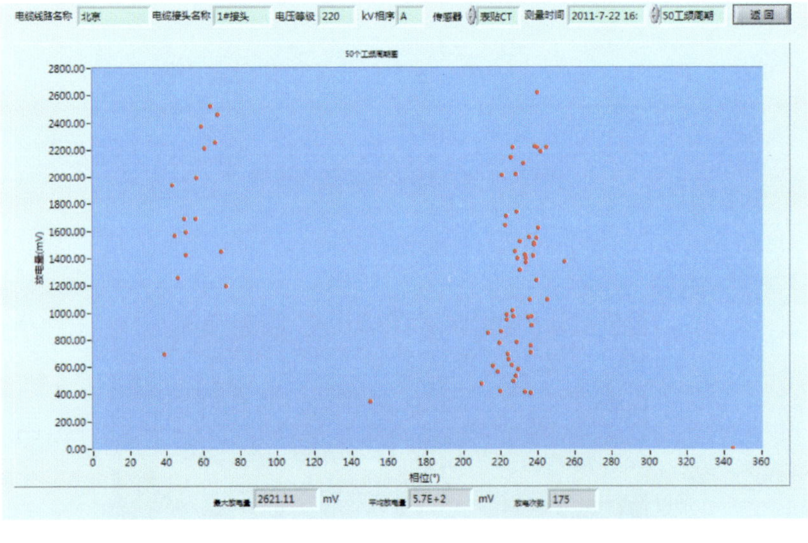

图 5 - 146　内置传感器 50 个工频周期局部放电信号谱图

采用基于等效视频空间算法的软件分析工具对检测信号进行分类和识别（如图 5 - 148 所示）。

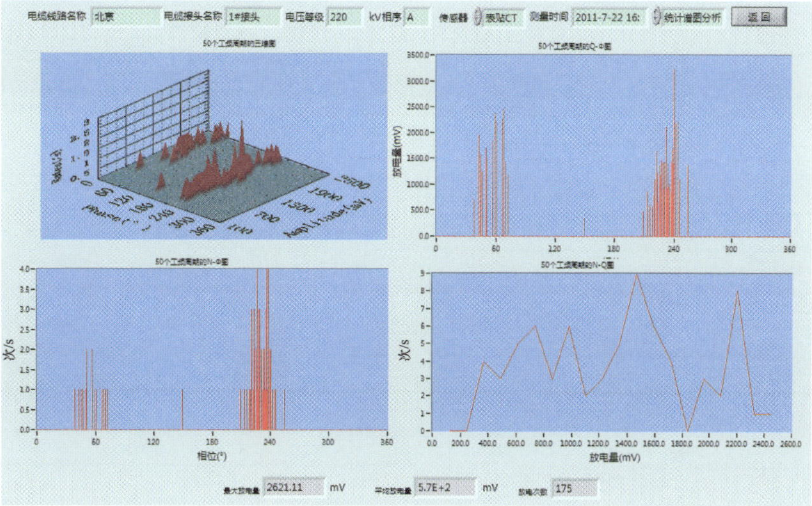

图 5-147　内置传感器 50 个周期 *N*—*Q*—*Φ* 图

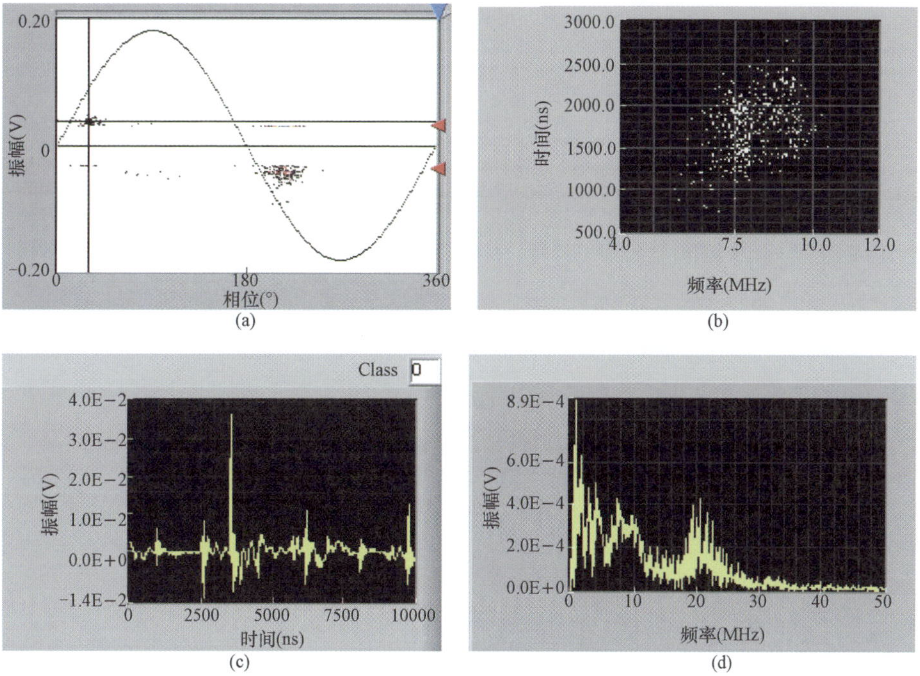

图 5-148　基于等效视频空间算法的模式识别分析

(a) 相位谱图（PRPD）；(b) T—F 谱图（等效时间—等效频率）；

(c) 单脉冲波形；(d) 频谱分布